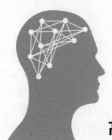

高等学校智能科学与技术/人工智能专业教材

# 人工智能导论
## （微课视频版）

方勇纯 许静 刘杰 张雪波 郭宪 主编

清华大学出版社
北京

## 内 容 简 介

本书系统介绍了人工智能的主流概念、理论、方法、技术及典型应用。全书共10章，第1章介绍了人工智能的基本概念、发展历程、主要研究内容和新兴研究方向；为便于读者测试与运行各类人工智能算法，第2章介绍了人工智能相关的软硬件平台等基础知识；第3～10章分别介绍了面向人工智能的优化算法，以及机器学习、深度学习、强化学习、计算机视觉、自然语言处理、智能博弈、智能机器人等技术。本书结构合理，在内容编排上深入浅出，既可作为基础入门书籍，也可作为进阶实战书籍，同时配备对应的微课视频同步讲解，可满足线上线下不同读者的需求。此外，本书注重理论方法与实际应用的结合，剖析了人工智能方面的典型实例，并提供了部分算法的伪代码，使读者不仅可以学习人工智能技术，还能深入理解其实际应用。

本书可以作为人工智能、智能科学与技术、计算机、自动化及相关专业的本科生教材，也可以作为智能科技领域工程技术人员的参考书。

版权所有，侵权必究。举报：010-62782989，beiqinquan@tup.tsinghua.edu.cn。

**图书在版编目（CIP）数据**

人工智能导论：微课视频版 / 方勇纯等主编. -- 北京：清华大学出版社，2025.5. （高等学校智能科学与技术/人工智能专业教材）. -- ISBN 978-7-302-68877-8

Ⅰ. TP18

中国国家版本馆 CIP 数据核字第 2025JA0780 号

责任编辑：张　玥
封面设计：常雪影
责任校对：胡伟民
责任印制：曹婉颖

出版发行：清华大学出版社
　　网　　址：https://www.tup.com.cn，https://www.wqxuetang.com
　　地　　址：北京清华大学学研大厦 A 座　　邮　编：100084
　　社 总 机：010-83470000　　邮　购：010-62786544
　　投稿与读者服务：010-62776969，c-service@tup.tsinghua.edu.cn
　　质量反馈：010-62772015，zhiliang@tup.tsinghua.edu.cn
　　课件下载：https://www.tup.com.cn，010-83470236
印 装 者：涿州市般润文化传播有限公司
经　　销：全国新华书店
开　　本：185mm×260mm　　印　张：12.25　　字　数：310 千字
版　　次：2025 年 5 月第 1 版　　印　次：2025 年 5 月第 1 次印刷
印　　数：1～1500
定　　价：49.80 元

产品编号：098664-01

# 高等学校智能科学与技术/人工智能专业教材

## 编审委员会

**主　任：**
陆建华　　清华大学电子工程系　　　　　　　　　　　　　教授
　　　　　　　　　　　　　　　　　　　　　　　　　　　中国科学院院士

**副主任：**（按照姓氏拼音排序）
邓志鸿　　北京大学信息学院智能科学系　　　　　　　　　副主任/教授
黄河燕　　北京理工大学人工智能研究院　　　　　　　　　院长/特聘教授
焦李成　　西安电子科技大学人工智能研究院　　　　　　　院长/华山杰出教授
卢先和　　清华大学出版社　　　　　　　　　　　　　　　总编辑/编审
孙茂松　　清华大学人工智能研究院　　　　　　　　　　　常务副院长/教授
王海峰　　百度公司　　　　　　　　　　　　　　　　　　首席技术官
王巨宏　　腾讯公司　　　　　　　　　　　　　　　　　　副总裁
曾伟胜　　华为云与计算BG高校科研与人才发展部　　　　　部长
周志华　　南京大学　　　　　　　　　　　　　　　　　　教授
庄越挺　　浙江大学计算机学院　　　　　　　　　　　　　教授

**委　员：**（按照姓氏拼音排序）
曹治国　　华中科技大学人工智能与自动化学院学术委员会　主任/教授
陈恩红　　中国科学技术大学大数据学院　　　　　　　　　执行院长/教授
陈雯柏　　北京信息科技大学自动化学院　　　　　　　　　副院长/教授
陈竹敏　　山东大学人工智能学院　　　　　　　　　　　　副院长/教授
程　洪　　电子科技大学机器人研究中心　　　　　　　　　主任/教授
杜　博　　武汉大学计算机学院　　　　　　　　　　　　　副院长/教授
杜彦辉　　中国人民公安大学信息网络安全学院　　　　　　教授
方勇纯　　南开大学　　　　　　　　　　　　　　　　　　副校长/教授
韩　韬　　上海交通大学电子信息与电气工程学院　　　　　副院长/教授
侯　彪　　西安电子科技大学人工智能学院　　　　　　　　执行院长/教授
侯宏旭　　内蒙古大学网络信息中心　　　　　　　　　　　主任/教授
胡　斌　　北京理工大学　　　　　　　　　　　　　　　　教授
胡清华　　天津大学人工智能学院　　　　　　　　　　　　院长/教授
李　波　　北京航空航天大学人工智能学院　　　　　　　　常务副院长/教授
李绍滋　　厦门大学信息学院　　　　　　　　　　　　　　教授
李晓东　　中山大学智能工程学院　　　　　　　　　　　　教授

| | | |
|---|---|---|
| 李轩涯 | 百度公司 | 高校合作部总监 |
| 李智勇 | 湖南大学机器人学院 | 党委书记/教授 |
| 梁吉业 | 山西大学 | 副校长/教授 |
| 刘冀伟 | 北京科技大学智能科学与技术系 | 副教授 |
| 刘振丙 | 桂林电子科技大学计算机与信息安全学院 | 副院长/教授 |
| 孙海峰 | 华为技术有限公司 | 高校生态合作高级经理 |
| 唐琎 | 中南大学自动化学院智能科学与技术专业 | 专业负责人/教授 |
| 汪卫 | 复旦大学计算机科学技术学院 | 教授 |
| 王国胤 | 重庆师范大学 | 校长/教授 |
| 王科俊 | 哈尔滨工程大学智能科学与工程学院 | 教授 |
| 王瑞 | 首都师范大学人工智能系 | 教授 |
| 王挺 | 国防科技大学计算机学院 | 教授 |
| 王万良 | 浙江工业大学计算机科学与技术学院 | 教授 |
| 王文庆 | 西安邮电大学自动化学院 | 院长/教授 |
| 王小捷 | 北京邮电大学智能科学与技术中心 | 主任/教授 |
| 王玉皞 | 南昌大学人工智能工业研究院 | 研究员 |
| 文继荣 | 中国人民大学高瓴人工智能学院 | 执行院长/教授 |
| 文俊浩 | 重庆大学大数据与软件学院 | 党委书记/教授 |
| 辛景民 | 西安交通大学人工智能学院 | 常务副院长/教授 |
| 杨金柱 | 东北大学计算机科学与工程学院 | 常务副院长/教授 |
| 于剑 | 北京交通大学人工智能研究院 | 院长/教授 |
| 余正涛 | 昆明理工大学信息工程与自动化学院 | 院长/教授 |
| 俞祝良 | 华南理工大学自动化科学与工程学院 | 副院长/教授 |
| 岳昆 | 云南大学信息学院 | 副院长/教授 |
| 张博锋 | 上海第二工业大学计算机与信息工程学院 | 院长/研究员 |
| 张俊 | 大连海事大学人工智能学院 | 副院长/教授 |
| 张磊 | 河北工业大学人工智能与数据科学学院 | 教授 |
| 张盛兵 | 西北工业大学图书馆 | 馆长/教授 |
| 张伟 | 同济大学电信学院控制科学与工程系 | 副系主任/副教授 |
| 张文生 | 中国科学院大学人工智能学院 | 首席教授 |
| | 海南大学人工智能与大数据研究院 | 院长 |
| 张彦铎 | 武汉工程大学 | 副校长/教授 |
| 张永刚 | 吉林大学计算机科学与技术学院 | 副院长/教授 |
| 章毅 | 四川大学计算机学院 | 学术院长/教授 |
| 庄雷 | 郑州大学信息工程学院、计算机与人工智能学院 | 教授 |

**秘书长:**

| | | |
|---|---|---|
| 朱军 | 清华大学人工智能研究院基础研究中心 | 主任/教授 |

**秘书处:**

| | | |
|---|---|---|
| 陶晓明 | 清华大学电子工程系 | 教授 |
| 张玥 | 清华大学出版社 | 副编审 |

# 出 版 说 明

当今时代,以互联网、云计算、大数据、物联网、新一代器件、超级计算机等,特别是新一代人工智能为代表的信息技术飞速发展,正深刻地影响着我们的工作、学习与生活。

随着人工智能成为引领新一轮科技革命和产业变革的战略性技术,世界主要发达国家纷纷制定了人工智能国家发展计划。2017年7月,国务院正式发布《新一代人工智能发展规划》(以下简称《规划》),将人工智能技术与产业的发展上升为国家重大发展战略。《规划》要求"牢牢把握人工智能发展的重大历史机遇,带动国家竞争力整体跃升和跨越式发展",提出要"开展跨学科探索性研究",并强调"完善人工智能领域学科布局,设立人工智能专业,推动人工智能领域一级学科建设"。

为贯彻落实《规划》,2018年4月,教育部印发了《高等学校人工智能创新行动计划》,强调了"优化高校人工智能领域科技创新体系,完善人工智能领域人才培养体系"的重点任务,提出高校要不断推动人工智能与实体经济(产业)深度融合,鼓励建立人工智能学院/研究院,开展高层次人才培养。早在2004年,北京大学就率先设立了智能科学与技术本科专业。为了加快人工智能高层次人才培养,教育部又于2018年增设了"人工智能"本科专业。2020年2月,教育部、国家发展改革委、财政部联合印发了《关于"双一流"建设高校促进学科融合,加快人工智能领域研究生培养的若干意见》的通知,提出依托"双一流"建设,深化人工智能内涵,构建基础理论人才与"人工智能+X"复合型人才并重的培养体系,探索深度融合的学科建设和人才培养新模式,着力提升人工智能领域研究生培养水平,为我国抢占世界科技前沿,实现引领性原创成果的重大突破提供更加充分的人才支撑。至今,全国共有超过400所高校获批智能科学与技术或人工智能本科专业,我国正在建立人工智能类本科和研究生层次人才培养体系。

教材建设是人才培养体系工作的重要基础环节。近年来,为了满足智能专业的人才培养和教学需要,国内一些学者或高校教师在总结科研和教学成果的基础上编写了一系列教材,其中有些教材已成为该专业必选的优秀教材,在一定程度上缓解了专业人才培养对教材的需求,如由南京大学周志华教授编写、我社出版的《机器学习》就是其中的佼佼者。同时,我们应该看到,目前市场上的教材还不能完全满足智能专业的教学需要,突出的问题主要表现在内容比较陈旧,不能反映理论前沿、技术热点和产业应用与趋势等;缺乏系统性,基础教材多、专业教材少,理论教材多、技术或实践教材少。

为了满足智能专业人才培养和教学需要,编写反映最新理论与技术且系统化、系列化的教材势在必行。早在2013年,北京邮电大学钟义信教授就受邀担任第一届"全国高等学校智能科学与技术/人工智能专业规划教材编委会"主任,组织和指导教材的编写工作。2019年,第二届编委会成立,清华大学陆建华院士受邀担任编委会主任,全国各省市开设智能科学与技术/人工智能专业的院系负责人担任编委会成员,在第一届编委会的工作基础上继续开展工作。

编委会认真研讨了国内外高等院校智能科学与技术专业的教学体系和课程设置,制定了编委会工作简章、编写规则和注意事项,规划了核心课程和自选课程。经过编委会全体委员及专家的推荐和审定,本套丛书的作者应运而生,他们大多是在本专业领域有深厚造诣的骨干教师,同时从事一线教学工作,有丰富的教学经验和研究功底。

本套教材是我社针对智能科学与技术/人工智能专业策划的第一套规划教材,遵循以下编写原则:

(1) 智能科学与技术/人工智能既具有十分深刻的基础科学特性(智能科学),又具有极其广泛的应用技术特性(智能技术)。因此,本专业教材面向理科或工科,鼓励理工融通。

(2) 处理好本学科与其他学科的共生关系。要考虑智能科学与技术/人工智能与计算机、自动控制、电子信息等相关学科的关系问题,考虑把"互联网+"与智能科学联系起来,体现新理念和新内容。

(3) 处理好国外和国内的关系。在教材的内容、案例、实验等方面,除了体现国外先进的研究成果,一定要体现我国科研人员在智能领域的创新和成果,优先出版具有自己特色的教材。

(4) 处理好理论学习与技能培养的关系。对理科学生,注重对思维方式的培养;对工科学生,注重对实践能力的培养。各有侧重。鼓励各校根据本校的智能专业特色编写教材。

(5) 根据新时代教学和学习的需要,在纸质教材的基础上融合多种形式的教学辅助材料。鼓励包括纸质教材、微课视频、案例库、试题库等教学资源的多形态、多媒质、多层次的立体化教材建设。

(6) 鉴于智能专业的特点和学科建设需求,鼓励高校教师联合编写,促进优质教材共建共享。鼓励校企合作教材编写,加速产学研深度融合。

本套教材具有以下出版特色:

(1) 体系结构完整,内容具有开放性和先进性,结构合理。

(2) 除满足智能科学与技术/人工智能专业的教学要求外,还能够满足计算机、自动化等相关专业对智能领域课程的教材需求。

(3) 既引进国外优秀教材,也鼓励我国作者编写原创教材,内容丰富,特点突出。

(4) 既有理论类教材,也有实践类教材,注重理论与实践相结合。

(5) 根据学科建设和教学需要,优先出版多媒体、融媒体的新形态教材。

(6) 紧跟科学技术的新发展,及时更新版本。

为了保证出版质量,满足教学需要,我们坚持成熟一本、出版一本的出版原则。在每本书的编写过程中,除作者积累的大量素材,还力求将智能科学与技术/人工智能领域的最新成果和成熟经验反映到教材中,本专业专家学者也反复提出宝贵意见和建议,进行审核定稿,以提高本套丛书的含金量。热切期望广大教师和科研工作者加入我们的队伍,并欢迎广大读者对本系列教材提出宝贵意见,以便我们不断改进策划、组织、编写与出版工作,为我国智能科学与技术/人工智能专业人才的培养做出更多的贡献。

  联系人:张玥

  联系电话:010-83470175

  电子邮件:jsjjc_zhangy@126.com

清华大学出版社

2020 年夏

# 总　　序

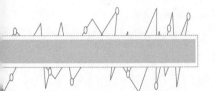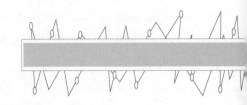

　　以智慧地球、智能驾驶、智慧城市为代表的人工智能技术与应用迎来了新的发展热潮,世界主要发达国家和我国都制定了人工智能国家发展计划,人工智能现已成为世界科技竞争新的制高点。然而,智能科技/人工智能的发展也面临新的挑战,首先是其理论基础有待进一步夯实,其次是其技术体系有待进一步完善。抓基础、抓教材、抓人才,稳妥推进智能科技的发展,已成为教育界、科技界的广泛共识。我国高校也积极行动、快速响应,陆续开设了智能科学与技术、人工智能、大数据等专业方向。截至2020年年底,全国共有超过400所高校获批智能科学与技术或人工智能本科专业,面向人工智能的本、硕、博人才培养体系正在形成。

　　教材乃基础之基础。2013年10月,"全国高等学校智能科学与技术/人工智能专业规划教材"第一届编委会成立。编委会在深入分析我国智能科学与技术专业的教学计划和课程设置的基础上,重点规划了《机器智能》等核心课程教材。南京大学、西安电子科技大学、西安交通大学等高校陆续出版了人工智能专业教育培养体系、本科专业知识体系与课程设置等专著,为相关高校开展全方位、立体化的智能科技人才培养起到了示范作用。

　　2019年10月,第二届(本届)编委会成立。在第一届编委会教材规划工作的基础上,编委会通过对斯坦福大学、麻省理工学院、加州大学伯克利分校、卡内基·梅隆大学、牛津大学、剑桥大学、东京大学等国外高校和国内相关高校人工智能相关的课程和教材的跟踪调研,进一步丰富和完善了本套专业规划教材。同时,本届编委会继续推进专业知识结构和课程体系的研究及教材的出版工作,期望编写出更具创新性和专业性的系列教材。

　　智能科学技术正处在迅速发展和不断创新的阶段,其综合性和交叉性特征鲜明,因而其人才培养宜分层次、分类型,且要与时俱进。本套教材的规划既注重学科的交叉融合,又兼顾不同学校、不同类型人才培养的需要,既有强化理论基础的,也有强化应用实践的。编委会为此将系列教材分为基础理论、实验实践和创新应用三大类,并按照课程体系将其分为数学与物理基础课程、计算机与电子信息基础课程、专业基础课程、专业实验课程、专业选修课程和"智能+"课程。该规划得到了相关专业的院校骨干教师的共识和积极响应,不少教师/学者也开始组织编写各具特色的专业课程教材。

　　编委会希望,本套教材的编写,在取材范围上要符合人才培养定位和课程要求,体现学科交叉融合;在内容上要强调体系性、开放性和前瞻性,并注重理论和实践的结合;在章节安排上要遵循知识体系逻辑及其认知规律;在叙述方式上要能激发读者兴趣,引导读者积极思考;在文字风格上要规范严谨,语言格调要力求亲和、清新、简练。

编委会相信,通过广大教师/学者的共同努力,编写好本套专业规划教材,可以更好地满足智能科学与技术/人工智能专业的教学需要,更高质量地培养智能科技专门人才。

饮水思源。在全国高校智能科学与技术/人工智能专业规划教材陆续出版之际,我们对为此做出贡献的有关单位、学术团体、老师/专家表示崇高的敬意和衷心的感谢。

感谢中国人工智能学会及其教育工作委员会对推动设立我国高校智能科学与技术本科专业所做的积极努力;感谢清华大学、北京大学、南京大学、西安电子科技大学、北京邮电大学、南开大学等高校,以及华为、百度、腾讯等企业为发展智能科学与技术/人工智能专业所做出的实实在在的贡献。

特别感谢清华大学出版社对本系列教材的编辑、出版、发行给予高度重视和大力支持。清华大学出版社主动与中国人工智能学会教育工作委员会开展合作,并组织和支持了该套专业规划教材的策划、编审委员会的组建和日常工作。

编委会真诚希望,本套规划教材的出版不仅对我国高校智能科学与技术/人工智能专业的学科建设和人才培养发挥积极的作用,还将对世界智能科学与技术的研究与教育做出积极的贡献。

由于编委会对智能科学与技术的认识、认知的局限,本套系列教材难免存在错误和不足,恳切希望广大读者对本套教材存在的问题提出意见和建议,帮助我们不断改进,不断完善。

高等学校智能科学与技术/人工智能专业教材编委会主任

陈建华

2021年元月

# 前　言

在这个信息化快速发展的时代，人工智能已成为科技进步的标志性成就之一，影响着从自动化工具到决策支持系统的方方面面。当前，智能科技人才是我国社会经济发展的迫切需求，而高水平教材可以为智能科技人才培养提供关键性支撑。

《人工智能导论(微课视频版)》是为了促进智能科技人才培养与最新研究成果紧密结合，适应研究型大学人才培养需要编写的一本高水平教材。全书旨在让读者理解人工智能技术的基本概念和原理方法，如机器学习、深度学习、强化学习、计算机视觉、自然语言处理等。同时，为了提升学以致用的能力，本书深入剖析了人工智能应用的一些典型实例，使读者更好地理解智能技术在相关领域的实际应用。全书配套由多位知名教授精心录制的微课视频，以加强与读者的互动。在这个智能化时代，力求使对于智能技术本身的学习变得更为直观生动。

本书在内容安排上由浅入深，层次清晰，并将原理介绍与应用分析融为一体。全书共 10 章，可分为 3 部分。前 3 章主要介绍人工智能的基本概念及发展情况、软硬件平台和优化算法基础；第 4～6 章介绍人工智能学习算法；第 7～10 章则偏重从应用角度阐述人工智能技术。具体而言，第 1 章介绍人工智能的基本概念、发展历史、主要研究内容及新兴发展方向；第 2 章探讨人工智能相关的软硬件平台等基础知识；第 3 章介绍面向人工智能的优化算法；第 4 章介绍机器学习中的监督学习、非监督学习、强化学习等核心概念和技术，阐述了机器学习的常用算法；第 5 章介绍深度学习，包括深度神经网络基本原理，以及卷积神经网络、循环神经网络等典型的深度神经网络；第 6 章介绍强化学习中的理论基础和基本概念，阐释经典强化学习算法及应用案例；第 7 章介绍计算机视觉，讨论图像滤波、边缘检测等预处理方法，分析图像分类、目标检测和语义分割等计算机视觉技术；第 8 章介绍自然语言处理，重点描述词法分析、句法分析、语义分析等内容；第 9 章介绍智能博弈的基本概念和求解方法，分析智能博弈的经典技术及应用案例；第 10 章介绍机器人的基本概念和主要分类，分析机器人的基本结构、工作原理和实际应用。

本书主要由南开大学方勇纯、许静、刘杰、张雪波、郭宪著，南开大学孙明竹、李欢、武毅男、刘晓芳、金骁、邱宇等一起完成了部分编写工作，同时，南开大学人工智能学院硕士生鲍思旭完成本书的排版工作。在编写过程中，作者吸收了国内外相关教材的精髓，对这些作者的贡献表示由衷的感谢。此外，在出版过程中，清华大学出版社张玥编辑等对于本书的结构与内容编排提出了富有建设性的建议，在此一并对他们表示诚挚的感谢。

# 前言

由于著者水平和经验有限,书中难免存在一些不当之处,殷切希望广大读者批评指正。

全体作者
2025 年 1 月于天津

# 目 录

CONTENTS

第1章 人工智能概述 ……………………………………………………………… 1
  1.1 什么是人工智能 ………………………………………………………… 1
  1.2 人工智能的发展历程 …………………………………………………… 1
    1.2.1 初创时期(1936—1956) ……………………………………………… 3
    1.2.2 形成时期(1957—1969) ……………………………………………… 4
    1.2.3 低谷时期(1970—1992) ……………………………………………… 4
    1.2.4 发展时期(1993—2011) ……………………………………………… 5
    1.2.5 突破时期(2012年至今) ……………………………………………… 6
  1.3 机器能否真正拥有智能 ………………………………………………… 7
    1.3.1 图灵测试 ……………………………………………………………… 8
    1.3.2 中文屋 ………………………………………………………………… 9
  1.4 人工智能的主要研究内容 ……………………………………………… 10
    1.4.1 机器学习 ……………………………………………………………… 10
    1.4.2 深度学习 ……………………………………………………………… 11
    1.4.3 强化学习 ……………………………………………………………… 13
    1.4.4 计算机视觉 …………………………………………………………… 14
    1.4.5 自然语言处理 ………………………………………………………… 15
    1.4.6 智能博弈 ……………………………………………………………… 17
    1.4.7 智能机器人 …………………………………………………………… 18
    1.4.8 人工智能的新兴研究方向 …………………………………………… 19
  1.5 习题 ……………………………………………………………………… 20
  参考文献 ……………………………………………………………………… 20

第2章 人工智能软硬件平台基础 ………………………………………………… 21
  2.1 硬件平台 ………………………………………………………………… 21
    2.1.1 智能芯片 ……………………………………………………………… 21
    2.1.2 人工智能芯片的发展方向 …………………………………………… 23
  2.2 软件平台 ………………………………………………………………… 23
    2.2.1 人工智能开发框架 …………………………………………………… 23
    2.2.2 经典的人工智能开发框架 …………………………………………… 24
    2.2.3 人工智能云平台 ……………………………………………………… 29

# 目 录

- 2.3 Python 基础 ······ 31
  - 2.3.1 Python 的安装 ······ 31
  - 2.3.2 Python 编程基础 ······ 31
  - 2.3.3 文件操作 ······ 32
  - 2.3.4 第三方模块的使用 ······ 32
  - 2.3.5 NumPy 与 SciPy 以及 Matplotlib 的使用 ······ 32
- 2.4 习题 ······ 33
- 参考文献 ······ 33

## 第 3 章 面向人工智能的优化算法 ······ 35
- 3.1 人工智能优化算法概论 ······ 35
- 3.2 无约束优化算法 ······ 37
  - 3.2.1 盲人下山 ······ 37
  - 3.2.2 梯度下降法 ······ 38
  - 3.2.3 牛顿法 ······ 39
- 3.3 随机优化算法 ······ 39
  - 3.3.1 大数据背景下的模型训练 ······ 39
  - 3.3.2 随机梯度下降 ······ 40
  - 3.3.3 动量法 ······ 41
  - 3.3.4 步长自适应算法和 Adam ······ 42
- 3.4 应用示例 ······ 44
  - 3.4.1 梯度下降 ······ 44
  - 3.4.2 SSGD ······ 45
  - 3.4.3 动量法 ······ 45
  - 3.4.4 Adam ······ 45
  - 3.4.5 PyTorch 实现 ······ 46
- 3.5 带约束优化算法 ······ 46
  - 3.5.1 罚函数法 ······ 46
  - 3.5.2 增广拉格朗日法 ······ 47
  - 3.5.3 交替方向乘子法 ······ 47

# 目 录

CONTENTS

  3.6 习题 ················································································· 47
  参考文献 ················································································ 47

第4章 机器学习 ············································································· 49
  4.1 机器学习概论 ········································································ 49
    4.1.1 机器学习的内涵 ··························································· 49
    4.1.2 机器学习的发展历程 ······················································ 50
    4.1.3 机器学习的基本流程 ······················································ 51
  4.2 机器学习方法分类 ·································································· 52
    4.2.1 监督学习 ···································································· 52
    4.2.2 无监督学习 ································································· 53
    4.2.3 强化学习 ···································································· 54
  4.3 机器学习的常用算法 ······························································· 54
    4.3.1 分类任务 ···································································· 54
    4.3.2 回归分析 ···································································· 57
    4.3.3 聚类任务 ···································································· 58
    4.3.4 降维算法 ···································································· 60
  4.4 机器学习的应用 ····································································· 61
  4.5 习题 ··················································································· 61
  参考文献 ················································································ 62

第5章 深度学习 ············································································· 63
  5.1 深度学习概论 ········································································ 63
  5.2 深度学习发展历程 ·································································· 63
    5.2.1 起源阶段 ···································································· 63
    5.2.2 发展阶段 ···································································· 64
    5.2.3 爆发阶段 ···································································· 64
  5.3 深度神经网络基本原理 ···························································· 65
    5.3.1 深度神经网络核心知识 ··················································· 65
    5.3.2 前向神经网络与反馈神经网络 ·········································· 68

|||
|---|---|
| 5.3.3 反向传播算法 | 70 |
| 5.4 典型的神经网络 | 71 |
|     5.4.1 卷积神经网络 | 71 |
|     5.4.2 循环神经网络 | 74 |
| 5.5 深度学习的应用 | 74 |
|     5.5.1 语音识别 | 75 |
|     5.5.2 自动驾驶 | 75 |
|     5.5.3 医疗健康诊断 | 75 |
|     5.5.4 广告点击率预估 | 76 |
| 5.6 深度学习的未来 | 76 |
| 5.7 习题 | 77 |
| 参考文献 | 77 |
| **第6章 强化学习** | 79 |
| 6.1 强化学习概论 | 79 |
| 6.2 数学基础 | 80 |
|     6.2.1 概率论与数理统计基础 | 80 |
|     6.2.2 信息论基础知识 | 81 |
| 6.3 强化学习的基本概念 | 82 |
|     6.3.1 马尔可夫决策过程 | 82 |
|     6.3.2 随机策略与确定性策略 | 83 |
|     6.3.3 值函数与行为值函数 | 84 |
|     6.3.4 强化学习与其他机器学习的联系与区别 | 86 |
| 6.4 强化学习分类 | 86 |
|     6.4.1 基于值函数的强化学习算法 | 86 |
|     6.4.2 基于直接策略搜索的强化学习算法 | 88 |
| 6.5 强化学习的应用 | 90 |
|     6.5.1 人类级雅达利专家：DQN | 90 |
|     6.5.2 星际争霸大师：AlphaStar | 91 |
|     6.5.3 超级聊天机器人：ChatGPT | 93 |

# 目录

6.6 习题 ·········· 94
参考文献 ·········· 94

## 第7章 计算机视觉 ·········· 95
### 7.1 计算机视觉概论 ·········· 95
### 7.2 图像与图像预处理 ·········· 96
#### 7.2.1 图像的表示 ·········· 96
#### 7.2.2 图像点运算 ·········· 97
#### 7.2.3 图像滤波 ·········· 99
#### 7.2.4 边缘检测 ·········· 102
### 7.3 计算机视觉经典任务及算法 ·········· 104
#### 7.3.1 图像分类 ·········· 104
#### 7.3.2 目标检测 ·········· 107
#### 7.3.3 语义分割 ·········· 109
#### 7.3.4 目标跟踪 ·········· 110
### 7.4 计算机视觉算法的实现 ·········· 111
#### 7.4.1 OpenCV 视觉库 ·········· 111
#### 7.4.2 MATLAB 图像处理工具箱 ·········· 111
#### 7.4.3 深度学习框架 TensorFlow 与 PyTorch ·········· 112
### 7.5 计算机视觉的应用 ·········· 112
#### 7.5.1 车牌识别 ·········· 112
#### 7.5.2 人脸识别 ·········· 113
#### 7.5.3 质量缺陷检测 ·········· 113
### 7.6 习题 ·········· 113
### 参考文献 ·········· 113

## 第8章 自然语言处理 ·········· 116
### 8.1 自然语言处理概论 ·········· 116
#### 8.1.1 自然语言处理的发展历史 ·········· 116
#### 8.1.2 自然语言处理面临的难点问题 ·········· 117

# 目 录

- 8.2 词法分析 ... 118
  - 8.2.1 词法分析概述 ... 118
  - 8.2.2 分词 ... 118
  - 8.2.3 词性标注 ... 122
  - 8.2.4 命名实体识别 ... 122
- 8.3 句法分析 ... 123
  - 8.3.1 句法分析概述 ... 123
  - 8.3.2 句法分析树构建 ... 123
  - 8.3.3 句子分割 ... 125
- 8.4 语义分析 ... 126
  - 8.4.1 语义分析概述 ... 126
  - 8.4.2 词义消歧 ... 126
  - 8.4.3 语义角色标注 ... 127
  - 8.4.4 文本语义表示 ... 128
- 8.5 自然语言处理的应用 ... 130
  - 8.5.1 文本分类 ... 130
  - 8.5.2 信息抽取 ... 131
  - 8.5.3 自动问答 ... 132
  - 8.5.4 自动文本摘要 ... 132
- 8.6 习题 ... 133
- 参考文献 ... 135

## 第 9 章 智能博弈 ... 136

- 9.1 智能博弈概论 ... 136
  - 9.1.1 博弈的基本概念 ... 136
  - 9.1.2 博弈的分类 ... 137
  - 9.1.3 纳什均衡及典型案例 ... 138
- 9.2 博弈的复杂度 ... 138
  - 9.2.1 博弈问题的状态复杂度和博弈树复杂度 ... 139
  - 9.2.2 状态复杂度及博弈树复杂度的估算方法 ... 139

# 目 录

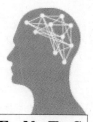

|  |  |  |
|---|---|---|
| 9.2.3 | 博弈问题的计算复杂性 | 140 |
| 9.3 | 智能博弈策略求解技术 | 141 |
| | 9.3.1 博弈树搜索 | 142 |
| | 9.3.2 极大极小值算法 | 142 |
| | 9.3.3 裁枝搜索（$\alpha$-$\beta$剪枝） | 143 |
| | 9.3.4 剪枝优化方法 | 144 |
| | 9.3.5 蒙特卡洛树搜索 | 144 |
| | 9.3.6 深度强化学习 | 146 |
| 9.4 | 智能博弈的典型应用 | 147 |
| | 9.4.1 国际象棋智能体"深蓝" | 147 |
| | 9.4.2 围棋智能体 AlphaGo | 148 |
| | 9.4.3 Dota 2 智能体 OpenAI Five | 148 |
| | 9.4.4 斗地主智能体 DouZero | 149 |
| 9.5 | 习题 | 150 |
| 参考文献 | | 150 |

## 第10章 智能机器人 … 152

- 10.1 智能机器人概论 … 152
  - 10.1.1 初识机器人 … 152
  - 10.1.2 智能机器人技术的发展 … 154
  - 10.1.3 机器人的分类 … 157
- 10.2 机器人的基本结构与工作原理 … 157
- 10.3 机器人感知单元 … 158
  - 10.3.1 常见的机器人传感器 … 158
  - 10.3.2 机器人视觉 … 159
- 10.4 机器人的规划、控制与决策 … 161
- 10.5 机器人在我国的实际应用 … 163
  - 10.5.1 南极长航程科考机器人 … 163
  - 10.5.2 适用于有色金属浇铸生产线的修锭机器人 … 164
  - 10.5.3 微操作克隆机器人系统 … 164

10.6 机器人的发展方向：技能学习与智能发育 …………………………… 165
    10.6.1 机器人的技能学习 ……………………………………………… 166
    10.6.2 机器人的智能发育 ……………………………………………… 166
10.7 习题 …………………………………………………………………… 168
参考文献 …………………………………………………………………… 169

附录：重要术语中英文对照表 ……………………………………………… 171

# 第 1 章 人工智能概述

## 1.1 什么是人工智能

谈到人工智能(artificial intelligence,AI),很多人可能把它和看过的《星球大战》《流浪地球》《太空漫游》等电影联系到一起,因为电影里非常生动地展示了各种高科技技术和人工智能的产物。虽然这些电影是虚构的,但是人工智能技术却实实在在地改变着我们的生活:从聊天机器人到无人驾驶汽车,从人脸识别到 AlphaGo 战胜人类围棋高手;一项项人工智能技术脱颖而出,潜移默化地引领着世界的重大变革。

早在 1956 年,麻省理工学院的约翰·麦卡锡教授就在达特茅斯会议上提出了"人工智能"一词。此后,研究者们发展了众多理论和方法,人工智能的重点开始变为建立能够自行解决实际问题的系统,并且要求系统具备自主学习的能力。遗憾的是,由于计算能力和计算资源等方面的限制,直到近十多年来,人工智能才逐渐走入人们的视野。

时至今日,人工智能的概念已经得到进一步扩展,它以计算机科学为基础,结合了脑科学、神经生理学、心理学、语言学、逻辑学、认知(思维)科学、行为科学和数学以及信息论、控制论和系统论等众多学科,是一门专注于研究模拟、延伸和扩展人类智能的理论与方法的交叉性学科。

人工智能是一门极富挑战性的学科,它旨在研究智能的实质,通过对人的意识、思维的信息过程模拟,使得计算机能够代替人类思考和工作。在此基础上,进而研制出一种能以类似人类的方式做出反应的智能机器,并使其能够胜任一些通常需要人类智能才能完成的复杂工作。在算法层面,人工智能的研究包括机器学习、深度学习、强化学习等,其应用则涵盖计算机视觉、自然语言处理、智能博弈、机器人等多个领域。当然,在不同的时代,每个人对于人工智能的理解也不尽相同。

## 1.2 人工智能的发展历程

人工智能自提出至今,已有近 70 年的发展历史,其间数度起伏,既有过辉煌,也经历过寒冬。从符号主义的专家系统到现在如日中天的神经网络,纵观人工智能的发展前行之路,我们见证了它给人类生活和社会发展带来的巨大影响和变革。

要深入了解人工智能的发展历程,首先要知道人工智能从何处而来。实际上,人类追寻人工智能的足迹可追溯到我国古代。中华民族的历史源远流长，先贤们很早就萌生了将人类智慧赋予机器，进而利用其来服务人类的梦想。例如，我国东汉科学家张衡等人发明了地动仪，它可在一定程度上模拟人类智慧，可自动检测出地震方位，这已经表现出人工智能技术的雏形，可视为人工智能在中国历史上的起源。在国外，人类也很早就幻想用机器去模仿和代替人类从事枯燥或危险的劳动。

人工智能的孕育和发展经历了一个漫长而艰难的历史进程，为了实现人类的愿望，许多科学家付出了艰苦的努力。17世纪的法国物理学家巴斯卡制成了世界上第一台会演算的机械加法器，并获得了实际应用，在此基础上，德国数学家莱布尼茨研制出可实现四则运算的计算器。历史的车轮滚滚向前，1934年，奥地利数学家歌德尔提出了递归函数的概念，进一步丰富了机械程序的思路。又经过20多年，直到1956年的夏天，"人工智能"一词才在美国召开的达特茅斯会议上正式提出。正是在这次会议上，麦卡锡首次在世界范围内提出用机器模拟人类智能的想法，而纽厄尔和西蒙则展示了他们编写的逻辑理论机器。此后，许多科学家、程序员、逻辑学家和理论家都对"人工智能"一词赋予了更多的含义，而一项项重大创新和发现则进一步丰富了人类对人工智能的理解，历史的车轮不断推动着人工智能的发展，使一个个曾经遥不可及的梦想成为现实。

然而，人工智能发展的道路从来都不是一帆风顺的，在近70年的跌宕起伏中，正是由于无数科研人员执着的坚守和前仆后继的努力，才有了现今的成就。1950年，研究人员提出了神经网络，代表人工智能正式进入第一次探索阶段，各类算法在这个阶段百花齐放，促进了一批模式识别与机器学习高水平学术期刊的创刊，它们又转而为算法的交流与发展提供了宝贵的平台。持续20年的算法研究之后，到了20世纪70年代，神经网络方面的数学理论停滞不前，而这个领域的研究也随即陷入了低谷期。经历10年沉寂期后，20世纪80年代的误差反向传播(back propagation,BP)算法再次引起了研究人员的极大关注，这个阶段还伴随出现了卷积神经网络(convolutional neural networks,CNN)、循环神经网络(recurrent neural network,RNN)等网络模型的雏形，且应用领域不断丰富，研究队伍日益壮大。经过研究，人们发现BP有其局限性，而这个阶段正好遇到互联网浪潮，泛机器学习随之成为学术新宠。2010年后，随着深度学习新算法的提出、专用加速硬件的出现以及互联网对数据资源的集中汇总，人工智能技术再次爆发，并以深度学习算法为主，形成了一个庞大的产业。正如蒸汽时代的蒸汽机、电气时代的发电机、信息时代的计算机和互联网一样，人工智能正在成为推动人类进入智能时代的决定性力量。全球产业界充分认识到人工智能技术引领新一轮产业变革的重大意义，纷纷转型发展，抢滩布局人工智能创新生态。世界主要发达国家均把发展人工智能作为提升国家竞争力、维护国家安全的重大战略，力图在国际科技竞争中掌握主导权。我国高度重视人工智能技术发展，党的二十大报告指出，要"推动战略性新兴产业融合集群发展，构建新一代信息技术、人工智能、生物技术、新能源、新材料、高端装备、绿色环保等一批新的增长引擎"。

如何描述人工智能近70年来的发展历程？学术界可谓仁者见仁，智者见智。本书将人工智能的发展历程划分为5个时期：初创时期(1936—1956)、形成时期(1957—1969)、低谷时期(1970—1992)、发展时期(1993—2011)、突破时期(2012至今)，以下分别介绍。

## 1.2.1 初创时期(1936—1956)

1936年,艾伦·图灵为了解决一个数学理论问题,发表了一篇题为 *On Computable Numbers, with an Application to the Entscheidungs Problem* 的论文,文中提出了现代通用数字计算机的数学模型。具体而言,这是一个描述计算步骤的数学模型,它可以将复杂的计算过程还原成大量简单的重复操作,这也就是后来被无数人提到的图灵机。然而,这个图灵机并不是真正意义上的机器,而是一种设想中的可自动计算的机器,这也可以看成是计算机的原始构想。

1943年,沃伦·麦卡洛克和沃尔特·皮茨合作,完成了第一项被公认为属于人工智能范畴的工作。在论文 *A Logical Calculus of the Ideas Immanent in Nervous Activity* 中,他们提出了一个人工神经元模型来模拟人类的思维过程,该模型被称为麦卡洛克—皮茨(McCulloch-Pitts,MP)模型,它也是现在广泛使用的神经网络模型的基础。

1946年,世界上第一台电子计算机 ENIAC 在美国诞生,标志着人类进入计算机时代,也为人工智能的出现奠定了硬件基础。同时,美籍匈牙利数学家冯·诺依曼在图灵的基础上提出了著名的冯·诺依曼体系结构,即计算机硬件设备由存储器、运算器、控制器、输入设备和输出设备五大基本部件组成。半个多世纪以来,尽管计算机制造水平和工艺不断提升,计算机的性能指标和工作方式等都发生了翻天覆地的变化,但是其体系结构并没有明显突破,冯·诺依曼体系结构一直沿用至今。冯·诺依曼的另一个重要贡献则是提出了"存储程序"的计算机设计理念,即将计算机指令进行编码后存储在其存储器中,需要的时候则可以顺序执行程序代码,从而控制计算机的运行。在此之前的计算机是由各种门电路组成的,由这些门电路组装出一个固定的电路板来执行某个特定的程序,一旦要修改程序功能,就需要重新组装电路板,应用时非常不方便。在冯·诺依曼提出的存储程序设计理念中,程序和数据被同等看待,程序通过编码成为数据,一并放在存储器中,计算机只需要通过调用存储器中的数据,并依次执行相关指令就可以完成一系列复杂操作。这种设计思想实现了计算机硬件和软件的分离,极大地促进了计算机的发展,同时也诞生了程序员这一职业。

1950年,图灵发表了 *Computing Machinery and Intelligence* 一文,预言了创造出具有真正智能的机器的可能性,并在论文中提出了著名的"图灵测试",这个测试主要用于判断机器是否真正具备了智能。图灵测试是人工智能在哲学领域第一个非常严肃的提案,也为人工智能的后续发展提出了开创性思路。在一定程度上,图灵测试的提出是人工智能领域的一个标志性事件。而图灵本人,由于在人工智能等领域的前瞻性工作而被尊称为"人工智能之父",1966年设立了以其名字命名的"图灵奖",该奖被誉为计算机界的"诺贝尔奖"。本章第1.3节将对图灵测试进行具体介绍。

1956年夏天,一群数学家和计算机科学家来到达特茅斯学院数学系所在大楼的顶层。在大约八周的时间里,他们讨论并想象着一个新研究领域的可能性。一名年轻的教授约翰·麦卡锡在为研讨会撰写提案时创造了"人工智能"一词,这也被后人视为人工智能诞生的标志。这次会议的成功召开,确立了人工智能的研究目标,指引了人工智能的研究方向,推动了人工智能研究的新热潮。自此,一大批研究人员尝试从不同角度对人工智能展开深入研究,使人工智能不再局限于原有的模式识别和逻辑推理领域,而是发展到更为广泛的研究领域,如自动程序设计、智能检索、自然语言理解,等等。

### 1.2.2 形成时期(1957—1969)

在达特茅斯会议之后,人工智能迎来了第一个快速发展和形成时期,相继取得了一批令人瞩目的研究成果。例如,1957年,艾伦·纽威尔(Allen Newell)、赫伯特·西蒙(Herbert Simon)和克里夫·肖(Cliff Shaw)共同研制了第一个能够模拟人类解决问题的通用计算机程序;1958年,约翰·麦卡锡为人工智能发明了Lisp编程语言,这是当时人工智能研究中最受青睐的编程语言;1961年,第一家工业机器人公司Unimation成立,而乔治·德沃尔(George Devol)发明的工业机器人Unimate成为第一个在通用汽车装配线上工作的机器人;1964年,计算机科学家丹尼·博布罗(Daniel Bobrow)用Lisp语言创建了一个早期的人工智能程序STUDENT,它能够很好地理解自然语言,并正确解决代数问题,这也是人工智能在自然语言处理领域一个里程碑式的突破;1966年,麻省理工学院的约瑟夫·魏泽鲍姆(Joseph Weizenbaum)创建了一个交互式的计算机程序"伊丽莎"(Eliza),这是世界上第一个聊天机器人,代表了自然语言处理的早期实现,其目的是教计算机用人类语言与我们交流,而不是要求我们用计算机代码编程,或通过用户界面进行交互,她为后来打破人与机器之间的沟通障碍铺平了道路。同年,斯坦福研究院设计了第一个通用移动机器人沙基(Shakey),它将硬件和软件结合起来,具有运动、感知周围环境和解决问题的能力。这个工作综合了机器人学、计算机视觉和自然语言处理多个方面的研究,是第一个将逻辑推理和物理行为相结合的项目。沙基得到了媒体的大量曝光,而机器人的概念也随之被带入公众视野中。在人工智能概念逐渐形成的关键时期,周恩来总理主持制定了我国的《十二年科学技术发展规划》,规划指出,大力发展计算机、无线电电子学、半导体、自动化等学科,并将新技术应用于工业和国防,将为我国人工智能的起步和发展作出重要贡献。

在这个阶段,在计算机的帮助下,一些智能算法被应用于数学和自然语言领域来解决相关问题,这些研究成果对人工智能的发展起到了很好的推动作用,充分展示了人工智能作为一门新兴学科的茁壮成长过程。同时,这也让很多研究学者看到了机器向人工智能发展的信心,很多学者在当时甚至认为:二十年内,机器将能完成人能做到的一切。

### 1.2.3 低谷时期(1970—1992)

人工智能发展初期的突破性进展极大地提升了研究人员的期待与信心,研究者开始尝试更具有挑战性的任务,并提出了一些不切实际的研发目标。然而,接二连三的失败和预期目标的落空,使人工智能进入了一段艰难的岁月。

与此同时,人工智能在十多年狂奔式的发展过程中也暴露出了许多问题,特别是来自三个方面的技术瓶颈限制了其进一步发展。

(1) 计算机性能不足。

理论方法的验证离不开硬件设备的支持,当时的计算机硬件发展水平落后,计算性能的限制导致计算能力不足,许多人工智能程序难以充分运行。例如,塞缪尔的跳棋程序在与世界冠军对弈中遭到惨败,而由于算力有限,鲁滨逊的数学定理证明程序在一些时候表现出的能力明显不如人类。

(2) 问题的复杂性。

早期的人工智能程序一般用于求解具有良好结构的问题,而现实世界则显然要复杂得多。随着问题复杂性的增加,数据维度相应上升,各种可能性的组合超出了人工智能程序的求解能力,致使其无法应对纷繁复杂的真实场景。

(3) 数据量匮乏。

人工智能的发展往往离不开计算机技术、互联网技术的发展和数据的支撑。遗憾的是,在当时的技术条件下,海量的数据无法存储,而互联网通信能力有限则致使数据传输能力不足。因此,缺乏足够大的数据库来支撑人工智能程序进行深度学习,导致其智能水平始终维持在较低水平,无法突破。

随着人工智能项目的停滞不前,社会舆论的压力也逐渐增加。在这种情况下,各国政府对人工智能研究的支持不断减少,大量研究经费转移到其他领域。1973年,应用数学家莱特希尔向英国科学理事会提交了一份关于人工智能的研究报告《人工智能:一般性的考察》。他在报告中指出:"人工智能项目就是浪费钱,迄今为止,该领域没有任何一个部分做出的发现产生了重大影响。"这直接导致英国政府大幅消减了人工智能项目的投入。随后,美国和其他国家也大幅下调了该领域的投入,人工智能的研究也随之进入停滞状态。

直到1980年,美国卡耐基-梅隆大学为数字设备公司设计了一套名为XCON的专家系统。这是一种采用人工智能程序的系统,可以简单地将其理解为"知识库+推理机"的组合,该系统可帮助迪吉多公司的客户自动选择计算机组件,为其每年节省超过4000万美元的经费。有了这种商业模式之后,衍生出了像Symbolics、Lisp Machines和IntelliCorp、Aion这样的硬件、软件公司。在这个时期,仅专家系统产业的价值就高达5亿美元。作为一种在特定领域内具有大量知识与丰富经验的程序系统,专家系统可应用人工智能技术来模拟人类专家的决策过程,并解决那些需要大量专业知识的复杂问题。专家系统的出现实现了人工智能从理论研究走向实际应用,从一般推理策略探讨转向运用专门知识解决问题的革命性跨越。

不幸的是,命运的车轮再一次碾过人工智能,让其回到原点。仅仅在维持了7年之后,专家系统存在的问题逐渐暴露出来,例如应用领域狭窄、知识获取困难、推理方式单一、分布式功能不强、与现有数据库兼容性差,等等,这些缺陷致使曾经轰动一时的专家系统风光不再。

回顾人工智能发展的潮起潮落,数次寒冬几度让人工智能研究人员的希望破灭。尽管如此,这一时期的科学家仍然在低谷中坚守,他们不断加强人工智能的理论研究和应用探索,期待着化茧成蝶的那一天,而人工智能也在这二十多年的时间里一直呈现螺旋式上升和发展。

## 1.2.4 发展时期(1993—2011)

20世纪90年代中期,得益于计算机硬件成本的大幅度降低、网络技术和互联网技术的快速发展,研究人员突然获得了足够多的计算能力和资源来解决一些更加复杂的问题,这些有利条件大幅加速了机器学习和人工神经网络等方面的研究进程,数据驱动方法的优势日益明显,人工智能技术开始进入稳定发展时期。

1997年,IBM的计算机系统"深蓝"战胜了国际象棋世界冠军卡斯帕罗夫,引起了公众的极大注意,重新点燃了人们对人工智能的希望。与之相对应,人工智能也在人类以前从未挑战过的活动中变得越来越强大,并逐渐突破了人类智力的上限。

21世纪初,由于专家系统通常需要编码太多的显式规则,降低了效率并增加了成本,人工智能研究的重心从基于知识的专家系统等转向了机器学习方向。2006年,深度学习泰斗杰弗里·辛顿(Geoffrey Hinton)和他的学生共同提出了深层网络训练中梯度消失的解决方案:无监督预训练对权值进行初始化+有监督训练微调,其主要思想是先通过自学习方法学习得到训练数据的结构,然后在该结构上进行有监督的训练,这是深度学习技术的重大突破,使得人类再一次看到机器赶超人类的希望,这一年也被认为是深度学习的元年。

随之而来的,是图形处理器(graphics processing unit,GPU)、张量处理器(tensor processing unit,TPU)、现场可编程门阵列(field programmable gate array,FPGA)、异构计算芯片以及云计算等计算机硬件设施不断取得突破性进展,为人工智能提供了足够强的计算能力,足以支持复杂算法的运行。另一方面,随着互联网的蓬勃发展,人们可以通过个人计算机和智能手机在互联网上发布信息,天涯论坛、百度贴吧、推特等网站充满了可免费访问的数字文本,而新浪、雅虎、YouTube等网站有大量的图片和视频资源。海量数据持续积累,则给人工智能的发展提供了规模空前的训练数据。

另一个重大发展来自游戏行业。为了处理视频游戏中渲染图像所需的大量操作,游戏开发人员使用GPU进行复杂的着色和几何变换。研究人员后来发现,他们也可以使用GPU完成神经网络训练等其他任务。NVIDIA公司也注意到了这一趋势,进而创建了CUDA这种并行计算平台和编程模型,以便让研究人员能使用GPU进行通用数据处理,这些都为人工智能的发展作出了积极贡献。

### 1.2.5 突破时期(2012年至今)

2012年,在计算机视觉领域的竞赛ImageNet中,辛顿实验室的学生亚历克斯·克里日夫斯基(Alex Krizhevsky)利用遍布于数千台计算机的神经网络AlexNet,以15.3%的低错误率赢得了挑战,这几乎是之前获胜者错误率的一半,而本届大赛亚军的错误率高达26%。从此之后,在这个领域,人类设计的特征再也不是机器自主学习特征的对手。

随着互联网、大数据、云计算、物联网等信息技术的发展,基于感知数据和图形处理器等计算平台,以深度神经网络为代表的人工智能技术飞速发展,大幅跨越了方法与应用之间的"技术鸿沟",由图像识别、自然语言处理、语音识别等人工智能技术衍生出自动驾驶、智能检索、智慧城市、智能医疗等一系列新兴行业。谷歌、微软、腾讯等互联网巨头以及众多的初创科技公司纷纷加入人工智能技术研发和产品落地的战场上,掀起了又一轮智能化高潮。2016年,谷歌公司研发的拥有自我学习能力的AlphaGo战胜了世界围棋冠军李世石,可谓是本次人工智能热潮的标志性事件。2017年,第4代AlphaGo在没有任何知识录入的情况下,仅仅自学了3天便打败了第2代机器,40天后又战胜了第3代机器,让人们充分领略深度学习算法在自我成长方面的巨大潜力。

当今时代,人工智能领域的创新创业如火如荼。越来越多的国家意识到人工智能技术带动了新一轮产业变革,纷纷调整发展战略,将人工智能的发展列入国家重点发展规划之中。2016年10月,美国发布了《国家人工智能研究与发展战略规划》和《为人工智能的未来作好准备》两份报告,确定了美国在人工智能领域优先发展的七项长期战略。2017年1月,英国宣布"现代工业战略",投入巨额资金用于人工智能、智能能源技术、机器人技术和5G等领域,力争成为第4次工业革命的领军者。同年,日本也制定了人工智能发展路线图,提出分3个阶段推进人工智能技术的产业应用,提高医疗护理、工业制造、社会流通等产业的效率。中国也于2017年印发《新一代人工智能发展规划》,从人才培养、产业助推和企业扶持三方面促进人工智能理论、技术和应用发展,力争到2030年使中国成为全球主要人工智能创新中心之一[2]。

2022年末,OpenAI公司推出了一个新的聊天机器人ChatGPT,它能够回答连续的提问,并可完成文本摘要生成、文档翻译、信息分类、代码编写等工作,还会承认错误,质疑不正确的前提条件,并拒绝不恰当的请求。在发布后的5天时间内,该网站就拥有了超过100万的玩家,来自各个领域的人都尝试使用ChatGPT来开发其更多的潜能。相比于已有的各种聊天机器人,ChatGPT能参与到更海量的话题中,更好地进行连续对话,具有上佳的模仿能力,并具备一定程度的逻辑和常识,给参与者带来了极大的震撼。

2024年初,OpenAI推出了首个文生视频大模型Sora,它根据文字和图片,基于人工智能技术可自动生成高质量的视频。文生视频可以极大地简化视频制作的流程,具有非常广阔的应用前景。2024年9月,OpenAI最新发布的模型名为o1,是系列推理模型的首批版本,现阶段推出的是o1-preview(预览版)和o1-mini(迷你版)。在解决问题的能力方面,o1模型比以往任何模型都更接近人类思维,并且能够"推理"数学、编码和科学任务,o1-preview能够编写出流畅运行的代码,针对复杂任务依然能够自行推理出解决方案。

2025年初,中国杭州的创新型科技公司DeepSeek(深度求索)发布了大模型产品DeepSeek-R1、V3、Coder等系列模型,性能超越了GPT-4o,不仅推动了中国人工智能技术的发展,也受到国际的广泛关注。截至2025年3月,DeepSeek App的累计下载量已超1.1亿次,其模型在数学、代码生成等任务中表现优异。国内已有南开大学在内的超过40所高校接入了DeepSeek大模型,服务于教学、科研和校园管理;此外,已有超200家企业宣布接入DeepSeek,包括英伟达、亚马逊和微软等国际巨头。DeepSeek以"低成本+高性能+开源"的模式,实现了其在人工智能领域的跳跃式发展,成为了行业瞩目的焦点。

时至今日,人工智能的发展日新月异,各种智能技术已经走出实验室,离开棋盘,通过智能客服、智能医生、智能家电等服务场景和人类相见,一点一滴地影响和改变着我们的生活。鉴于人工智能技术强大的赋能能力和突出的影响力,2024年10月,诺贝尔物理学奖授予两位人工智能顶级专家约翰·霍普菲尔德和杰弗里·辛顿,原因在于他们的成果使得利用人工神经网络实现机器学习成为了可能。

分析人工智能的发展历程,我们完全相信,在可以预见的未来,人工智能技术会架起一座现代文明与未来文明的桥梁,在带领科技发展的同时促进社会的进步。

## 1.3 机器能否真正拥有智能

自人工智能诞生之日起,面临的一个最本质也是最重要的问题就是:什么是智能,能否真正实现人工智能?毫不夸张地说,对这个问题的回答是人工智能存在的基础和前提条件!

因此，在人工智能的发展历程中，研究人员一直在思考这个哲学意义上的问题，即：人工智能是否真正有效，人工智能能否让机器真正拥有智能，以及如何判断一台机器是否具备了人类一般的智能。这些问题，一直激励着来自人工智能、数学、机械电子、哲学等多个领域的研究人员苦苦探索。

1950年，数学家艾伦·图灵发表了专门分析机器能否拥有智能的论文，他在文中提出了后来广为人知的图灵测试。从严格意义上而言，图灵测试存在不少漏洞，但是这并不影响它在关于智能测试方面的开创性地位。事实上，正是由于图灵测试的巨大影响力，自提出以来，它就在人工智能领域备受关注，不少研究人员也尝试针对它的漏洞进行挑战，提出了一些力证其无效性的实验，其中，哲学教授约翰·塞尔(John Searle)提出的"中文屋"思想实验就是其中的一个代表。

### 1.3.1 图灵测试

在1950年发表的论文中，艾伦·图灵详细讨论了"机器能否拥有智能"的问题。有趣的是，作为计算机科学与人工智能领域共同的先驱，图灵成功定义了什么是机器，但却不能定义什么是智能。正因为如此，图灵设计了一个被后人称为"图灵测试"的实验。

这个测试是基于维多利亚时期的一个室内游戏。在游戏中，如图1-1所示，一男一女坐在一个房间里，提问者在另一个房间里。提问者会问这对男女一个相同的问题，然后团队会把他们的答案以书面形式传回来，由提问者猜测每一个书面答案是来自男人还是女人。

在这个游戏的基础上，图灵设计了一个新的模仿游戏来测试机器的智能。在新的游戏中，如图1-2所示，男人被一台机器取代了，然后提问者会问这个女人和机器一个相同的问题，并以书面形式收回答案。图灵测试的核心想法是要求计算机在没有直接物理接触的情况下接受人类的询问，并尽可能把自己伪装成人类。如果"足够多"的询问者在"足够长"的时间里无法以"足够高"的正确率辨别被询问者是机器还是人类，则认为这个计算机通过了图灵测试。图灵把他设计的测试看作人工智能的一个充分条件，主张通过了图灵测试的计算机应该被看作拥有智能。

图1-1　室内游戏示意图　　　　　　图1-2　图灵测试

这项测试引发了人们对"有思想的机器"的好奇，想象一下，如果你用自己的语言向一台机器提出一个问题，而从得到的回答中居然无法区分是不是另外一个人的回答，这会怎么样？

尽管如此，大多数专家都赞同图灵测试不一定是衡量智能的最佳方法。首先，这在很大程度上取决于提问者，有些人可能很容易上当，以为自己在和另外一个人说话。但是另外一些人则很容易发现自己在和机器对话，尤其是当你问到诸如寻找路线或者预测天气等问题时，机器的回答方式通常与人类相差甚远。

由于图灵测试的巨大影响力，几十年来一直有人尝试挑战它，不时就会传出"某某计算机程序成功通过图灵测试"的消息。然而，即使一台机器能够通过测试，它也并不能完全替代人类，机器是没有情绪的，也感受不到任何语言附带的情感和温度。

## 1.3.2 中文屋

1980年，约翰·塞尔提出了"中文屋"思想实验，并且认为该思想实验否决了图灵测试的有效性：即使计算机通过了图灵测试，也不算真正具有智能。

在这个实验中，如图1-3所示，想象存在一个房间，房间内有一个完全不懂中文的人，而他与外界的唯一连接通道是房间的一个窗口，允许其通过递纸条的方式与外界沟通。同时房间内还有一套中文汉字卡片和一本中文规则书，告诉房内的人如何使用和组合汉字卡片。此时屋外的人开始向屋内的人传递纸条，上面是用中文写的问题。由于屋内的人有一本完美的规则书，他可以在完全不懂中文的情况下按照规则书的指导正确选择并组合汉字卡片，并流畅地回答该问题。这样，把纸条递给你的人有足够理由相信和他交谈的是一个通晓中文的人。

"中文屋"这一实验实际是在模拟一段计算机程序，即输入一段中文字符（向屋内送问题纸条），通过运算（屋内人查找规则书），再输出另一段中文字符（屋内的人送出回答纸条）。因此，本质上塞尔教授提出的是一个关于人工智能判断标准的模型。在这个模型中，当存在操作规程时，机器不需要理解所处理字符的意义，而只需按照规程操作就可以完成任务，并进行输出。由此，塞尔教授构造了一个不拥有任何智力却能完成类人的智力行为的机器。

图1-3 "中文屋"实验示意图

同时，改变程序仅仅意味着改变操作规程，不会增加机器的任何智力。这个没有心智存在的机器仍然有能力通过图灵测试，标志着图灵测试作为人工智能标准的失败。由于图灵测试是强人工智能得以实现的基石，因此塞尔的"中文屋"实验进一步否定了强人工智能学派所认为的机器能够真正思考的信仰。

## 1.4 人工智能的主要研究内容

人工智能研究的是人类智能活动的规律,它通过构造具有一定智能的人工系统,让计算机去完成以往需要人的智力才能胜任的工作。换言之,人工智能就是研究如何应用计算机的软硬件来模拟人类某些智能行为的基本理论、方法和技术。人工智能领域的研究具有高度的技术性和专业性,它涉及的范围极其广泛[3]。本节随后扼要介绍人工智能的7项主要研究内容:机器学习、深度学习、强化学习、计算机视觉、自然语言处理、智能博弈、智能机器人,主要是通过这些介绍帮助读者建立对人工智能研究的整体性认知。本书的第4～10章将依次对这7部分研究内容进行具体介绍。值得说明的是,为了便于阐述这些内容,第2章和第3章还会分别介绍它们的软硬件平台基础和优化算法基础。

### 1.4.1 机器学习

机器学习(machine learning,ML)是一门多领域交叉学科,涉及概率论、统计学、逼近论、凸分析、算法复杂度理论等多个学科。机器学习主要研究怎样使计算机模拟或实现人类的学习行为,以获取新的知识或技能,它通过重新组织已有的知识结构不断改善自身的性能[4]。具体实施时,首先通过复杂的数学方法和模型设计机器学习算法,然后将其以机器语言进行编码实现,以构建一个完整的机器学习系统,而判断这个系统是否具有"智能"的重要标志就是看其是否具有自主学习的能力。

现在,机器学习已经成为人工智能及模式识别领域的共同研究热点,其理论和方法已被广泛应用于解决科学研究和工程应用方面的复杂问题。

**1. 机器学习的研究方向**

概要而言,机器学习是一门使机器翻译、执行和研究数据,以解决实际问题的科学。因此,在对其研究方向进行分类时,可以分别从模型和数据的角度将其分为两大类。

(1) 基于算法的研究。该类研究注重探索人的学习机制,通过对人类学习机理的研究和模拟开发相应的机器学习算法,来使计算机自动地获取知识,实现机器的智能。

(2) 基于数据的研究。该类研究主要研究如何有效利用信息,注重从巨量数据中获取隐藏的、有效的、可理解的知识,通过对给定数据集中的数据进行分类、解密和估计,来使机器从经验中获得智能。

**2. 机器学习的监督方式**

按照监督方式分,现在的机器学习方法可以分为监督学习、非监督学习、半监督学习三种,以下将分别介绍。

(1) 监督学习。监督学习的任务是以标记的数据来训练模型,使其掌握某项特定的功能。在监督学习中,每个实例都由一个输入数据和其对应的期望输出值(标签)组成。在监督学习的过程中,我们不断向机器提供输入数据和真值标签,然后通过这种指引的方式让机器学习将输入的数据和输出的结果相对应。经过大量训练,机器能够获取一个推断的功能,即对于任意满足条件的输入数据,都能够映射出新的预测输出值,实现了特定的功能。

(2) 非监督学习。现实生活中常常会有这样的问题:缺乏足够的先验知识,因此难以人工标注或进行人工标注的成本太高。很自然地,我们希望计算机能代替我们完成这些工作,或至少提供一些帮助。因此,我们不提供数据所对应的标签信息,机器通过观察各种数据之间的特征学习和发现这些特征背后的规律,即仅仅通过训练数据来自主学习到某种特征,解决模式识别中的各种问题,这就是非监督学习。

(3) 半监督学习。半监督学习综合了监督学习和非监督学习两者的特征,通过使用尽可能少的有标签样本和大量没有标签的样本来训练机器,使其具备识别某种特征的能力。

**3. 机器学习的方法**

机器学习是一种通过对数据进行拟合和判断来构建模型的方法,其得到的结果是一种"经验解"。在对数据进行分析和处理的过程中,常用的方法和模型有回归、分类、聚类、降维。

(1) 回归。回归方法是一种对数值型连续随机变量进行预测和建模的监督学习算法。回归任务的特点是标注的数据集具有数值型的目标变量,通过回归得到一条最优拟合曲线,使其尽可能接近数据集中的每一个样本。常用的回归算法有线性回归、回归树、最近邻算法等,这些回归模型多用于房价、股票走势、未来天气等各类预测任务中。

(2) 分类。分类方法是一种对离散型随机变量进行建模和预测的监督学习算法。分类算法通常用于预测一个类别或类别的概率,而不是连续的数值。分类的目的是为了寻找决策边界,即找到一个决策平面来对数据集中的数据进行分类。经典的分类算法有逻辑(logistic)回归、分类树、支持向量机、朴素贝叶斯等,这些分类模型被广泛应用于邮件过滤、猫狗分类、零件合格性判断等任务中。

(3) 聚类。聚类是一种无监督的学习方法,主要基于数据的内部结构来寻找和观察样本的自然族群,然后根据样本族群之间的关系来对数据进行分类。由于聚类是一种无监督学习的方法,无法通过标签来验证其准确率,一种可行的方法是将预测结果进行可视化,然后人为评判结果的好坏。典型的聚类算法有 K 均值聚类、亲和力传播(affinity propagation,AP,或称为近邻传播)聚类、层次聚类等,这些聚类方法多用于商品推荐、新闻分类、客户类别细分等任务中。

(4) 降维。降维也是机器学习中一种非常重要的无监督学习方法。当数据特征的维度过高时,通常会增加训练与存储空间的负担,而降维的目的就是去除冗余特征,用更少的维数来表示原来的特征,这种方法在噪声消除、稀疏化数据处理、视频和图像压缩等任务中应用广泛。在各类降维算法中,使用最多的就是主成分分析法(principle component analysis,PCA,或称为主元分析法),而其他算法,如等距映射、局部线性嵌入等,大多是基于主成分分析方法演化而来。

## 1.4.2 深度学习

深度学习(deep learning,DL)是机器学习研究中一个新的领域,其目的在于建立可模拟人脑进行分析和学习的神经网络,从而通过模仿人脑的机制来学习样本数据的内在规律和表示层次,并使用学习过程中获得的信息对图像、文本、声音等数据进行解释[5]。

**1. 深度学习的起源**

深度学习的概念最早由杰弗里·辛顿及其学生 2006 年提出,其发表在世界顶级学术期刊《科学》上的论文引发了深度学习在科学研究和应用领域的发展热潮。这篇论文主要提出了以下两个观点。

(1) 特征学习能力。多层人工神经网络模型具有很强的特征学习能力,其学习到的特征对原始数据具有很好的代表性,可以用于解决数据的分类和可视化等问题。

(2) 逐层训练。对于网络训练难以达到最优解的问题,可以采用逐层训练的方法解决。即将上层训练好的结果作为下层训练过程中的初始化参数,依次逐层训练,直到模型收敛至最优解。

**2. 深度学习的本质**

深度学习的本质是构建含有多个隐藏层的机器学习模型,它通过大规模数据进行训练,自动提取样本数据中特定的特征,并逐层抽象,最终实现回归、分类或排序等目的。相比于传统的浅层学习模型,深度学习模型具有以下特点。

(1) 更多的参数。深度学习模型在结构上具有更多的层数,对应的神经元节点和参数更多,使得网络能够有效提取到更多的特征,从而提高模型的训练效率和表达能力。

(2) 更强的学习能力。深度学习主要通过特征学习的方式来提取和抽象出大数据丰富的内在信息。即通过逐层特征提取,将数据样本在原空间的特征变换到一个新的特征空间,这样能够充分利用数据的规模来处理复杂任务中的分类、定位和分割等问题,极大地提高了模型表征的准确率。

**3. 深度学习网络**

深度学习网络通常分为以下3类:前馈深度网络、反馈深度网络和双向深度网络。

(1) 前馈神经网络。前馈神经网络也是最早的人工神经网络之一。在这种网络中,信息只沿一个方向流动,从输入单元通过一个或者多个隐藏层到达输出单元,在网络中没有封闭环路。典型的前馈神经网络有多层感知机和卷积神经网络等。由于传统的反向传播算法具有收敛速度慢、需要大量带标签的训练数据、容易陷入局部最优解等缺点,多层感知机的效果并不理想。卷积神经网络(CNN)是由多个单层卷积神经网络组成的可训练的多层网络结构,每个单层网络都包括卷积操作和非线性变换,成功解决了线性不可分等问题,使得卷积神经网络在理论上可以设计出无限多的层数。

(2) 反馈神经网络。与前馈深度网络不同,反馈网络并不是对输入信号进行编码,而是通过反卷积或者学习数据集的基,对输入信号进行反向解码。典型的反馈深度网络有反卷积网络、层次稀疏编码网络等。卷积神经网络是一种自底向上的方法,每层的输入信号经过卷积和非线性变换来得到多层信息,而反卷积网络模型的信息是自顶向下的,通过组合滤波器组来学习并得到卷积特征,进而重构输入信号。层次稀疏编码网络和反卷积网络非常相似,只是反卷积网络对图像的分解采用矩阵卷积的方式,而在稀疏编码网络中采用矩阵乘积的方式。

(3) 双向深度网络。双向网络由多个编码器和解码器层叠加而成,每层都可能是单独的编码和解码过程,也可能同时包含编码和解码过程。双向网络结合了前馈网络和反馈网络的训练方法,通常包括单层网络的预训练和逐层反向迭代误差两个部分,即网络结构中各层网络都先经过预训练,然后通过反向迭代误差对整个网络的权值进行微调,在保证准度的同时极大地提高了深度网络的训练效率。典型的双向深度网络有深度玻尔兹曼机、深度信念网络、栈式自编码器等。

经过短短十几年的发展,深度学习在图像分类及识别、人脸检测和识别、视频分类、行为识别、推荐系统、数据预测和挖掘、机器翻译、语音和音频识别等领域都取得了一系列重大突破,催生出多个领域的变革和跨越式发展,对全球的科技和经济发展都起到了推动作用。众所周知,深度学习技术引发的革命刚刚开始,未来仍有巨大的发展空间,并会取得长足的进步。

### 1.4.3 强化学习

深度学习偏重于模拟人脑非常强大的逻辑推理与决策能力,它通过利用多层神经网络强大的学习能力来获得训练数据中隐含的大量信息,并将其存储在网络中。在一定程度上,深度学习强调的是神经网络强大的表征能力,它通常需要以足够大的训练数据为前提条件,以便模型经过充分训练之后,能够学习到隐含在数据中的各类特征。

另一方面,在机器人、自动驾驶等一些对实时性要求非常高的应用中,系统需要和周围的环境进行交互,通过对环境的理解来进行快速决策,而这些决策的"智能程度"直接决定了系统随后的表现。对于这类问题,系统需要根据自身的状况以及和环境实时交互的情况来确定下一步的动作,需要使用强化学习(reinforcement learning,RL)算法获得决策智能。

强化学习起源于20世纪初的行为主义心理学,后来经过神经科学家和计算机科学家的发展,形成当前机器学习领域三大分支之一。在强化学习发展历程中,强化学习的研究主要分为以下3个阶段。

**1. 表格型强化学习阶段**

该阶段的主要特点为:状态空间和动作空间是离散的有限集,值函数和行为值函数以表格的形式表示。这个阶段陆续提出了策略迭代、值迭代、蒙特卡洛评估和时间差分评估等经典强化学习算法,形成了以马尔可夫决策过程为基本框架的强化学习基本理论。该阶段最著名的算法是Q-learning算法,得到了广泛应用。1998年,理查德·萨顿出版了《强化学习导论》,即*Reinforcement Learning:An Introduction*,对强化学习基本理论进行了系统总结,奠定了强化学习这门学科的基础。

**2. 直接策略搜索强化学习阶段**

当动作空间连续时,基于值函数和表格的强化学习算法遇到挑战。为此,学者们对策略进行参数化,并直接在策略空间上搜索最优策略。该阶段最典型的算法是策略梯度算法,除此之外,学者们还陆续提出了多种直接策略搜索算法,比如基于最大期望(expectation-maximization,EM)的强化学习算法,积分强化学习算法(integral reinforcement learning,IRL)等。

**3. 深度强化学习阶段**

随着深度学习技术的发展,DeepMind将深度神经网络与Q-learning算法相结合,提出第一个深度强化学习算法:深度Q网络(deep Q-network,DQN),并在雅达利视频游戏上超越人类玩家。自此,强化学习进入深度强化学习时代。在过去的十年,深度强化学习在各个领域都取得了突破性进展。比如2016年和2017年,DeepMind提出AlphaGo和AlphaGo Zero,并打败了围棋世界冠军李世石、柯洁等人;2019年提出AlphaStar,在星际争霸即时战略游戏上击败99.8%的人类玩家,达到大师级水平;2021年,DeepMind利用深度强化学习技术控制核聚变;2022年11月30日,OpenAI结合监督学习和深度强化学习训练出智能超群的对话智能体ChatGPT,实现了自然语言处理领域的突破性进展。

目前,深度强化学习领域百花齐放,涌现出分层强化学习、迁移强化学习、元强化学习、多智能体强化学习等算法。从最近的发展趋势来看,深度强化学习与大模型技术结合越来越紧密,被认为是人类实现通用人工智能最有潜力的技术途径之一。

### 1.4.4 计算机视觉

我们或许没有意识到人类的视觉系统是如此强大:婴儿在出生几个小时后能识别出母亲的容貌;在大雾的天气,学生看见朦胧的身体形态,能辨别出是否是自己的班主任;游客可以根据网上攻略的图片找到旅游目的地;乒乓球运动员根据对手细微的动作可判别出发球的方向。我们中国人的成语"眼见为实"和西方人常说的One picture is worth ten thousand words都表达了视觉对人类的重要性。不难想象,如果机器像人一样有视觉系统,它的应用前景将会有多么宽广!

**1. 计算机视觉的研究内容**

计算机视觉(computer vision,CV)是一项研究如何让机器"看"的科学,是用光电传感器(摄像机、雷达等)和计算机为核心来模拟人类视觉的数字视觉系统。形象地说,就是给计算机安装上眼睛(照相机)和大脑(算法),让计算机能够感知环境。计算机利用光电传感器采集二维图像数据,建立三维或高维真实世界的模型,构建人工智能系统,可代替人眼对目标进行识别、跟踪和测量,并进一步对图形进行处理,使其成为更适合人眼观察或传送给仪器检测的图像。计算机视觉是一个典型的多学科交叉研究领域,它已经吸引了来自计算机科学和工程、信号处理、物理学、应用数学和统计学、神经生理学、认知科学等各个学科的研究人员投身于对它的深入研究[6]。

计算机视觉既属于科学范畴,也是工程领域中一门非常富有挑战性的技术学科。作为科学学科,计算机视觉主要涉及如何从图像数据中高效、准确地提取信息的理论和方法,这些图像数据具有多种形式或不同的来源,例如视频序列、来自多个摄像机的视图,或者来自医学扫描仪的多维数据,等等。作为一门技术学科,计算机视觉主要研究如何应用其理论和模型来构建计算机视觉系统。

**2. 计算机视觉的主要任务**

类似人类和其他动物的视觉系统,计算机视觉的主要任务是让计算机理解图像或视频中的内容。为了实现该任务,可以将计算机对图像的理解分为以下4个阶段。

(1) 让计算机识别图像中的场景。例如,这是一个办公室、商场或厨房等。

(2) 让计算机识别出场景中的物体。例如,图片中有一只猫,有很多车,有行人等。

(3) 让计算机定位物体在图像中的位置。例如,确定物体的大小、边界和其在图像中的具体位置等。

(4) 让计算机理解物体之间的关系或行为,以及图像所表达的含义。

近年来,人工智能技术极大地推动了计算机视觉领域的发展。现在,计算机已经能够对图像有比较深入的理解。以下简要介绍实现图像理解的3种计算机视觉技术:图像分类、目标检测、语义分割。

图像分类是计算机视觉领域的基础任务，同时也是一种应用比较广泛的任务。图像分类主要解决"是什么"的问题。例如，给定一张图片，要求以标签描述图片的主要内容。如图 1-4 所示，对于人类来说，可以毫不费力地分辨图片中的猫、狗。这是因为我们看见这些动物时，大脑中会抽象出它们的基本特征（如尖尖的耳朵、黑色的鼻子等），当看到类似的动物时，便可以立即识别出它们。对于计算机也是同样的过程，使用计算机完成图像分类时，大致可分为数据集采集、图像预处理、特征提取、分类器训练、模型评估 5 个步骤。

**图 1-4 狗和猫的图像**

目标检测是最常见的计算机应用之一，它用来解决目标"是什么"和"在哪里"等问题。例如，输入一张图像，要求输出待检测目标的类别和所在位置。这个过程其实和人类看东西的情形是非常类似的。当我们看到桌子上的眼镜时，除了意识到那是一副眼镜之外，还可以大致判断出眼镜在桌子的什么位置。计算机视觉的初衷是让机器像人一样可以"看到"世界，并定位其中感兴趣的目标。近年来，深度学习等算法在目标检测领域得到了广泛应用，具体可以分为两大系列：基于区域检测的双阶段算法（two stage）和基于区域提取的单阶段（one stage）算法。

语义分割是计算机视觉领域的重要研究方向之一，它是对图像的像素级描述，主要任务是基于灰度、颜色、结构和纹理等特征将图像分成若干具有相似性质的区域。与目标检测相比较，语义分割更适用于精细的图像识别和更精确的目标定位任务。随着人工智能技术的发展，目前通常使用卷积神经网络为图像的每个像素分配类别标签，这样可以较为方便地实现语义分割。

## 1.4.5 自然语言处理

自然语言处理（natural language processing，NLP）是计算机科学与人工智能领域中的一个重要方向。如图 1-5 所示，它主要研究使人与计算机之间用自然语言进行有效通信的各种理论和方法。自然语言处理是一门融语言学、计算机科学、数学于一体的交叉学科。这一领域的研究涉及自然语言（即人们日常使用的语言），因此它与语言学的研究有着密切联系。当然，自然语言处理并不是一般性地研究自然语言，而在于研制能有效实现自然语言通信的计算机系统，尤其是软件系统。

用自然语言与计算机通信，这是研究人员长期以来的追求，这样人类就无须花大量时间和精力学习各种计算机语言，而可以用自己最习惯的语言来使用计算机，从而大幅度提高操作效率。要实现人机间的自然语言通信，意味着计算机既要能理解自然语言文本的意义，也

 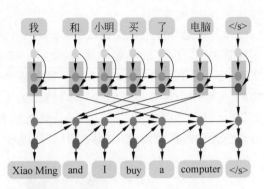

关键词抽取、文本分类、情感分析　　　　　机器翻译、自动摘要、问答系统、对话系统……
与观点挖掘、信息抽取……

图 1-5　自然语言处理的任务

能以自然语言文本来表达给定的意图、思想等。前者称为自然语言理解,后者则称为自然语言生成。具体而言,自然语言理解是一个层次化的过程,许多语言学家把这一过程分为5个层次,即语音分析、词法分析、句法分析、语义分析和语用分析。自然语言生成是自然语言处理的另一项核心任务,主要目的是降低人类和机器之间的沟通鸿沟,将非语言格式的数据转换成人类可以理解的语言格式。

**1. 自然语言处理中的基本概念**

自然语言处理是计算机科学与人工智能的重要分支,旨在使计算机能够理解、生成并处理人类的自然语言。自然语言是人类使用的语言,其复杂性在于多义性和模糊性,因此需要特定的算法和模型处理。自然语言处理的目标是让机器更好地"理解"语言,以便实现文本分析、情感分析、机器翻译等多种应用。

在自然语言处理中,一些常见的基本概念包括分词、词性标注、命名实体识别(named entity recognition,NER)等。再如,文本向量化是一项常见的自然语言处理技术,它将文本数据转化为数值向量,以便输入机器学习模型中。常见的向量化方法包括词袋模型(bag of words)、词嵌入(word embedding)等。其中,词嵌入是一种高维语义向量化方法,能够捕捉词语间的语义关系。

**2. 自然语言处理的常见任务**

自然语言处理的任务可以分为词法、句法和语义三个层次。

(1) 词法分析。词是自然语言中最小的语言应用单位,涉及对文本的基本单位进行处理。常见的词法分析任务包括分词、词性标注和命名实体识别等。分词是指将文本中的连续字符切分成单个词语,方法有基于规则、基于统计和基于深度学习的分词方法。词性标注则是对词语的属性进行标注,如名词、动词等。命名实体识别任务可以识别特定的实体类别,如人名、地名、机构名等,应用于信息抽取、关系抽取和问答系统等领域。

(2) 句法分析。句法分析涉及对句子结构的解析,确定词语之间的语法关系。它比词法分析更具全局性和结构性。常见的句法分析方法包括自顶向下分析法和概率上下文无关文法。随着统计学方法的应用,基于统计模型的句法分析方法得到了广泛应用,这种方法通过从大量文本中提取统计参数或概率来表示语言知识,能够在句法歧义时快速找到最优解。

(3) 语义分析。语义分析旨在理解句子的深层含义,以提升计算机对人类语言的理解能力。与词法和句法的表面处理不同,语义分析通过深度学习等技术从文本中深入提取语义信息,其核心任务包括词义消歧、语义角色标注和文本语义表示等。语义分析可以为文本分类、信息抽取和文本摘要等任务提供更高的准确性和效率。

**3. 自然语言处理中常见的方法**

(1) 基于概率统计的方法。这种方法利用统计学和概率论原理,从大量的语言数据中学习得到规律。常见的模型包括隐马尔可夫模型(hidden Markov model,HMM)、条件随机场(conditional random fields,CRF)和最大熵模型,它们通常用于词性标注、命名实体识别等任务,其优点是能够处理模糊和不确定的语言现象。

(2) 基于上下文标注的方法。上下文标注方法充分利用文本序列中的上下文信息来实现预期目标。常见的方法包括支持向量机(support vector machine,SVM)等,主要适用于需要充分利用前后语境信息的任务。

(3) 基于深度学习的方法。深度学习方法通过构建多层神经网络对文本进行高维特征提取和语义表示。常见的深度学习模型包括卷积神经网络、循环神经网络和 Transformer。这些方法在语音识别、机器翻译、情感分析等任务中取得了显著效果,因为它们能够自动学习数据的特征表示,从而减少对人工特征的依赖。

### 1.4.6 智能博弈

智能博弈(intelligent game theory)是人工智能技术与博弈策略相结合的一种新兴领域。它聚焦于借助人工智能技术的搜索与学习机制替代传统的数值优化方法,应对各类复杂的博弈场景,实现问题求解。

中华文化历史悠久,诸多与"博弈"思想相关的著作流传至今,例如,《司马法》《孙子兵法》《孙膑兵法》等军事著作,在我国古代军事理论和实践中,都起到过极其重要的作用。到了 19 世纪,"博弈论之父"冯·诺依曼证明了博弈论的基本原理,从而宣告了博弈论的正式诞生。冯·诺依曼与摩根斯坦共著《博弈论与经济行为》,对博弈概念进行了公理化描述,就此奠定了博弈论的基础和理论体系。

智能博弈的研究起初聚焦于棋类对弈这一历史悠久的竞技领域,研究人员以此为切入点,借助人工智能技术深入探索棋类竞技中的规划、推理与决策等关键环节。随着技术革新与研究深化,智能博弈的研究领域不再局限于传统的棋类竞技,而是进一步延伸至更为广泛的竞技游戏领域,即时战略游戏、卡牌游戏等多种类型的竞技项目逐渐成为智能博弈研究领域的核心组成部分。此外,智能博弈在军事对抗领域也展现出显著的影响力,它能够助力军事人员在瞬息万变的对抗环境中迅速做出精准反应与英明决策。

**1. 棋类竞技领域**

围棋、中国象棋等对弈游戏在民间也很受欢迎,体现了人类深入探究博弈智慧的浓厚兴趣。在智能博弈的框架下,棋类游戏可以检验人工智能算法的性能。通过模拟和分析下棋过程中的策略选择、局势以及对手行为预测等关键环节,可以不断优化算法,提升人工智能在复杂博弈环境中的决策能力。

**2. 实时竞技领域**

随着技术的不断进步,智能博弈的研究范畴也逐渐拓展,从棋类游戏扩展到更广泛的实时竞技领域。自20世纪90年代起,实时游戏中也涌现出智能博弈的众多成果。在《德州扑克》《星际争霸Ⅱ》《Dota 2》《王者荣耀》《斗地主》等游戏中,研究人员分别研制出能够达到人类大师或击败职业选手水平的智能系统。

智能博弈技术能够在复杂的博弈环境中实现高水平的策略规划与精准执行。通过深度学习、强化学习等智能算法,AI能够迅速分析当前局势,预测对手行为,并据此制定出最优的应对策略。在与人类玩家的对决中,AI不仅能够展现出强大的计算能力,还可通过模拟与预测人类玩家的思维模式灵活调整策略,体现出很强的针对性和应变能力,进而呈现出一场场精彩纷呈、紧张激烈的博弈对决。

**3. 军事对抗领域**

更进一步,智能博弈技术还被应用于复杂军事对抗的模拟与分析之中,通过兵棋推演等模拟实验对军事冲突和战争态势进行预测分析,并为制定军事战略提供强有力的数据支撑与指导。在未来战争中,智能博弈技术将充分展现其巨大潜力,助力于战场态势实时感知、战术策略灵活规划、战略决策精准评估。

由此可见,随着人工智能技术的进步,智能博弈技术日新月异,目前仍处于快速发展进步之中。智能博弈作为新兴交叉领域,正以其独特的优势和广泛的应用前景吸引着越来越多的关注和研究。可以预见,随着技术的不断进步和创新,智能博弈也将在未来社会的各个领域发挥重要作用,不断推动人类智慧与科技的共同进步。

### 1.4.7 智能机器人

智能机器人(intellgient robot)是一个在感知—思维—效应方面全面模拟人的机器系统,其外形不一定像人。机器人作为"为人类服务"的可运动智能设备,可以实现对人类枯燥或危险劳动的替代,完成人类无法胜任的工作,实现人类能力的延伸,或者提供情感陪伴等服务。

随着智能机器人应用领域的不断扩大,人们期望它在更多领域为人类服务,代替人类完成更加艰险复杂的工作。然而,智能机器人所处的环境往往未知且很难准确预测,而期待智能机器人完成的工作任务也越来越复杂。面对这些需求,设计出功能足够强大的智能机器人是一项重大挑战。为了实现机器人智能化,往往需要其具备三大要素——感知、决策和控制。

**1. 感知——机器人的感觉器官**

感知要素主要用来帮助机器人认识周围环境状态,包括能感知视觉、接近、距离等的非接触型传感器和能感知力、压觉、触觉等的接触型传感器。这些要素实质上就相当于人的眼、鼻、耳等五官,机器人则利用摄像机、超声波传感器、激光器、导电橡胶、压电元件、气动元件、行程开关等机电器件来感知和理解周围环境。

**2. 决策——机器人的大脑**

决策要素也称为思考要素,即机器人根据传感器收集的数据,基于其自身智能,思考后续采用什么样的动作。决策要素是智能机器人三大要素中的关键,主要包括判断、逻辑分析、理解等方面的智力活动。这些智力活动实质上是一个信息处理过程,而计算机则是完成这个处理过程的主要手段。在不同的工作环境下,针对不同的工作任务,机器人的工作方式和思维逻辑也大相径庭。在充分感知周围环境的基础上,机器人需要分析任务的特点和当前的状态,利用相应的智能算法进行快速决策,以便更好地完成预定任务。

**3. 控制——机器人的运动能力**

控制要素也称为运动要素,智能机器人需要具备相应的移动机构,以适应诸如平地、台阶、墙壁、楼梯、坡道等不同的地理环境,这可以借助轮子、履带、支脚、吸盘、气垫等机构来完成运动。在运动过程中,要对移动机构进行实时控制,这种控制不仅包括位置控制,还要有力度控制、位置与力度混合控制、伸缩率控制等。为此,机器人要基于传感数据来设计高性能的控制方法,实现轨迹跟踪或到达设定点等任务,具体可以采用两类不同的控制方法。第一种方法是基于数学模型的非线性控制方法,即通过分析建立机器人的运动学和动力学模型,然后基于这些数学模型构建非线性控制方法来达到预定的目标;另一种方法则是基于学习的方法,即构造相应的神经网络,并充分利用机器人在不同情况下的运行数据训练神经网络,然后利用这个网络来生成合适的控制量,以一种数据驱动的方式实现控制目标。

机器人学是典型的多学科交叉的产物,集成了运动学与动力学、机械设计与制造、计算机硬件与软件、控制与传感器、模式识别与人工智能等学科领域的先进理论与技术。只有来自不同学科的研究人员协同工作,才能不断提升机器人的智能化程度,使其拥有功能更为强大的"五官"和"大脑",从而能更好地适应未知的复杂环境,安全、高效、可靠地完成预定的工作。

## 1.4.8 人工智能的新兴研究方向

除了以上7个方面外,人工智能近年来蓬勃发展,不断衍生出新的研究方向,吸引不少研究人员投身其中,并作出贡献。

在第三代人工智能的发展过程中,需要在数据、算法和算力之外,向人工智能系统引入知识的概念,赋予机器自主学习特征和进行复杂推理的能力,从而减少对数据的依赖,以实现真正的智能。为此,面临的首要问题就是如何高效地表征知识。借鉴人类的经验,2012年,谷歌尝试采用"知识图谱"表示语义网络,这种图结构的表示中包含了概念和实体,以及它们之间的相互关系。图谱在知识表征方面具有简单、高效等诸多优点,已在语义搜索中得到很好的应用。近年来,人工智能领域的研究人员针对知识图谱开展了大量研究,使其成为一个新的研究热点。

人类正在迈入新颖别致、激动人心的智能时代。在这个时代,人工智能不是普通技术,而是一种应用前景广泛、深刻改变世界的革命性技术。另一方面,它也是一种开放性的、远未成熟的颠覆性技术,其可能导致的伦理后果尚难准确预料。人工智能的研发和应用正在改变传统的人伦关系,引发数不胜数的伦理冲突,带来各种各样的伦理难题,在社会上引发了广泛关注和热烈讨论。从AlphaGo击败人类围棋世界冠军,到人脸识别带来隐私安全问题,再到特斯拉自动驾驶事故频发而问责难,以及虚拟人大热引起职场焦虑等,不少学者都表达了对人工智能伦理问题的担忧。实际上,自人工智能研究开始,关于人工智能伦理的讨论就从未停歇。尽管学术界对人工智能伦理道德的探讨已经持续了几十年,但并没有得出普遍性的结论,甚至连应该如何定义人工智能伦理也没有统一的规范。近年来,随着人工智能突飞猛进的发展,人工智能的伦理研究和讨论日益广泛,不断吸引着来自人工智能、社会学、心理学、法学等多个领域的专家投身其中。

## 1.5 习　　题

1. 在人工智能的发展历程中,经过了多少次的兴盛与衰落?
2. 人工智能有哪些研究领域?
3. 人工智能技术对于人类的社会活动带来了哪些影响?请举例说明。
4. 从你所学专业的角度来分析,人工智能未来的发展方向是什么?
5. 图灵测试和"中文屋"实验分别说明了什么?如何理解它们的实质性内涵?

## 参 考 文 献

[1] 人工智能的前世今生[J].设备管理与维修,2020(9):6.
[2] 李麒.人工智能伦理规范的初步探讨[C]//2021年世界人工智能大会组委会.《上海法学研究》集刊:2021世界人工智能大会法治论坛文集.上海:上海人民出版社,2021:24-33.
[3] 吴飞.人工智能导论:模型与算法[M].北京:高等教育出版社,2020.
[4] 胡云冰.人工智能导论[M].北京:电子工业出版社,2021.
[5] 姜春茂.人工智能导论[M].Python版.微课视频版.北京:清华大学出版社,2021.
[6] 马月坤.人工智能导论[M].北京:清华大学出版社,2021.

# 第 2 章 人工智能软硬件平台基础

## 2.1 硬件平台

通常,人工智能硬件平台主要是指智能芯片,具体包括图形处理器 GPU、可编程逻辑门阵列 FPGA、面向特定需要的集成电路(application-specific integrated circuit,ASIC)以及类脑芯片等,以这些芯片为基础的硬件平台是人工智能各类算法和应用的基础支撑,以下将分别介绍。

### 2.1.1 智能芯片

智能芯片一般泛指所有用来加速人工智能应用,尤其是用在深度学习中的硬件单元[1]。常见的人工智能芯片根据其技术架构,可分为 GPU、FPGA、ASIC 及类脑芯片 4 种。这 4 种芯片的优缺点及应用场景如表 2.1 所示。其中,GPU 通用性较强,且适合大规模并行计算,因此应用最为广泛;FPGA 二次开发方便,目前已在各类行业中得到应用;ASIC 主要针对特定场景独立设计,其前期投入成本高,但量产后成本低;类脑芯片目前还处于探索阶段。

表 2.1 4 种智能芯片的优缺点及应用场景分析比较

| 种 类 | 定制化程度 | 优 点 | 缺 点 | 应用场景 |
| --- | --- | --- | --- | --- |
| GPU | 通用型 | 通用性较强,且适合大规模并行计算;设计和制造工艺成熟 | 并行计算能力在推理端无法完全发挥 | 高级复杂算法和通用智能平台 |
| FPGA | 半定制化 | 可通过编程灵活配置芯片架构,适应算法迭代,功耗较低;开发时间较短 | 量产单价高;峰值算力低;编程难 | 各种行业 |
| ASIC | 全定制化 | 通过算法固化实现极致性能;功耗低;体积小;量产后成本低 | 前期投入成本高;研发时间长 | 为某个具体特殊场景专门设计 |
| 类脑芯片 | 模拟人脑 | 功耗低;通信效率高;认知能力强 | 仍处于探索阶段 | 各种行业 |

**1. 图形处理器 GPU**

GPU 最初是一种专门用于并行处理图形图像的微处理器。随着图像处理需求的不断提升,GPU 日益得到重视,其处理能力也得以迅速提升。目前,GPU 主要采用数据并行计算模式来完成顶点渲染、像素渲染、几何渲染、物理计算和通用计算等任务。由于 GPU 具有非常强的计算能力,它已成为通用计算机和超级计算机的主要处理器,特别是通用图形处理器(general propose computing on GPU，GP-GPU)常用于数据密集的科学与工程计算中。

**2. 可编程逻辑门阵列 FPGA**

FPGA 是指可编程逻辑门阵列，这是一种"可重构"的芯片，它具有模块化和规则化的架构。FPGA 主要包含可编程逻辑模块、片上储存器以及用于连接逻辑模块的可重构互连层次结构。FPGA 在较低的功耗下仍可达到每秒 10 亿次浮点数运算的强大算力，这使其成为并行实现人工神经网络的替代方案。FPGA 具有开发周期短、可配置性强等特点，目前已被大量应用于大型企业的线上数据处理中心和军工企业。

**3. 面向特定应用集成电路 ASIC**

ASIC 是指根据特定用户和特定电子系统需要而研发的集成电路。ASIC 在性能、能效、成本等方面极大地超越了标准芯片，非常适合人工智能计算场景，是当前大部分人工智能初创公司的目标产品。当然，由于 ASIC 需要进行针对性设计，研发周期相对较长，前期一次性的投入成本远远高于 FPGA，不过，量产之后成本非常低，优势明显，目前在应用上主要偏向于消费类电子产品，如移动终端等领域。

**4. 基于不同计算范式的人工智能芯片：类脑芯片**

CPU/GPU/GFPGA/ASIC 及片上系统(system on chip，SoC)是目前使用较多的人工智能芯片。此类人工智能芯片大多基于深度学习方法，以并行方式进行计算，因此，它们又被称为深度学习加速器。如今，模仿大脑结构的芯片具有更高的效率和更低的功耗，通常将这类基于神经形态计算，也就是脉冲神经网络(spiking neural network，SNN)的芯片[2]称为类脑芯片。

**5. 智能芯片的其他分类方式**

人工智能芯片根据其在网络中的位置，可以分为云端人工智能芯片、边缘端人工智能芯片，以及终端人工智能芯片。根据其在实践中的目标，则可分为训练芯片和推理芯片。云端主要部署训练芯片和推理芯片，承担训练和推理任务，具体包括智能数据分析、模型训练任务和部分对传输带宽要求比较高的推理任务；边缘和终端则主要部署推理芯片，它们承担推理任务，需要独立完成数据收集、环境感知、人机交互及部分推理决策控制任务。

**6. 评价智能芯片的主要指标**

评价人工智能芯片的主要指标包括算力、功耗、面积、精度、可扩展性等。其中算力、功耗、面积是评价人工智能芯片性能的核心指标，具体描述如下。

(1) 算力：算力是人工智能芯片最核心的指标，衡量算力的常用单位为 TOPS 或 TFLOS。两者分别代表芯片每秒能进行多少万亿次定点运算和浮点运算，而运算数据的类型通常有整型 8b(INT8)、单精度 32b(FP32)等。人工智能芯片的算力越高，代表其运算速度越快，性能越好。

(2) 功耗：功耗即芯片运行所需的功率，这也是人工智能芯片的一个关键指标。除了功耗本身，性能功耗比是综合衡量芯片算力和功耗的重要指标，它代表每瓦功耗对应输出算力的大小。

(3) 面积：芯片的面积是成本的决定性因素之一。一般而言，在相同的工艺制程下，芯片面积越小，优良率越高，则其成本越低。此外，单位芯片面积提供的算力大小也是衡量人工智能芯片成本的关键指标之一。

除上述指标之外,运行在人工智能芯片上的算法输出精度、人工智能应用部署的可扩展性与灵活性等,均为衡量人工智能芯片性能的重要指标。

### 2.1.2 人工智能芯片的发展方向

一般认为,人工智能芯片的发展可具体分为三个阶段:第一阶段,由于芯片算力不足,神经网络算法未能落地;第二阶段,芯片算力提升,但仍无法满足神经网络算法的需求;第三阶段,GPU和具有新架构的芯片促进了人工智能算法的落地。目前,随着第三代神经网络的出现,神经科学与机器学习之间的壁垒逐渐消除,人工智能芯片正向更接近人脑的方向发展。

**1. 向着更低功耗、更接近人脑、更靠近边缘的方向发展**

目前应用于深度学习的人工智能芯片,具体包括CPU、GPU、FPGA、ASIC等,为了实现深度学习的复杂运算和达到并行计算的高性能,其芯片面积越做越大,因此带来了成本和散热等问题。此外,人工智能芯片软件编程的成熟度、芯片的安全,以及神经网络的稳定性等问题也尚未得到很好的解决。因此,在现有基础上进行改进和完善此类人工智能芯片仍是当前主要的研究方向。可以预见,未来,人工智能芯片将进一步提高智能,向着更接近人脑的高度智能化方向不断发展,并向着边缘逐步发展,以实现更低的能耗。

**2. 计算范式的创新方向及其硬件实现**

人工智能硬件加速技术逐渐走向成熟,未来更多的创新可能会来自电路和器件级技术的结合,例如存内计算、类脑计算,等等;或者是针对特殊场景或要求的计算模式或新模型,如稀疏化计算和近似计算、对图网络的加速,等等;或者是针对数据而不是模型的特征来优化架构。据估计,除非算法取得重大突破,否则,按照现在人工智能加速的主要方法和半导体技术的发展趋势,数字电路将在不远的未来达到极限,再往后则要靠近似计算、模拟计算,甚至是材料或基础研究的创新来取得更大的突破。

## 2.2 软 件 平 台

### 2.2.1 人工智能开发框架

为了开发人工智能应用,首先要根据具体需求选择合适的人工智能框架。人工智能框架可以为构建和开发各类应用提供非常强大的底层资源,具体包括各种库、模型、算法等,基于这些资源,用户可以非常高效地开发和部署各类应用。开发框架在很大程度上降低了人工智能应用的开发难度,它对于推动人工智能的发展起到了非常关键的作用。

经过多年的发展,目前已经开发出大量具有不同特点的人工智能框架,以下将介绍应用最广泛的 TensorFlow 和 PyTorch 两种框架。

**1. TensorFlow**

TensorFlow 是一个采用数据流图(data flow graphs),用于数值计算的开源软件库[3]。TensorFlow 最初由隶属谷歌机器智能研究机构的谷歌大脑小组研发,主要用于机器学习和深度神经网络方面的研究,是谷歌研发的第二代人工智能学习系统。当然,这个系统的通用性较强,也可广泛应用于其他计算领域。

2015年11月9日,谷歌正式发布人工智能系统TensorFlow,并宣布开源,这个命名来源于本身的原理,Tensor(张量)意味着$n$维数组,Flow(流)意味着基于数据流图的计算,TensorFlow的运行过程就是张量从图的一端流动到另一端的计算过程,而张量从图中流过的直观图像就是将其取名为TensorFlow的原因。TensorFlow的关键点是数据流图,它表示TensorFlow是一种基于图的计算框架。其中,图中的节点表示数学操作,而线则表示在节点间相互联系的多维数据数组,即张量。这种基于流的架构让TensorFlow具有非常高的灵活性,也让这个框架可以在台式计算机、服务器、移动设备等多类不同的平台上进行计算。

作为一种功能强大的智能计算框架,TensorFlow主要具有如下4方面的特性:①高度的灵活性,只要能够将计算表示成为一个数据流图,就可以方便地使用TensorFlow;②可移植性,TensorFlow支持CPU和GPU的运算,并且可以运行在台式机、服务器、手机移动端等不同设备;③可自动求微分,TensorFlow内部实现了对于各种给定目标函数自动求微分的计算;④可支持多种语言,这个框架可以支持Python、C++等常见的计算机语言。

**2. PyTorch**

PyTorch即Torch的Python版本[4]。Torch是由Facebook发布的深度学习框架,它可以支持动态定义计算图,因此比TensorFlow使用更为灵活方便,特别适合中小型机器学习项目和深度学习的初学者。然而,由于Torch的开发语言是很多人不太熟悉的Lua语言,导致它的应用一直受限。正是在这样的背景下,PyTorch应运而生。PyTorch继承了Torch的灵活特性,又使用广为流行的Python作为开发语言,所以一经推出就广受欢迎。

PyTorch具有如下特性:简洁且高效、快速;轻量化设计,追求最少的封装;模拟人类思维特点,可以让用户尽可能地专注于实现自己的想法;具有动态图机制。当然,PyTorch框架的最大优点就是建立的神经网络是动态的。因此,对比静态的TensorFlow,它能更有效地处理一些随时间变化的特性,例如,循环神经网络中的变化时间长度等。

PyTorch与TensorFlow具有各自的优势和适用场景。相对而言,TensorFlow在分布式训练上略有优势,而其静态计算图使得它在面对循环神经网络时有所局限。另一方面,应用PyTorch框架则可以更好地解释动态的循环神经网络。

### 2.2.2 经典的人工智能开发框架

近年来,随着人工智能技术的快速发展,各类人工智能开发框架不断涌现,它们具有各自的优势和不同的适用场景。以下将针对一些典型的应用场景,包括适用于经典机器学习的工具、适用于深度学习的工具、适用于强化学习的工具等多个应用场景,分别介绍对应的主流开发框架,以及它们的基本特点。

**1. 适用于经典机器学习的工具**

(1) Scikit-learn。

Scikit-learn是一种基于Python语言的机器学习算法库[5],它包含算法预处理、模型参数择优、回归与分类等算法。官方文档包含了每一种算法的例子,且可视化了每一种算法结果。通过Scikit-learn,既能学习Python,也能帮助开发者更好地理解机器学习算法。例如,在监督学习部分,Scikit-learn不但提供了支持向量机、最近邻算法等算法教程,还介绍了监督学习中的特征选择等基础概念。

(2) XGBoost。

XGBoost 的全称是 eXtreme Gradient Boosting,它在 Gradient Boosting 框架下实现了基于 C++ 语言的机器学习算法[6]。XGBoost 的最大特点在于它能够自动利用 CPU 的多线程进行并行计算,是经过优化的分布式梯度提升库,可扩展性强、高效、灵活且可移植。

(3) Accord.NET。

Accord.NET 是一个.NET 机器学习框架,结合了完全用 C♯编写的音频和图像处理库[7]。Accord.NET 可用于构建产品级计算机视觉、信号处理和统计应用程序。同时,它为.NET 的应用程序提供了统计分析、机器学习、图像处理和计算机视觉等方面的相关算法。

**2. 适用于深度学习的工具**

(1) TensorFlow。

TensorFlow 是用于机器学习的端到端开源平台,具有工具、库、社区资源全面且灵活的生态系统,可提供稳定的 Python 和 C++ 应用程序编程接口(application programming interface,API),以及其他语言的非保证向后兼容 API,它能够帮助开发者在深度学习领域进行研究,并使开发人员轻松构建和部署深度学习支持的应用程序。

(2) PyTorch。

作为 TensorFlow 强有力的竞争对手,PyTorch 也是目前较为主流的深度学习工具之一。PyTorch 是一个开源的机器学习框架,具有 GPU 加速的张量计算等高级功能,可加快从研究原型到生产部署的过程。

(3) MXNet。

MXNet 是一个功能齐全,可编程和可扩展的深度学习框架,支持最先进的深度学习模式[8]。MXNet 提供了命令式和声明式混合编程模型,以及包括 Python、C++、MATLAB 和 JavaScript 等大量编程语言的代码。整体而言,MXNet 是一个易上手的开源深度学习工具,它提供了一个 Python 接口,能够让开发者迅速搭建起神经网络,并进行高效训练。

(4) Sonnet。

Sonnet 是 DeepMind 发布的,用于在 TensorFlow 上构建复杂神经网络的开源库[9]。Sonnet 主要用于让 DeepMind 开发的其他模型更容易共享。Sonnet 可以在内部的其他子模块中编写模块,或者在构建新模块时传递其他模型作为参数。同时,Sonnet 提供实用程序来处理这些任意层次结构,以便使用不同的循环神经网络进行实验,整个过程无须改写烦琐的代码。

(5) Deeplearning4j(DL4J)。

Deeplearning4j(DL4J)是采用 Java 和 JVM 编写的开源深度学习库,支持各种深度学习模型[10]。DL4J 最重要的特点是支持分布式方式,可以在 Spark 和 Hadoop 上运行,并可以利用 Spark 在多台服务器、多个 GPU 上开展分布式的深度学习训练,从而让模型运行更快。

**3. 适用于强化学习的工具**

(1) Gym。

Gym 是一个用于开发强化学习算法的工具[11],它采用 Python 作为主要开发语言,可以非常方便地和 TensorFlow 等深度学习库进行集成,并将学习结果用画面直观展示出来。Gym 库中包含许多可以用于制定强化学习算法的测试问题,这些环境有共享接口,允许编写通用的算法。

(2) Dopamine。

Dopamine是一款基于TensorFlow的框架,旨在为强化学习研究人员提供灵活、稳定和可重复的新工具。该框架的灵感来源于大脑中的成分"多巴胺受体",这也反映了神经科学与强化学习研究之间的联系。

(3) ReAgent。

ReAgent是Facebook推出的一个构建决策推理系统的模块化端到端平台,可以大幅度简化推理模型的构建过程。ReAgent由三部分组成:生成决策并接收决策反馈的模型、用于评估新模型部署前性能的模块,以及快速迭代的服务平台。总体而言,ReAgent是一个非常全面地创建人工智能推理系统的模块化开源平台,它也是第一个包含策略评估的平台。

(4) TensorLayer。

TensorLayer是一个面向科学家的深度学习和强化学习库[12]。TensorLayer由底层到上层可以分为三大模块:神经网络模块、工作流模块和应用模块。与Keras和PyTorch相比,TensorLayer提高了神经网络模块的抽象化设计,同时降低了使用现有层和开发新层的工作量。

**4. 适用于分布式训练的工具**

(1) Spark MLlib。

Spark是一个开源集群运算框架,也是现在大数据领域非常热门的开源软件之一[13]。由于Spark使用了内存内运算技术,其分布式计算框架运行非常高效,它可以实现聚类、分类、回归等大部分机器学习算法,并允许将数据加载至集群内存,多次对其进行查询,因此它非常适合应用于大规模机器学习算法。

(2) Mahout。

Mahout是一个分布式线性代数框架,用于快速创建可扩展的高性能机器学习应用程序。Mahout框架长期以来一直与Hadoop绑定,但它的许多算法也可以在Hadoop之外运行,它允许多种算法,并且支持CPU和GPU运行。

(3) Horovod。

Horovod是由Uber开源的一个跨多台机器的分布式深度学习TensorFlow训练框架,它可以让开发人员仅需几行代码就可以完成任务,这不仅加快了初始修改过程,而且进一步简化了调试流程。

(4) Dask。

当开发者需要并行化到多核时,可以用Dask将计算扩展到多个内核甚至多个机器。Dask提供了NumPy Arrays、Pandas Dataframes和常规列表的抽象,能够在无法放入主内存的数据集上并行运行。

(5) Ray。

Ray是一个高性能分布式执行框架,它可以快速简捷地构建和运行分布式应用程序。Ray按照典型的Master-Slave结构设计。其中,Master负责全局协调和状态维护,而Slave执行分布式计算任务。Ray使用了混合任务调度的思路,因此它比传统的分布式计算系统性能更强。

**5. 适用于自动建模的工具**

(1) TPOT。

TPOT 是一个以 Python 语言编写的软件包,利用遗传算法进行特征选择和算法模型选择[14]。仅需几行代码,TPOT 就能生成完整的机器学习代码。在机器学习模型开发图中,TPOT 利用遗传算法可分析数千种可能的组合,为模型、参数找到最佳组合,从而自动完成机器学习中的模型选择和调参部分。

(2) AutoKeras。

AutoKeras 使用了高效神经架构搜索技术,只需使用 pip install autokeras 就能轻松安装软件包,之后就能用自己的数据集来执行架构搜索构建思路。AutoKeras 的所有代码都已经开源,可方便开发者使用。

(3) Featuretools。

Featuretools 是一个用于自动化特征工程的开源 Python 框架,它可以帮助开发者从一组相关数据表中自动构造特征。开发者只需要知道数据表的基本结构和它们之间的关系,并在实体集中指明,然后即可非常方便地构建数千个特征。

(4) NNI。

NNI 是由微软发布的一个用于神经网络超参数调整的开源 AutoML 工具包,也是目前较为热门的 AutoML 开源项目之一。最新版本的 NNI 对机器学习生命周期的各个环节做了更加全面的支持,主要包括特征工程、神经网络架构搜索、超参调优和模型压缩。

(5) AdaNet。

AdaNet 是由谷歌开源的一个基于 TensorFlow 的轻量级框架。AdaNet 易于使用,并能创建高质量的模型,它为机器学习实践者节省了用于选择最佳神经网络架构的时间。

**6. 适用于计算机视觉的工具**

(1) YOLO。

YOLO(you only look once)是当前深度学习领域解决图像检测问题最先进的算法库[15]。在检测过程中,YOLO 首先将图像划分为规定的边界框,然后对所有边界框并行运行识别算法,以确定物体所属的类别;确定类别之后,YOLO 再智能合并这些边界框,以便在物体周围形成最优边界框。以上这些步骤全部并行进行,因此 YOLO 能够实现实时运行。

(2) OpenCV。

OpenCV 是英特尔开源的跨平台计算机视觉库[16],被称为 CV 领域开发者与研究者的必备工具包。OpenCV 是一套包含从图像预处理到预训练模型调用等大量视觉 API 的库,还可以处理图像识别、目标检测、图像分割和行人再识别等主流视觉任务。OpenCV 最显著的特点是它提供了整套流程的工具,因此开发者无须了解各个模型的原理就能用 API 构建视觉任务。OpenCV 具备 C++、Python 和 Java 接口,支持 Windows、Linux、macOS、iOS 和 Android 系统。

(3) Detectron2。

Detectron2 是 PyTorch 1.3 中一个重大的新工具。通过全新的模块化设计,Detectron2 更加灵活且易于扩展,它能够在单个或多个 GPU 服务器上提供更快速的训练速度,并增强了可维护性和可伸缩性。

(4) OpenPose。

OpenPose 人体姿态识别项目是美国卡内基-梅隆大学基于卷积神经网络和监督学习，并以 Caffe 为框架开发的开源库，它是世界上首个基于深度学习的多人姿态实时估计应用程序。OpenPose 可以实现人体动作、面部表情、手指运动等姿态估计，既适用于单人，也可用于多人，具有很强的鲁棒性。

### 7. 适用于自然语言处理的工具

(1) BERT。

BERT 是一个基于双向 Transformer 的大规模预训练语言模型[17]，可用于对大量未标记的文本数据进行预训练，以学习一种语言表示形式。这种语言表示形式可用于对特定机器学习任务进行微调。BERT 被称为自然语言处理领域中里程碑式的进展。目前，BERT 是该领域最热门的方法之一，很多之后的自然语言处理模型都是在它的基础上优化与改进而来。

(2) Transformer。

Transformer 是机器翻译中使用的一种神经网络[18]，它主要涉及将输入序列转换为输出序列的任务。这些任务包括语音识别和文本转换语音等，这类任务需要"记忆"，即下一个句子必须与前一句的上下文相关联，以免丢失重要的信息。当句子太长的时候，通过将注意力机制应用到正在使用的单词上，可以解决循环神经网络或卷积神经网络无法跟踪上下文和内容的问题。

(3) AllenNLP。

AllenNLP 是一个基于 PyTorch 的研究库，它利用深度学习来进行自然语言理解。通过处理低层次的细节，以及提供高质量的参考实现，AllenNLP 能帮助研究人员快速构建新的语言理解模型。AllenNLP 几乎适用于任何自然语言理解问题，可简化设计和评估深度学习模型。

(4) Flair。

Flair 是一款简单易用的 Python NLP 库，允许将当前最优自然语言处理模型应用于文本，如命名实体识别、词性标注、词义消歧和分类等。Flair 是基于 PyTorch 的框架，它的接口相对更简单，允许用户使用和结合不同的词嵌入和文档嵌入，包括 Flair 嵌入、BERT 嵌入和 ELMo 嵌入。

(5) SpaCy。

SpaCy 是一个具有工业级自然语言处理功能的 Python 工具包，它具有很高的准确性和效率，并且有一个活跃的开源社区支持，因此它已经成为 Python 中使用最为广泛的工业级自然语言库之一。

(6) FastText。

FastText 是 Facebook 人工智能研究实验室开源的一个文本处理库，它可以高效训练文本分类器。FastText 的核心是使用"词袋"的方式，它采用分层分类器将时间复杂度降低到对数级别，因此在具有更高分类数量的大数据集上非常高效。

### 8. 适用于语音识别的工具

(1) Kaldi。

Kaldi 是一种用于开发语音识别应用的框架，这个语音识别工具包采用 C++编写。研究人员利用Kaldi可以训练出语音识别神经网络模型,但若需将训练得到的模型部署到移动端设备上,仍需要大量的移植开发工作。

(2) DeepSpeech。

DeepSpeech是一个开源语音转文本引擎,它通过运用谷歌的TensorFlow来简化实施过程。

(3) Wav2Letter。

Wav2Letter是由Facebook人工智能研究院发布的首个全卷积自动语音识别工具包,它是一个简单高效的端到端自动语音识别系统。

**9. 机器学习平台**

(1) H2O。

H2O是一个完全开源的分布式内存机器学习平台,它同时支持R和Python语言,支持广义线性模型、深度学习模型等一些广泛使用的统计和机器学习算法。H2O封装了一些非常复杂的数据科学和机器学习模块,它还提供了自动可视化以及机器学习的解释能力。

(2) MLflow。

MLflow是一个开源项目,它开放接口,可与任何机器学习库、算法、部署工具或编程语言一起使用,允许用户和机器学习库开发人员对其进行扩展。MLflow提供跟踪、项目和模型三大组件。其中,跟踪组件支持记录和查询实验数据,项目组件提供了可重复运行的简单包装格式,模型组件提供了用于管理和部署模型的工具。

(3) ONNX。

ONNX是一种针对机器学习设计的开放式文件格式,主要用于存储训练好的模型,使得不同的人工智能框架可以采用相同格式存储模型数据,并进行交互。目前,Caffe2、PyTorch、MXNet、TensorRT等深度学习框架都支持加载ONNX模型,并可进行推理。

(4) Seldon Core。

Seldon Core是一种开源机器学习部署平台,其目标是让研究人员可以使用任何工具包和程序语言建立机器学习模型,还可以让使用者更简捷高效地整合相关企业应用。

### 2.2.3 人工智能云平台

云计算平台也称为云平台,是服务器端数据存储和处理中心。用户可以通过客户端操作,发出指令,而数据的处理会在服务器端进行,然后将结果反馈给用户。云端平台数据可以共享,可以在任意地点对其进行操作。

**1. 云平台的服务类型**

(1) 基础设施即服务(infrastructure-as-a-service,IaaS)。

基础设施即服务,顾名思义,它主要是为用户提供构建和管理应用程序的基础设施,具体包括计算和存储资源等,付费之后,用户通过网络可以方便地使用这些资源,而无须管理和维护。

(2) 软件即服务(software-as-a-service,SaaS)。

软件即服务的应用完全运行在云中,它面向用户需求提供稳定的在线应用软件。用户购买的是软件的使用权,而不是其所有权,用户只需使用网络接口即可非常方便地访问应用软件。

(3) 平台即服务(platform-as-a-service,PaaS)。

平台即服务的含义是,供应商将软件研发的平台作为一种服务,为用户开发应用程序提供云端的服务,而用户无须管理与控制云端的基础设施。对于平台即服务而言,云平台直接的使用者是开发人员,而不是普通用户,为开发者提供了稳定的开发环境。

**2. 云平台服务的优势**

云平台服务通过互联网为用户提供计算和存储资源、数据服务,以及其他需要的应用服务。相比传统方式,云平台服务主要具有如下三个方面的优势。

(1) 无须购置软硬件,可大幅降低成本:从硬件角度而言,用户无须专门购买各类计算机或存储设备;在软件方面,供应商会为用户提供必要的软件,用户无须购置各类软件应用程序。

(2) 便捷高效,可获得更为优质的服务:云服务商具有专业化的管理和运行队伍,云系统中的计算机速度快,各类应用程序即时更新,用户无须为管理维护等投入时间精力。

(3) 数据兼容性好,系统可靠性高:用户在云上操作,无须担心应用软件的兼容性问题;此外,由于数据存储在云上,不用担心系统崩溃而丢失前期工作。

**3. 云平台服务的数据安全性**

对于云平台服务而言,由于计算和存储都是在云上完成,普通用户在其工作环境中并没有实质性的工作系统,自然会担心其数据的安全性问题。遗憾的是,目前云计算服务中仍然存在不少数据安全隐患。例如,当数据未加密或加密机制存在缺陷,或者数据安全防护机制考虑不周时,都可能导致数据信息泄露;在云计算中,还面临违规使用个人信息、个人隐私泄露等安全隐患。

为了确保云计算服务的安全,需要采取对应的措施来有效防范化解风险。为此,首先要对云计算服务系统的各类信息进行准确评估,为此,我国专门发布了《云计算服务安全评估办法》。其次,要切实加强云计算服务中技术和管理的安全标准体系建设,以尽可能杜绝云计算平台中的各类安全漏洞。

**4. 云平台服务的主要提供者**

云平台服务发展至今天,全球 IaaS 的竞争格局基本稳定。美国具有先发优势,拥有亚马逊 AWS、微软 Azure 等顶级厂商。我国在这方面也具有很强的竞争力,IaaS 市场主要由阿里云、腾讯云、中国电信、华为等占领。

在国际上,早在 2002 年初,亚马逊即已经规划云计算,并推出 AWS 云平台。近年来,AWS 一直处于云计算产业中的领导地位。2008 年,微软成立了 Windows Azure,以推动云计算服务。目前,其商业化云产品涵盖 IaaS、PaaS、SaaS 三个领域。

我国在云平台方面发展很快。2009 年,阿里云成立,随即成为中国云计算的龙头公司。经过 10 多年发展,阿里云已经发展成为中国第一、全球顶级的公有云服务提供商。作为一家世界级互联网科技公司,腾讯大力推动云计算服务,在生成式 AI 生态建设等方面处于领先地位。

第 2 章　人工智能软硬件平台基础

## 2.3　Python 基础

Python 是一种应用非常广泛的跨平台编程语言,可以运行在 Windows、macOS 和各种 Linux/Unix 系统上。此外,作为一种解释性语言,Python 编程十分方便,且具有非常丰富的工具库,这些优势使其成为人工智能领域的首选语言。本节仅简单介绍 Python 的安装和基本编程知识,感兴趣的读者可以直接阅读参考文献[19-20]或其他类似教材。

### 2.3.1　Python 的安装

为了安装 Python,用户可根据其 Windows 版本(64 位还是 32 位)从 Python 的官方网站下载对应的安装程序,然后运行下载的 EXE 安装包即可完成安装。

另外一种安装方法是直接下载并安装 Anaconda,它已经包含了 Python 的对应版本,具有一定的优势。例如:不需要配置 Python 环境变量;集成了更多的资源,尤其是包含了与科学计算相关的库,可以节省安装这些库的时间和精力。

### 2.3.2　Python 编程基础

**1. Python 程序的基本组成**

Python 程序通常由注释、语句、函数、常量、变量等基本单元组成。这些单元的含义和其他计算机语言类似,其简要说明如下。

注释:注释就是对程序或某条语句的解释和说明。

语句:语句是程序的最小组成单位,一个程序通常由若干条语句组成。

函数:函数是用于解决或计算某个问题的程序模块(语句块),引入函数是为了方便模块化编程。

常量:常量是程序运行过程中始终保持不变的量。例如,圆周率 π、自然对数的底数 e 等,它们都是数学计算程序中典型的常量。

变量:和常量不同,变量是在程序运行过程中发生变化的量,主要用于输入、暂存和输出信息。

**2. 程序的注释**

注释是为了提高程序的可读性而引入的介绍性文字,它对于程序运行本身并不起作用。Python 程序的注释有单行注释和多行注释之分。其中,单行注释是以"#"引导的一段文字,文字内容可以单独成行,也可以跟在某条语句的后面进行解释说明;多行注释通过使用 3 对单引号或 3 对双引号来表示,以区别于程序语句。

**3. 语句**

和其他计算机语言类似,语句是 Python 程序的最小单位。Python 程序的语句必须单独成行,其结束不需要任何表示符。

**4. 常量**

常量是指程序运行过程中不能变化的量,Python 并没有符号常量,因此不能像 C 语言那样给常量命名。为了区别于变量,通常使用大写标识符表示常量。Python 常量包括数字、字符串、布尔值和空值。

**5. 变量**

与常量不同的是,变量的值可以动态变化。Python中的变量不需要事先定义,可直接使用赋值运算符对其进行赋值操作,并根据所赋的值来决定其数据类型。在 Python 中,每个变量对应一定的内存空间,因此每个变量都有相应的内存地址,通过内置函数即可获取变量地址。

**6. 标识符**

在 Python 中,为了使用变量,必须先对其命名。类似地,为了定义函数,也必须进行命名。对于这些需要命名的对象,在 Python 中统称为"标识符",主要包括变量名、函数名、类名、属性名等。在 Python 中,标识符可分为普通类、特殊类和私有类3类。一个标识符由字母、下画线或数字组合而成(字母区分大小写),其中第一个字符必须是字母或下画线。整个标识符不限长度,但它不能与关键字同名。

**7. 函数**

和C++等程序语言类似,为了实现模块化编程,Python 程序常使用库函数或自定义函数。例如,使用 input()、print()等内置函数以实现输入和输出。根据需要,可自定义函数以完成具有较高重复性的工作。

### 2.3.3 文件操作

文件是计算机组织信息(数据)的一种常用形式。计算机文件是以计算机硬盘为载体、存储在计算机上的信息集合。

Python 内置了读/写文件的函数,它们的用法与C语言中相关函数的用法基本一致。为了防止误操作,不允许应用程序直接对磁盘进行操作,读/写磁盘文件的功能均由操作系统提供,操作需遵循规范步骤,即打开文件、读(写)文件、关闭文件。

### 2.3.4 第三方模块的使用

Python 提供了功能非常强大的标准库,可以满足各种需要。然而,现实生活中的应用场景千变万化,对于程序设计的要求,以及需要的资源也是千差万别且与时俱进的。显然,与其他计算机语言一样,Python 不可能包罗万象,需要依靠外部资源来弥补内部资源的不足。

Python 源代码本身是开放的,用户可以查看和修改它,并可通过第三方模块(外部模块、外部库)来不断扩充 Python 的功能,这些外部模块使得 Python 的生态日益完善。目前,在 Python 的生态中,已经建立了很多高质量的外部模块,它们种类繁多,功能覆盖全面。当然,由于这些外部模块并不包含在 Python 中,所以使用前需要先下载安装。

### 2.3.5 NumPy 与 SciPy 以及 Matplotlib 的使用

NumPy(numerical Python)是一个运行速度非常快的数学库,主要用于数组与矩阵运算,特别是针对数组运算提供了大量函数,这个库为开发与测试人工智能算法提供了很好的便利条件。SciPy 是一个开源的算法库和数学工具包,包含最优化、线性代数、积分、插值、特殊函数、快速傅里叶变换、信号处理和图像处理、常微分方程求解等模块。Matplotlib 是 Python 及其数学扩展包 NumPy 的可视化操作界面。

NumPy 通常与 SciPy(scientific Python)和 Matplotlib(绘图库)一起使用,它们可以在一定程度上替代 Matlab,形成一个功能非常强大的科学计算环境,可以帮助用户通过 Python 研究机器学习等算法。

## 2.4 习 题

1. 简述 4 种人工智能芯片的优点与缺点。
2. 经典的深度学习开发框架包括哪些?分别适用于哪些场景?
3. 简述人工智能云平台的安全问题和解决方案。
4. 简述目前主流的人工智能云平台,以及它们的主要特点。
5. 简述 Python 的安装方法,尝试编写简短的小程序。

## 参 考 文 献

[1] 尹首一,郭珩,魏少军. 人工智能芯片发展的现状及趋势[J]. 科技导报,2018,36(17):45-51.

[2] Tavanaei A, Ghodrati M, Kheradpisheh S R, et al. Deep learning in spiking neural Networks[J]. Neural Networks,2019,111:47-63.

[3] Pang B, Nijkamp E, Wu Y N. Deep learning with tensorflow: A review[J]. Journal of Educational and Behavioral Statistics,2020,45(2):227-248.

[4] Stevens E, Antiga L, Viehmann T. Deep learning with PyTorch[M].Shelter Island, NY: Manning Publications,2020.

[5] Pedregosa F, Varoquaux G, Gramfort A, et al. Scikit-learn: Machine learning in Python[J]. the Journal of Machine Learning Research,2011(12):2825-2830.

[6] Chen T, Guestrin C. Xgboost: A scalable tree boosting system[C]//KDD'16: Proceedings of the 22nd Acm Sigkdd International Conference on Knowledge Discovery and Data Mining,2016:785-794.

[7] de Souza C R. A tutorial on principal component analysis with the accord. net framework[J]. arXiv preprint arXiv,2012,abs/1210.7463.

[8] Chen T, Li M, Li Y, et al. Mxnet: A flexible and efficient machine learning library for heterogeneous distributed systems[J]. arXiv Preprint arXiv,2015,abs/1512.01274.

[9] Spiller M R G. The development of the sonnet: an introduction[M].London: Routledge,2003.

[10] Lang S, Bravo-Marquez F, Beckham C, et al. Wekadeeplearning4j: A deep learning package for weka based on deeplearning4j[J]. Knowledge-Based Systems,2019(178):48-50.

[11] Della Vigna S, Malmendier U. Paying not to go to the gym[J]. American Economic Review,2006,96(3):694-719.

[12] Dong H, Supratak A, Mai L, et al. Tensorlayer: a versatile library for efficient deep learning development[C]//MM'17: Proceedings of the 25th ACM International Conference on Multimedia. New York: Association for Computing Machinery,2017:1201-1204.

[13] Meng X, Bradley J, Yavuz B, et al. Mllib: Machine learning in apache spark[J]. Journal of Machine

Learning Research, 2016, 17(34): 1-7.

[14] Olson R S. Moore J H. TPOT: A tree-based pipeline optimization tool for automating machine learning[C]//Proceeding of the Workshop on Automatic Machine Learning. New York: PMLR, 2016(64): 66-74.

[15] Redmon J. You only look once: Unified, real-time object detection[C]. In Proceedings of the IEEE Conference on Computer Vision and Pattern Recognition, 2016.

[16] Bradski G, Kaehler A. Learning OpenCV: Computer vision with the OpenCV library[M]. Sebastopol, CA: O'Reilly Media, 2008.

[17] Devlin J. Bert: Pre-training of deep bidirectional transformers for language understanding[J]. arXiv Preprint arXiv, 2018, abs/1810.04805.

[18] Vaswani A, Shazeer N, Parmar N, et al. Attention is All You Need[C]//NIPS'17: Proceedings of the 31st International Conference on Neural Information Processing Systems. Red Hook, NY: Curran Associates, 2017: 6000-6010.

[19] 马瑟斯 E.Python 编程: 从入门到实践[M]. 袁国忠,译.北京: 人民邮电出版社,2020.

[20] 丘恩 W.Python 核心编程[M]. 孙波翔,译. 3 版. 北京: 人民邮电出版社. 2016.

# 第3章 面向人工智能的优化算法

## 3.1 人工智能优化算法概论

自从"人工智能"这一术语在达特茅斯会议上提出以来,人工智能经历了近70年的潮起潮落,逐渐从早期的基于规则的AI发展到后来的基于经验的AI,并最终发展到如今的基于学习的AI。机器学习是当前阶段人工智能浪潮的主流,顾名思义,机器学习是指让机器能够从数据中自主学习,但机器是如何学习的呢?优化算法在机器学习中又发挥了什么作用呢?本章将回答这个问题。

以图像识别任务为例,如图 3-1 所示,向机器学习模型输入一张图像,模型能够识别出图像内容是"南开大学"、"天津大学"或其他学校。当模型识别错误时,我们需要对模型进行改进,提升其识别能力。输入图像越多,模型越有可能学得更好。这种基于大量数据的学习过程类似人们常说的题海战术学习过程,一张图像相当于一道题,当该题做错时,学生需要有针对性地进行查缺补漏,做的题越多,则考试时越有可能考出好成绩。

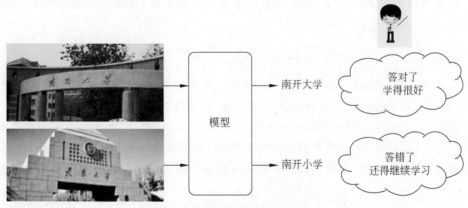

图 3-1 基于题海战术的机器学习

机器是如何通过错题学习的呢?我们首先定义一个度量函数,判断机器是否做错了题;若做错了,还要评估错了多少。我们称这样的函数为误差函数,或损失函数,该函数度量了关于每一个输入样本,模型输出和样本的真实标签之间的误差。记第 $i$ 个样本为 ($s_{(i)}$, $y_{(i)}$),其中 $s_{(i)}$ 表示样本特征,$y_{(i)}$ 表示样本类别,例如 $s_{(i)}$ ={"图片中包含一扇门","图片中

包含一个南字","图片中包含一个天字"}可以表示样本的一系列特征，$\mathbf{y}_{(i)} = \begin{bmatrix} 1 \\ 0 \\ 0 \\ 0 \end{bmatrix}$ 可以表示该样本的类别为南开大学，$\mathbf{y}_{(i)} = \begin{bmatrix} 0 \\ 1 \\ 0 \\ 0 \end{bmatrix}$ 表示该样本为天津大学，$\mathbf{y}_{(i)} = \begin{bmatrix} 0 \\ 0 \\ 1 \\ 0 \end{bmatrix}$ 表示南开小学，$\mathbf{y}_{(i)} = \begin{bmatrix} 0 \\ 0 \\ 0 \\ 1 \end{bmatrix}$ 表示其他学校。当输入特征为 $\mathbf{s}_{(i)}$ 时，记模型的输出为 $\mathbf{h}(\mathbf{s}_{(i)})$，我们需要度量 $\mathbf{h}(\mathbf{s}_{(i)})$ 和 $\mathbf{y}_{(i)}$ 之间的误差，例如可以使用平方函数，记 $f_i = \|\mathbf{h}(\mathbf{s}_{(i)}) - \mathbf{y}_{(i)}\|^2$ 为关于第 $i$ 个样本的误差。对所有样本，我们可以计算误差的平均，公式如下。

$$f = \frac{1}{n}\sum_{i=1}^{n} f_i = \frac{1}{n}\sum_{i=1}^{n} \|\mathbf{h}(\mathbf{s}_{(i)}) - \mathbf{y}_{(i)}\|^2$$

称该函数为模型在训练数据上的误差函数，其中 $n$ 表示训练样本数。容易看出，当对于所有输入样本，模型输出均与样本真实标签一致时，误差函数为 0，表示模型学会了所有的训练样本。因此，误差函数度量了模型的学习效果，误差函数越小，表示模型学习得越好；反之，误差函数越大，则模型学习得越差。

基于误差函数的反馈，我们可以对模型进行学习。大部分机器学习模型都可以抽象为一个数学模型，并使用一组参数进行描述。例如，深度神经网络的参数为每一层网络的权重值。将模型参数记为 $\mathbf{x}$，并记 $\mathbf{h}(\mathbf{x}; \mathbf{s}_{(i)})$ 为当模型参数为 $\mathbf{x}$ 时，模型关于第 $i$ 个样本的输出。相应地，将误差函数记为

$$f(\mathbf{x}) = \frac{1}{n}\sum_{i=1}^{n} f_i(\mathbf{x}) = \frac{1}{n}\sum_{i=1}^{n} \|\mathbf{h}(\mathbf{x}; \mathbf{s}_{(i)}) - \mathbf{y}_{(i)}\|^2$$

人类的学习是一个漫长的过程，机器的学习亦是如此。如图 3-2 所示，在学习的过程中，机器会基于误差函数的反馈修改其模型参数，使得在新的参数下误差函数值更小，该过程不断重复，直到机器达到足够好的学习效果。在学习过程中，优化算法的作用是告诉机器如何基于误差函数的反馈修改其模型参数。例如，是把某个参数值变大还是变小？改变多少？依据什么原则及策略修改参数值才能使误差函数更小？这些都是优化算法需要考虑的问题。

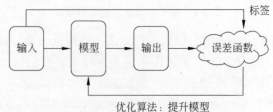

图 3-2 优化算法在机器学习中的作用

第3章 面向人工智能的优化算法

如图3-3所示,我们可以把机器的学习过程描述为一个迭代过程,该过程产生一系列参数值,记为$\{x^1, x^2, \cdots, x^k\}$,其中$x^k$表示第$k$次迭代的模型参数值。模型参数值基于某种优化策略迭代更新,在迭代过程中,希望误差函数不断减小,从而使得模型越学越好,这就是基于优化算法的模型训练与学习过程。本章以下几节将介绍不同的优化算法,及其对应的参数更新方式。不同的优化算法适用于不同的机器学习任务,它们降低误差函数的快慢也不同。在训练机器学习模型时,希望选择能尽快降低误差函数的优化算法,并找到一组尽可能好的模型参数值。

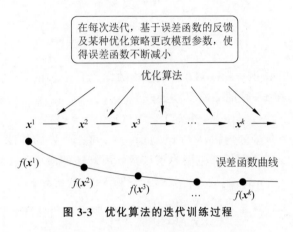

图 3-3 优化算法的迭代训练过程

## 3.2 无约束优化算法

### 3.2.1 盲人下山

机器学习的训练过程就是使用优化算法不断降低误差函数的过程,可以将最小化误差函数的过程想象成下山的过程,最终希望能够找到山的最低点。大多数机器学习模型含有大量参数,误差函数高度复杂,即山势起起伏伏,连绵不绝,且云雾缭绕,一眼望不到尽头。在这样的山中行走,无法知道山的最低点应该往那边走,只能不断摸索试错。可以将这个过程想象成盲人下山,如图3-4所示,每走一步时,盲人使用手杖在前后左右进行局部探索,找到一个局部范围内最低的落脚点,并前进一步。当前机器学习领域采用的优化算法基本都是基于这种局部探索的思想,不同算法的区别在于寻找下一步落脚点的策略不同。记当前

图 3-4 优化过程——盲人下山

迭代点的模型参数值为 $x^k$，优化算法在当前迭代点寻找一个下降方向，记为 direction($x^k$)，然后沿着该下降方向移动合适的步长，记为 stepsize($x^k$)，由于采用的是局部探索策略，步长不宜太大，例如不要超过盲人手杖的探索范围。可以将基于局部探索的优化算法框架描述如下。

$$x^{k+1} = x^k - \text{stepsize}(x^k) \times \text{direction}(x^k)$$

不同的优化算法会设计不同的 direction($x^k$) 和 stepsize($x^k$)，以下各小节介绍不同的设计方法。首先考虑不对模型参数值添加任何约束限制的问题，通常将这类问题称为无约束优化问题。

### 3.2.2 梯度下降法

梯度下降法（gradient descent，GD）是最基本的优化算法。记当前迭代点的模型参数值为 $x^k$，误差函数 $f(x)$ 在 $x^k$ 处的一阶泰勒展开为

$$f(x) \approx f(x^k) + \langle \nabla f(x^k), x - x^k \rangle$$

其中，$\langle \cdot, \cdot \rangle$ 表示两个向量的内积，$\nabla f(x^k)$ 表示 $f(x)$ 在 $x^k$ 处的梯度。使用该泰勒展开式近似表示误差函数 $f(x)$，并在局部范围内求该泰勒展开式的最小值点，即求解如下问题：

$$\min_{x : \|x - x^k\| \leqslant \varepsilon} f(x^k) + \langle \nabla f(x^k), x - x^k \rangle$$

该问题的最优解满足 $x - x^k = -\varepsilon \dfrac{\nabla f(x^k)}{\|\nabla f(x^k)\|}$，这表明沿着负梯度 $-\nabla f(x^k)$ 的方向移动能够最大程度地降低 $f(x)$ 的一阶泰勒近似函数。基于该思想，设计梯度下降法的迭代步骤如下。

$$x^{k+1} = x^k - \eta \nabla f(x^k)$$

其中，$\eta$ 表示步长，在深度学习领域，步长也称为学习率。步长是优化算法中的一个重要参数，在传统优化领域，一般使用线搜索策略搜索步长，如基于 Armijo 准则的线搜索，但线搜索策略每次迭代需要计算多次误差函数值，计算开销较大。在机器学习领域，使用者一般会通过手工调试尝试不同的步长，例如 $10^2$、$10^1$、$10^0$、$10^{-1}$、$10^{-2}$，并选择收敛速度最快的步长。

梯度下降法作为一种迭代算法，沿着负梯度方向更新模型参数。迭代算法需要一个初始的模型参数，记为 $x^0$，当初始参数距离希望寻找到的最优参数较近时，迭代算法能够很快找到最优参数；否则，当初始参数距离最优参数较远时，迭代算法需要更多的迭代次数。因此，合适的初始化对迭代算法快速收敛至关重要。对于某些机器学习问题，可以根据模型特点选择合适的初始化，但对于大部分机器学习问题，我们并不知道如何设计更好的初始值，此时，随机初始化是常用的选择，其思想是将 $x^0$ 初始化为一组随机值。

使用梯度下降法时，需要设计一个算法停止条件，常用的停止条件是 $\|\nabla f(x^k)\| \leqslant \varepsilon$，当满足该条件时，算法停止。该停止条件背后的思想是，当梯度 $\nabla f(x^k)$ 很小时，梯度下降法从 $x^k$ 到 $x^{k+1}$ 的更新很小，模型参数接近收敛。另一个常用且简单的停止条件是"$k \geqslant T$"，即当算法迭代次数超过预先设置的次数 $T$ 时，算法停止。

最后，我们将梯度下降法描述如算法 3.1。

算法 3.1 梯度下降法

1. 初始化变量 $x^0$
2. For $k=0,1,2,\cdots,T$
3.  在当前迭代点 $x^k$ 处计算梯度 $\nabla f(x^k)$
4.  选择步长 $\eta$
5.  更新模型参数：$x^{k+1}=x^k-\eta\nabla f(x^k)$
6.  If $\|\nabla f(x^k)\|\leqslant\varepsilon$
7.   break
8.  End if
9. End for

### 3.2.3 牛顿法

  梯度下降法使用一阶泰勒展开近似误差函数，但一阶泰勒展开的逼近能力较弱。为了使泰勒展开能够更好地近似误差函数，可以使用二阶泰勒展开。

$$f(x)\approx f(x^k)+\langle\nabla f(x^k),x-x^k\rangle+\frac{1}{2}(x-x^k)^{\mathrm{T}}\nabla^2 f(x^k)(x-x^k)$$

其中，$\nabla^2 f(x^k)$ 表示函数 $f(x)$ 在 $x^k$ 处的由二阶导数构成的海森矩阵。最小化上述二阶泰勒展开，可知最优解满足 $x-x^k=-(\nabla^2 f(x^k))^{-1}\nabla f(x^k)$，其中 $(\nabla^2 f(x^k))^{-1}$ 表示 $\nabla^2 f(x^k)$ 的逆矩阵。因此可以沿着方向 $-(\nabla^2 f(x^k))^{-1}\nabla f(x^k)$ 更新模型参数，这就是牛顿法的思想。牛顿法的迭代公式如下。

$$x^{k+1}=x^k-\eta(\nabla^2 f(x^k))^{-1}\nabla f(x^k)$$

其中，$\eta$ 是步长，步长的选择与梯度下降法类似，可以使用线搜索策略，也可以进行手工调试。

  牛顿法需要计算海森矩阵及其逆矩阵，而机器学习领域的模型往往都是高维模型。对于具有 100 万个参数的神经网络，其海森矩阵是 100 万×100 万的二阶矩阵，存储及计算是不现实的。为了减少计算量，可以采用海森矩阵及其逆矩阵的近似来计算更新方向，称这类算法为拟牛顿法。拟牛顿法不直接计算海森矩阵或其逆矩阵，而是构造能够保持海森矩阵性质或其逆矩阵性质的近似矩阵。拟牛顿法的数学形式较为复杂，不再详细介绍，感兴趣的读者可以阅读相关文献，如优化算法专业教材[1]的第 6.5 节。

## 3.3 随机优化算法

### 3.3.1 大数据背景下的模型训练

  机器学习的成功离不开海量的训练数据。如 3.1 节介绍，对每一个训练样本，可以计算其模型输出值与样本真实标签值的误差，记为 $f_i(x)$。记样本总数为 $n$，则所有样本的平均误差为

$$f(x)=\frac{1}{n}\sum_{i=1}^{n}f_i(x) \tag{3.1}$$

当使用 3.2.2 节介绍的梯度下降法最小化该误差函数时,每次迭代需要计算平均误差的梯度,即 $\nabla f(\boldsymbol{x}) = \frac{1}{n}\sum_{i=1}^{n}\nabla f_i(\boldsymbol{x})$,而该梯度值的计算需要遍历 $n$ 个样本,当训练样本数 $n$ 较大时,每次迭代遍历所有样本的计算开销较大。

当数据量较大时,部分数据之间可能较为相似,因此不需要在每次迭代都遍历所有样本,随机抽取一部分样本就能较好地近似全部样本。基于该思想,可以在训练机器学习模型时使用随机优化算法。这种算法的思想是每次迭代随机抽取一部分样本,并基于这部分样本来更新模型的参数。图 3-5 总结了随机优化算法和非随机优化算法的思想及不同之处。本节将介绍机器学习中常用的三个随机优化算法:随机梯度下降(stochastic gradient descent,SGD)、动量法(momentum method)和自适应动量法(adaptive momentum estimation,Adam)。

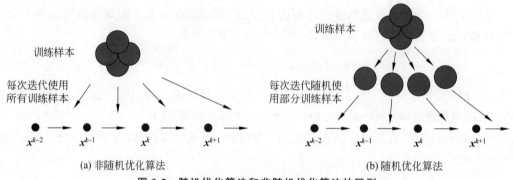

图 3-5 随机优化算法和非随机优化算法的区别

### 3.3.2 随机梯度下降

随机梯度下降[2],通常简写为 SGD,是机器学习中最常用的训练算法。当使用梯度下降法最小化式(3.1)中的误差函数时,每一步迭代沿着负梯度方向移动步长 $\eta$,其形式化描述为

$$\boldsymbol{x}^{k+1} = \boldsymbol{x}^k - \eta \nabla f(\boldsymbol{x}^k) = \boldsymbol{x}^k - \frac{\eta}{n}\sum_{i=1}^{n}\nabla f_i(\boldsymbol{x}^k)$$

为了降低每次迭代时计算全梯度的计算开销,SGD 在每次迭代时随机抽取一部分样本。记第 $k$ 次迭代抽取的样本集合为 $B^k$,记 $|B^k|$ 为集合 $B^k$ 的大小,即集合中包含的元素个数,则 SGD 每次迭代执行如下步骤。

$$\boldsymbol{x}^{k+1} = \boldsymbol{x}^k - \eta^k \boldsymbol{g}^k = \boldsymbol{x}^k - \frac{\eta^k}{|B^k|}\sum_{i \in B^k}\nabla f_i(\boldsymbol{x}^k) \quad (3.2)$$

其中,$\boldsymbol{g}^k = \frac{1}{|B^k|}\sum_{i \in B^k}\nabla f_i(\boldsymbol{x}^k)$ 表示集合 $B^k$ 中的样本的平均误差函数关于 $\boldsymbol{x}^k$ 的梯度,称为随机梯度;$\eta^k$ 表示第 $k$ 次迭代的步长。与梯度下降不同的是,SGD 中的步长一般随时间动态变化,具体而言,一般会使用随着迭代逐渐递减的步长策略,以保证算法的稳定收敛。最后,将随机梯度下降法描述如算法 3.2,而图 3-6 绘制了 SGD 的迭代过程示意图。

算法 3.2　随机梯度下降法

1. 初始化变量 $x^0$
2. For $k=0,1,2,\cdots,T$
3. 　随机抽取部分样本，记为集合 $B^k$
4. 　使用 $B^k$ 中的样本计算随机梯度，记为 $g^k$
5. 　选择步长 $\eta^k$
6. 　更新模型参数：$x^{k+1}=x^k-\eta^k g^k$
7. 　若满足停止条件，终止算法
8. End for

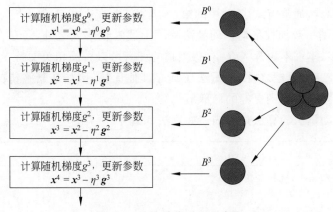

图 3-6　SGD 迭代过程示意图

## 3.3.3　动量法

SGD 每次迭代沿着负梯度方向更新参数，当模型的误差函数较复杂时，即使是相邻两次迭代，其负梯度方向差异也可能较大，更新方向不能保持一致，导致 SGD 的迭代路径较为曲折。如图 3-7(a)所示，尽管 SGD 总体上沿着从上到下的方向迭代前进，但大部分时间浪费在左右摇摆中。为了缓解 SGD 的"之"字形摇摆问题，可以使用 3-7(b)所示的动量法[3-5]。

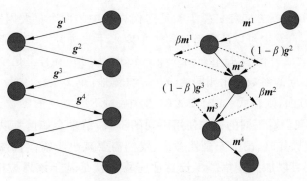

(a) SGD 迭代路径示意图　　(b) 动量法迭代路径示意图

图 3-7　两种算法的迭代路径示意图

动量法的核心思想是在设计更新方向时,不仅考虑当前迭代点的负梯度方向,同时考虑历史迭代方向。动量法每次迭代的更新公式如下。

$$\begin{aligned}\boldsymbol{m}^k &= \beta \boldsymbol{m}^{k-1} + (1-\beta)\boldsymbol{g}^k \\ \boldsymbol{x}^{k+1} &= \boldsymbol{x}^k - \eta^k \boldsymbol{m}^k\end{aligned} \quad (3.3)$$

其中,$\boldsymbol{m}^k$ 为第 $k$ 次迭代的更新方向,$\boldsymbol{g}^k$ 为随机梯度,计算方式与公式(3.2)相同,$\beta$ 称为动量参数,决定了历史更新方向 $\boldsymbol{m}^{k-1}$ 和当前随机梯度 $\boldsymbol{g}^k$ 在当前更新方向 $\boldsymbol{m}^k$ 中所占比例。如图 3-7(b)的迭代路径示意图所示,计算 $\boldsymbol{m}^k$ 时,由向量加法的平行四边形法则可知,$\boldsymbol{m}^k$ 的方向介于 $\boldsymbol{m}^{k-1}$ 和 $\boldsymbol{g}^k$ 之间,当 $\boldsymbol{m}^{k-1}$ 和 $\boldsymbol{g}^k$ 的方向差异较大时,$\boldsymbol{m}^k$ 取二者的折中,缓解了 SGD 迭代过程中的"之"字形摇摆问题。

在深度学习领域,通常将式(3.3)中的第一步称为移动平均,表示 $\boldsymbol{m}^k$ 是所有历史随机梯度 $\{\boldsymbol{g}^1,\boldsymbol{g}^2,\cdots,\boldsymbol{g}^k\}$ 的指数加权平均。动量法除了上述迭代形式之外,还存在其他变种,但涉及的数学概念较多,本书不再深入介绍,感兴趣的读者可以查阅相关文献[6]。除了缓解 SGD 迭代过程中的"之"字形摇摆之外,动量法还具有其他优势,例如在某些情况下,它可以跳出质量较差的局部最优解,找到更好的局部最优解[7]。

最后,我们将动量法的算法过程描述如算法 3.3。

**算法 3.3 动量法**

1. 初始化变量 $\boldsymbol{x}^0$ 和 $\boldsymbol{m}^{-1}$,选择参数 $\beta$
2. For $k=0,1,2,\cdots,T$
3.     随机抽取部分样本,记为集合 $B^k$
4.     使用 $B^k$ 中的样本计算随机梯度,记为 $\boldsymbol{g}^k$
5.     选择步长 $\eta^k$
6.     更新迭代方向:$\boldsymbol{m}^k = \beta \boldsymbol{m}^{k-1} + (1-\beta)\boldsymbol{g}^k$
7.     更新模型参数:$\boldsymbol{x}^{k+1} = \boldsymbol{x}^k - \eta^k \boldsymbol{m}^k$
8.     若满足停止条件,终止算法
9. End for

### 3.3.4 步长自适应算法和 Adam

如 3.2.1 节介绍,更新方向和更新步长是迭代算法中的两个重要因素,动量法从更新方向的角度改进 SGD,自然也可以从更新步长的角度入手改进。人工智能模型往往具有多个参数,例如 GPT 等大语言模型(large language model,LLM)具有上亿个参数需要学习。在 SGD 和动量法中,不同的参数使用相同的步长。具体地,令 $x_i$ 表示向量 $\boldsymbol{x}$ 的第 $i$ 个元素,也可称为第 $i$ 个更新方向,则在式(3-2)和式(3-3)中,对不同方向的参数 $x_i^k$ 和 $m_i^k$,均使用相同的步长 $\eta^k$。如果我们对不同的方向使用不同的步长,结果会如何?以下山为例进行形式化描述,当山的坡度太陡时,出于安全性考虑,我们需要减小步幅;当山的坡度较平缓时,为了加快下山速度,则可以加大步幅。步长自适应算法就是基于该思想提出的优化算法,如图 3-8 所示,该方法为不同的更新方向配置不同的步长,坡度太陡的方向使用小步长,坡度较缓的方向使用大步长,并且不同方向的步长在迭代过程中可以自适应更新。

自适应动量法[8],通常简写为 Adam,是步长自适应算法中的代表性方法,也是当前训

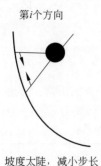
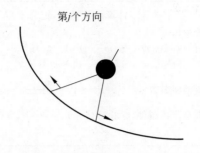

坡度太陡，减小步长　　　　　　　　　　坡度较缓，加大步长

图 3-8　步长自适应算法思想

练深度网络的主流方法。Adam 结合了动量法和步长自适应算法二者的优势。我们首先给出 Adam 的迭代公式，然后介绍其设计思想。Adam 每次迭代执行如下步骤。

$$m^k = \beta_1 m^{k-1} + (1-\beta_1) g^k$$
$$v^k = \beta_2 v^{k-1} + (1-\beta_2) (g^k)^2$$
$$x^{k+1} = x^k - \eta^k \frac{m^k}{\sqrt{v^k + \varepsilon}} \tag{3.4}$$

其中向量幂运算 $g^2 = \begin{bmatrix} g_1^2 \\ g_2^2 \\ \vdots \\ g_d^2 \end{bmatrix}$ 和向量除法 $\frac{m}{\sqrt{v+\varepsilon}} = \begin{bmatrix} \frac{m_1}{\sqrt{v_1+\varepsilon}} \\ \frac{m_2}{\sqrt{v_2+\varepsilon}} \\ \vdots \\ \frac{m_d}{\sqrt{v_d+\varepsilon}} \end{bmatrix}$ 分别表示按元素运算，$d$ 表示向量

的维度，引入 $\varepsilon$ 是为了防止分母出现 0，通常将其取为较小的常数，例如 $10^{-10}$。Adam 算法的第一步借鉴了动量法中迭代方向的更新方式；第二步与第一步类似，但将 $g^k$ 改为 $(g^k)^2$，使得 $v^k$ 只依赖于随机梯度的大小，而与随机梯度的方向无关，在深度学习中，有时也将 $m^k$ 称为一阶矩，将 $v^k$ 称为二阶矩；第三步为不同的方向配置了不同的步长 $\frac{\eta^k}{\sqrt{v_i^k+\varepsilon}}$，当第 $i$ 个方向的历史随机梯度普遍较大时，则 $v_i^k$ 较大，使该方向的步长 $\frac{\eta^k}{\sqrt{v_i^k+\varepsilon}}$ 较小，反之，当该方向的历史随机梯度普遍较小时，则 $v_i^k$ 较小，使该方向的步长 $\frac{\eta^k}{\sqrt{v_i^k+\varepsilon}}$ 较大，并且步长随着迭代进行动态调整。最后，我们将 Adam 的算法过程描述如算法 3.4。

---

**算法 3.4　Adam**

1. 初始化变量 $x^0$、$m^{-1}$ 和 $v^{-1}$，选择参数 $\beta_1$ 和 $\beta_2$
2. For $k = 0, 1, 2, \cdots, T$
3. 　　随机抽取部分样本，记为集合 $B^k$

4. 使用 $B^k$ 中的样本计算随机梯度,记为 $g^k$
5. 选择步长 $\eta^k$
6. 更新一阶矩:$m^k = \beta_1 m^{k-1} + (1-\beta_1) g^k$
7. 更新二阶矩:$v^k = \beta_2 v^{k-1} + (1-\beta_2)(g^k)^2$
8. 更新模型参数:$x^{k+1} = x^k - \eta^k \dfrac{m^k}{\sqrt{v^k} + \varepsilon}$
9. 若满足停止条件,终止算法
10. End for

## 3.4 应用示例

本节使用一个具体的应用示例展示梯度下降、SGD、动量法和 Adam 的迭代过程。考虑机器学习中经典的二分类问题,如图 3-9 所示,有两类数据样本,可以使用线性分类器正确分开。记第 $i$ 个样本为 $(s_{(i)}, y_{(i)})$,在二分类问题中通常令 $y_{(i)} = 1$ 或 $y_{(i)} = -1$。当使用线性分类器时,模型关于第 $i$ 个样本的输出为 $w^T s_{(i)} + b$,其中,$w$ 称为分类器的权重,$b$ 称为偏置,我们希望该输出值与样本的真实类别标签尽量一致,并使用二次函数度量二者之间的差别。具体地,将第 $i$ 个样本的误差记为

$$f_i(w,b) = (w^T s_{(i)} + b - y_{(i)})^2$$

对所有样本的误差求平均,可得经典的均方误差损失函数如下。

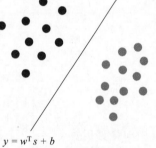

图 3-9 线性分类器

$$f(w,b) = \frac{1}{n} \sum_{i=1}^{n} f_i(w,b) = \frac{1}{n} \sum_{i=1}^{n} (w^T s_{(i)} + b - y_{(i)})^2 \tag{3.5}$$

下面,考虑使用不同的优化算法最小化上述损失函数,以寻找最优参数 $w$ 和 $b$。

### 3.4.1 梯度下降

当使用梯度下降法最小化式(3.5)中的误差函数时,在第 $k$ 次迭代,计算误差函数 $f(w,b)$ 关于 $w^k$ 和 $b^k$ 的导数:

$$\nabla_w f(w^k, b^k) = \frac{2}{n} \sum_{i=1}^{n} ((w^k)^T s_{(i)} + b^k - y_{(i)}) s_{(i)}$$

$$\nabla_b f(w^k, b^k) = \frac{2}{n} \sum_{i=1}^{n} ((w^k)^T s_{(i)} + b^k - y_{(i)})$$

选择合适的步长 $\eta$,例如 $\eta = 0.01$,并分别使用梯度 $\nabla_w f(w^k, b^k)$ 和 $\nabla_b f(w^k, b^k)$ 更新模型参数 $w$ 和 $b$:

$$w^{k+1} = w^k - \eta \nabla_w f(w^k, b^k)$$
$$b^{k+1} = b^k - \eta \nabla_b f(w^k, b^k)$$

重复上述迭代,直到算法满足收敛条件 $\|\nabla_w f(w^k, b^k)\| \leqslant \epsilon$ 和 $\|\nabla_b f(w^k, b^k)\| \leqslant \epsilon$,或迭代

次数超过预先设置的次数 $T$。

### 3.4.2 SSGD

使用 SGD 最小化公式(3.5)时,在第 $k$ 次迭代,SGD 随机选择若干样本,为了简化描述,本节考虑只选择一个样本的情况。记第 $k$ 次迭代随机选择的样本为 $i_k$,该样本对应的误差函数为

$$f_{i_k}(\bm{w},b) = (\bm{w}^{\mathrm{T}}\bm{s}_{(i_k)} + b - y_{(i_k)})^2$$

分别计算误差函数 $f_{i_k}(\bm{w},b)$ 关于 $\bm{w}$ 和 $b$ 的导数:

$$\bm{g}_{\bm{w}}^k = \bm{\nabla}_{\bm{w}} f_{i_k}(\bm{w}^k,b^k) = 2((\bm{w}^k)^{\mathrm{T}}\bm{s}_{(i_k)} + b^k - y_{(i_k)})\bm{s}_{(i_k)}$$

$$g_b^k = \bm{\nabla}_b f_{i_k}(\bm{w}^k,b^k) = 2((\bm{w}^k)^{\mathrm{T}}\bm{s}_{(i_k)} + b^k - y_{(i_k)})$$

选择合适的步长 $\eta^k$,并分别使用随机梯度 $\bm{g}_{\bm{w}}^k$ 和 $g_b^k$ 更新模型参数 $\bm{w}$ 和 $b$:

$$\bm{w}^{k+1} = \bm{w}^k - \eta^k \bm{g}_{\bm{w}}^k$$

$$b^{k+1} = b^k - \eta^k g_b^k$$

重复上述迭代,直到迭代次数超过预先设置的次数 $T$。SGD 与梯度下降法的区别在于,梯度下降法在计算梯度 $\bm{\nabla}_{\bm{w}} f(\bm{w}^k,b^k)$ 和 $\bm{\nabla}_b f(\bm{w}^k,b^k)$ 时需要遍历所有样本,而 SGD 只需要一个样本就够了,因此在这方面效率更高。

### 3.4.3 动量法

当使用动量法最小化公式(3.5)中的误差函数时,随机梯度 $\bm{g}_{\bm{w}}^k$ 和 $g_b^k$ 的计算与 SGD 相同,不同之处在于更新方向的计算,动量法对更新方向 $\bm{m}_{\bm{w}}^k$ 和 $m_b^k$ 的迭代计算如下。

$$\bm{m}_{\bm{w}}^k = \beta \bm{m}_{\bm{w}}^{k-1} + (1-\beta)\bm{g}_{\bm{w}}^k$$

$$m_b^k = \beta m_b^{k-1} + (1-\beta)g_b^k$$

然后使用 $\bm{m}_{\bm{w}}^k$ 和 $m_b^k$ 更新模型参数 $\bm{w}$ 和 $b$:

$$\bm{w}^{k+1} = \bm{w}^k - \eta^k \bm{m}_{\bm{w}}^k$$

$$b^{k+1} = b^k - \eta^k m_b^k$$

其中步长的选择与 SGD 相同。重复上述迭代,直到迭代次数超过预先设置的次数 $T$。

### 3.4.4 Adam

当使用 Adam 最小化公式(3.5)时,关于参数 $\bm{w}$ 的更新如下。

$$\bm{m}_{\bm{w}}^k = \beta_1 \bm{m}_{\bm{w}}^{k-1} + (1-\beta_1)\bm{g}_{\bm{w}}^k$$

$$\bm{v}_{\bm{w}}^k = \beta_2 \bm{v}_{\bm{w}}^{k-1} + (1-\beta_2)(\bm{g}_{\bm{w}}^k)^2$$

$$\bm{w}^{k+1} = \bm{w}^k - \eta^k \frac{\bm{m}_{\bm{w}}^k}{\sqrt{\bm{v}_{\bm{w}}^k} + \varepsilon}$$

关于参数 $b$ 的更新如下。

$$m_b^k = \beta_1 m_b^{k-1} + (1-\beta_1)g_b^k$$

$$v_b^k = \beta_2 v_b^{k-1} + (1-\beta_2)(g_b^k)^2$$

$$b^{k+1} = b^k - \eta^k \frac{m_b^k}{\sqrt{v_b^k} + \varepsilon}$$

重复上述迭代,直到迭代次数超过预先设置的次数 $T$。

### 3.4.5 PyTorch 实现

当前主流的机器学习或深度学习框架均实现了上述优化算法。例如在 PyTorch 中,如下 API 实现了对 SGD 和动量法的封装。

torch.optim.SGD (params, lr=0.001, momentum=0, dampening=0, weight_decay=0, nesterov=False, * , maximize=False, foreach=None, differentiable=False, fused=None)

如下 API 则实现了对 Adam 的封装。

torch.optim.Adam(params, lr=0.001, betas=(0.9, 0.999), eps=1e-08, weight_decay=0, amsgrad=False, * , foreach=None, maximize=False, capturable=False, differentiable=False, fused=None)

使用者可以直接调用 API 训练机器学习模型,而不需要自己编程实现每个算法。读者可阅读 PyTorch 官方文档,了解 API 中每个参数的意义,并掌握这些 API 的使用方法。

## 3.5 带约束优化算法

在很多人工智能模型中,需要对模型参数添加约束限制,例如机器学习中经典的支持向量机的核心思想是"在将样本点分类正确的前提下最大化分类间隔",其中"在将样本点分类正确的前提下"是约束限制,"最大化分类间隔"是优化目标。带约束优化问题可以抽象建模为

$$\min_{\boldsymbol{x}} f(\boldsymbol{x}) \quad \text{s.t.} \quad \boldsymbol{x} \in C$$

其中 s.t 表示约束条件,即要求 $\boldsymbol{x}$ 属于集合 $C$;$f(\boldsymbol{x})$ 称为目标函数。在该问题中,我们要求在模型参数必须属于集合 $C$ 的前提下最小化目标函数。更具体地,可以把约束写成方程的形式:

$$\min_{\boldsymbol{x}} f(\boldsymbol{x}) \quad \text{s.t.} \quad h(\boldsymbol{x}) = 0, \quad g(\boldsymbol{x}) \leqslant 0 \tag{3.6}$$

这里分别使用了等式约束和不等式约束。由于带约束优化问题的数学基础要求较高,本节仅作简要介绍,感兴趣的读者可以参考相关专业教材,例如文献[1]的第 7 章和第 8.6 节。

### 3.5.1 罚函数法

求解带约束优化问题的一个常用思路是将其转换成无约束优化问题。罚函数法通过惩罚约束不满足的方式将问题转换成更简单的无约束问题。例如,对于求解式(3.6)的最小化问题,可以将约束不满足时的惩罚项写为 $h(\boldsymbol{x})^2 + \max\{0, g(\boldsymbol{x})\}^2$,进而将求解式(3.6)的最小化问题转化为如下无约束优化问题。

$$\min_{\boldsymbol{x}} f(\boldsymbol{x}) + \frac{\beta}{2}(h(\boldsymbol{x})^2 + \max\{0, g(\boldsymbol{x})\}^2)$$

其中 $\beta$ 称为惩罚系数,用来平衡最小化目标函数和满足约束这两个方面的要求。

## 3.5.2 增广拉格朗日法

增广拉格朗日法是求解带约束优化问题的另一种常用方法,该方法通过拉格朗日函数将目标函数和约束项进行耦合,交替更新模型参数和拉格朗日乘子,直到算法收敛。在大多数应用中,增广拉格朗日法的收敛速度都要快于罚函数法。

## 3.5.3 交替方向乘子法

交替方向乘子法是增广拉格朗日法的变种,用于求解目标函数形如 $f(x)+r(y)$ 的优化问题。交替方向乘子法交替更新模型参数 $x$ 和 $y$ 以及拉格朗日乘子,直到算法收敛。当所求解问题具有上述特殊结构时,交替方向乘子法的收敛速度要快于增广拉格朗日法。

以上扼要介绍了 3 种常见的带约束优化算法,即罚函数法、增广拉格朗日法以及交替方向乘子法。实际上,近年来,研究人员还提出了多种各具特点的优化算法,感兴趣的读者可以参考优化方面的专门教材或参考书[1,6,9-13]。

## 3.6 习　　题

1. 参考相关资料学习 PyTorch、TensorFlow 等常用机器学习框架中实现的优化算法的 API,并使用这些优化算法训练机器学习模型。

2. 给定带正则项的优化问题:

$$\min_x \frac{1}{2}\|Ax-b\|^2+\frac{\beta}{2}\|x\|^2$$

使用本章介绍的梯度下降法和牛顿法求解该问题。

3. 查阅关于 SGD 的资料,简述随机性在训练大规模机器学习模型时能够带来哪些好处。

4. 查阅相关资料学习动量法的其他形式,简述为什么使用"动量"命名该方法。

5. 比较 SGD、动量法和 Adam,简述为什么 Adam 是训练深度神经网络的主流算法。

## 参 考 文 献

[1] 刘浩洋,户将,李勇锋,等. 最优化:建模、算法与理论[M]. 北京:高等教育出版社,2020.

[2] Robbins H, Monro S. A stochastic approximation method[J]. The Annals of Mathematical Statistics,1951,22(3):400-407.

[3] Polyak B T. Some methods of speeding up the convergence of iteration methods[J]. Ussr Computational Mathematics and Mathematical Physics,1964,4(5):1-17.

[4] Nesterov Y. A method for unconstrained convex minimization problem with the rate of convergence [J]. Doklady AN USSR,1983(269):543-547.

[5] Nesterov Y. On an approach to the construction of optimal methods of minimization of smooth convex functions[J]. Ekonomika i Mateaticheskie Metody,1988,24(3):509-517.

[6] Lin Z, Li H, Fang C. Accelerated optimization for machine learning: First-order algorithms[M]. Singapore: Springer Nature, 2020.

[7] Dai X, Zhu Y. On large batch training and sharp minima: A Fokker-Planck perspective[J]. Journal of Statistical Theory and Practice, 2020, 14(53): 1-31.

[8] Kingma D P, Ba J L. Adam: a method for stochastic optimization[C]. International Conference on Learning Representations (ICLR), 2015.

[9] Boyd S, Vandenberghe L. Convex optimization[M]. New York: Cambridge University Press, 2004.

[10] Lin Z C, Li H, Fang C. Alternating direction method of multipliers for machine learning[M]. Singapore: Springer, 2022.

[11] Beck A. First-order methods in optimization[M]. Philadelphia: Society for Industrial and Applied Mathematics, 2017.

[12] Bottou L, Curtis F E, Nocedal J. Optimization methods for large-scale machine learning[J]. SIAM Review, 2018, 60(2): 223-311.

[13] Lan G. First-order and stochastic optimization methods for machine learning[M]. Cham: Springer, 2020.

# 第 4 章 机器学习

## 4.1 机器学习概论

随着技术的不断发展,机器学习已经成为人工智能领域的重要组成部分。在这个领域中,机器学习被定义为一种自动化的方法,通过基于数据的统计学习算法来让机器自主地获得执行某类任务的能力。机器学习可以应用于很多领域,例如图像识别、语音识别、自然语言处理等。本章介绍机器学习方面的基础知识,以帮助读者了解这方面的发展情况。

### 4.1.1 机器学习的内涵

机器学习是指从有限的观测数据中学习出具有一般性的规律,并利用这些规律对未知数据进行预测的方法。作为人工智能的重要分支,机器学习逐渐成为推动人工智能发展的关键技术。

机器学习的目标是通过数据来训练模型,这些模型可以自动地进行分类、聚类、回归、预测等任务,而不需要进行明确的编程。机器学习的核心思想是通过大量的数据来训练模型。具体而言,就是将数据表示为一组特征,然后输入预测模型中,并输出结果,通过不断调整模型函数使得预测结果与数据的真实结果趋于一致。这些特征可以是连续的数值、离散的符号或其他形式。机器学习的任务就是让模型自动学习特征和规律,从而不断提升其性能,使之能够适应更广泛的场景和数据。总体而言,机器学习主要包括监督学习、无监督学习和强化学习等不同类型。

机器学习与人工智能、计算机技术、统计学等领域有着密切的关系。人工智能旨在将智能思维和行为引入计算机和机器中,让它们具备某些人类智能的能力,而机器学习则是人工智能方法体系的一个重要分支,通过数据驱动的策略来实现对某种任务的不断求精和改进。

在机器学习中需要处理和分析大量数据,这就需要以计算机技术作为支撑,其中包括算法设计和实现、大数据处理和存储、硬件设备等等,这些技术的突破使得机器学习得到了更好的应用和发展。机器学习使用高性能 GPU 和算法优化等技术手段,以更快地处理数据,并提高效率和准确性。同时,计算机技术的发展也促进了机器学习算法的不断完善。

机器学习和统计学之间也存在紧密的联系。统计学提供了从概率和统计分布的角度对数据进行分析的方法,这些方法能够对数据进行模型拟合和预测,而机器学习通过算法和模型来识别数据中的模式,并使用这些模式进行预测和决策。在这个过程中,机器学习需要利用一些统计理论和方法来对数据进行建模和分析,这些方法被广泛应用于监督学习、无监督学习、强化学习等各个方面。

综上所述,机器学习与人工智能、计算机技术和统计理论与方法等领域密切相关,它借助人工智能的理念,结合计算机技术和统计学等领域的优势,提供了一个重要的认知世界的手段。这些学科和技术的不断发展和完善也将进一步推动机器学习技术的发展和应用,从而为实现更加智能化的应用提供更为广阔的空间和更多的可能性。

### 4.1.2 机器学习的发展历程

机器学习的发展历程可以追溯到20世纪中期,中间经历了多个重要阶段和技术突破,整个发展过程可以划分为3个主要阶段。

**1. 早期萌芽阶段(20世纪40年代到60年代)**

机器学习的起源可以追溯到20世纪中期。如前所述,1943年,沃伦·麦卡洛克和沃尔特·皮兹提出了神经网络的基础模型[1],这一理论成果为后来的机器学习领域奠定了坚实的基础。

1950年,图灵提出了著名的"图灵测试"[2],不仅推动了人工智能方面的研究,也为机器学习的研究提供重要指导。1957年,弗兰克·罗森布拉特提出了感知机(perceptron)[3],这是首个实现自我学习的神经网络模型。它的出现标志着神经网络研究的正式开始,为这方面的研究和发展奠定了坚实的基础。

**2. 中期发展阶段(20世纪70年代到90年代)**

尽管神经网络的研究初期取得了一定的进展,但1969年马文·明斯基和西蒙·派珀特出版的感知机[4]一书指出,感知机无法解决某些复杂问题。这一观点导致神经网络研究进入低谷期,许多研究者对其前景产生了怀疑。

随着技术的不断进步,1986年提出的反向传播算法[5]极大地推动了多层神经网络的发展。如前所述,反向传播(BP)算法通过计算误差的梯度来更新神经网络的权重,从而实现了对多层神经网络的训练。1995年,研究人员提出了软间隔支持向量机(SVM)[6],它通过寻找一个最优的超平面来区分不同类别的数据,具有出色的分类性能。SVM的提出开启了它与神经网络的竞争,也随之成为了机器学习领域的重要方法之一,为机器学习的发展提供了新的思路。

**3. 深度学习阶段(21世纪初至今)**

如前所述,2006年,杰弗里·辛顿等人提出的深度学习的概念推动了深度神经网络的发展。他们通过增加神经网络的层数提高了模型的复杂度和表示能力,进而在图像识别、语音识别等领域取得了突破性进展。

2012年,深度卷积神经网络在ImageNet竞赛中取得了显著成绩,这一成果推动了深度学习的进一步普及和应用。深度卷积神经网络通过引入卷积层和池化层等结构提高了模型对图像特征的提取能力,从而在图像分类等任务中取得了优异成绩。

目前,机器学习正处于快速发展的阶段,研究成果广泛应用于自然语言处理、推荐系统、医疗诊断等领域。这些应用不仅提高了人类的生产效率和生活质量,还推动了相关领域的进一步发展。通过这些历程可以看出,机器学习不仅是技术的进步,更是理论与实践不断交融的结果。从早期的神经网络基础模型到如今的深度学习技术,机器学习领域经历了许多重要的阶段和技术突破。这些突破不仅推动了机器学习领域的发展,也为其他相关领域的研究提供了重要的借鉴和启示。

### 4.1.3 机器学习的基本流程

机器学习[7-9]的基本流程涉及几个关键步骤,这些步骤指导着如何开发能够从数据中进行学习的模型。以下对这些步骤进行概述。

**1. 数据收集**

第一步是收集相关数据,这些数据可以是数字、图像、文本或其他任何格式。数据的质量和数量至关重要,因为它们直接影响模型的性能。可靠的数据来源能够确保模型可高效学习。在数据收集阶段,需要明确数据的来源、类型和范围,这可能涉及从数据库、文件、网络爬虫或传感器等多种渠道获取数据。同时,还需要考虑数据的隐私性和安全性,确保在收集过程中不泄露敏感信息。

**2. 数据准备**

收集到数据后,需要进行清洗和预处理。这一步骤包括以下内容。

清洗:去除重复数据,处理缺失值,并转换数据类型。清洗数据是确保模型能够准确学习的重要步骤,"脏"数据可能导致模型产生偏差。

可视化:理解数据的结构和变量之间的关系。通过绘制图表、散点图等可视化工具,可以更好地了解数据的分布和特征。

分割:将数据集分为训练集和测试集。训练集用于训练模型,而测试集则用于评估模型的性能。这一步骤对于确保模型的泛化能力至关重要。

**3. 选择模型**

准备好数据后,下一步是根据具体任务选择合适的机器学习模型。不同的模型适用于不同的应用场景和数据类型。回归模型适用于数值预测,如预测股票价格、房价等;分类模型用于分类任务,如将邮件分为垃圾邮件和正常邮件、将图像分为不同类别等;聚类模型用于发现数据中的自然分组,如客户细分、市场细分等。选择模型时,需要综合考虑模型的复杂度、训练时间、预测性能等因素。

**4. 训练模型**

训练是将准备好的数据输入到所选模型中,以便模型能够学习数据中的模式和进行预测。在这个步骤中,模型会根据处理的数据迭代调整其参数,以最小化预测误差。在训练过程中,需要设置合适的训练参数,如学习率、迭代次数等。同时,还需要监控模型的训练过程,确保模型没有出现过拟合或欠拟合等问题。

**5. 测试评估模型**

训练完成后,需要使用测试集对模型进行评估,以评估其准确性和性能。常用的评估指标包括准确率、精确度、召回率等。评估模型时,需要比较不同模型的性能,从中选择出最优的模型。同时,还需要分析模型的错误类型和原因,以便进一步改进模型。

**6. 做出预测**

最后,经过训练和验证的模型可以应用到新的数据上进行预测。在预测过程中,需要确保输入数据的格式和类型与训练数据一致。同时,还需要监控模型的预测性能,以便及时发现和解决问题。

通过遵循以上这些步骤,可以开发出有效的机器学习模型,并将其应用于图像识别、预测分析等领域,实现预期功能。

## 4.2 机器学习方法分类

机器学习方法按照学习方式可分为监督学习、无监督学习和强化学习;下面对这几类机器学习方法进行介绍。

### 4.2.1 监督学习

监督学习[10]是机器学习的一个重要分支,它通过使用已经标注的数据来训练模型,然后利用训练好的模型实现对新数据的预测或分类。在监督学习中,训练数据由一组输入特征和一个目标变量组成。特征是描述样本的属性或观测值的变量,目标变量则是我们希望模型学习到的输出结果。监督学习的目标是根据输入特征预测目标变量值,或者将输入数据分为不同的类别。

监督学习的过程如图 4-1 所示。在训练阶段,模型通过使用已知的训练数据集 $D = \{(x_1,y_1),(x_2,y_2),\cdots,(x_n,y_n)\}$ 来学习输入特征和目标变量之间的关系,其中 $x_i$ 是输入样本,$y_i$ 是相应的标签。再定义一个损失函数 $L$,采用梯度下降等优化算法来优化模型参数 $\theta$,得到最终模型 $f(x;\theta^*)$,进而以其预测新的数据。在模型测试阶段,使用测试数据集来评估模型的准确度等性能。

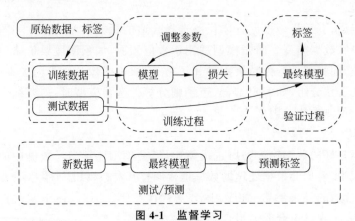

图 4-1 监督学习

监督学习中的常见算法包括回归[11]和分类[12]。其中,回归是指利用模型预测一个连续的目标变量,如股票价格或气温等。回归模型可以是线性的,如线性回归,也可以是非线性的,如决策树回归等。分类则是将输入数据分为不同的类别,如垃圾邮件分类任务是将邮件分为"垃圾邮件"和"非垃圾邮件"两类。常见的分类算法包括决策树分类、支持向量机、逻辑回归等。

在实践中,需要根据具体问题和数据特征选择合适的监督学习算法,并通过优化模型参数和使用集成学习等技术手段来提高模型的性能和泛化能力。选择算法时,需要考虑模型的复杂度、训练速度、预测准确度等因素,以及数据的分布情况和特征选择等问题。在模型的训练过程中,需要选择合适的损失函数和优化算法来最小化损失函数,从而获得最佳的模型参数。在测试阶段,可以使用各种指标来评估模型的性能,如准确率、召回率、F1 值等。

应注意到,监督学习通常需要大量的人工标注数据,这会带来较高的人工和时间代价。而且当训练数据中存在噪声或不准确的标记时,模型的预测结果也会受到影响。此外,监督学习还面临着过拟合和欠拟合等问题,需要通过一系列技术手段来解决。

### 4.2.2 无监督学习

无监督学习[13]是指在没有标记数据的情况下,从数据中发现模式和结构的机器学习方法。与监督学习不同,无监督学习没有明确的目标变量或标签,也不需要人为干预或指导。无监督学习的具体过程如图 4-2 所示,首先对大量的无标注数据进行清洗、预处理等,再根据数据自身的特点设计训练方法或代理任务,最后构建模型并进行训练,即通过损失函数等对模型中的参数进行优化。

在无监督学习中,数据通常没有明确的类别或分组信息。这样的数据中可能包含了许多未知的、却是有意义的结构和关系。无监督学习的目标就是在这样的数据中自动地发现这些结构和关系,并提供对数据的见解和洞见。

最常见的一种无监督学习方法是聚类,它是将相似的数据点划分到同一个簇中的过程。聚类算法可以从数据中发现隐藏的结构和模式,并将数据点划分到不同的"簇",使得同一个簇中的数据点尽可能相似,而不同簇之间的数据点具有明显差别。常见的聚类算法包括 $K$ 均值($K$-means)、层次聚类、密度聚类等。另一类常见的无监督学习方法是降维。降维是指将高维数据映射到低维空间,并尽可能保留原始数据的结构和信息的过程。在机器学习中,数据通常具有很高的维度,但是有些维度可能是无关的、冗余的或带噪声的。降维可以通过去除这些无用的信息,提高数据的处理效率和模型的性能。常见的降维方法包括主成分分析[14]等。还有一类无监督学习方法是密度估计。密度估计是指从数据样本中学习数据的分布情况,并在新的数据样本上进行概率预测的过程。这类方法通常用于异常检测、数据生成等领域。

图 4-2　无监督学习

无监督学习可以从无标注数据中获取信息,由于无须人为标注数据,使其具有一定的便利性,但通常需要在大量数据上进行训练才能获得准确的结果。因此,在实际应用中,无监督学习方法通常需要占用大量的计算资源和时间,才能处理大规模的数据集。此外,由于无监督学习任务的数据没有明确的目标变量或标签,其模型性能评估也相对更为困难,通常需要结合领域知识和人工分析来进行评估。

如今，多个无监督学习方法已成为机器学习各领域的基石。在自然语言处理领域，无监督学习可以用于词嵌入的学习，通过将文本数据映射到低维空间，使得词汇之间的关系得到更好的表示。在计算机视觉领域，无监督学习可以用于图像处理和物体识别，如基于聚类的图像分割、基于降维的图像特征提取等。在生物信息学领域，无监督学习可以用于基因表达数据的分析，如聚类分析、降维分析等。

### 4.2.3 强化学习

强化学习[15]旨在使智能体在动态环境中通过与环境的交互来学习最优策略，它是一种基于马尔可夫决策过程（Markov decision process，MDP）的学习框架。本书第 6 章将对强化学习进行具体介绍，本节仅作简要描述。

强化学习的基本思想如图 4-3 所示，它涉及一个智能体和环境之间不断交互并学习的过程。在这个过程中，智能体会尝试在环境中执行一系列动作，接收来自环境的奖励和反馈，并通过这些反馈不断改善其决策过程，以最大化累积奖励。在强化学习中，智能体不知道正确答案，而是需要通过反复试错和自我学习来找到最优策略。

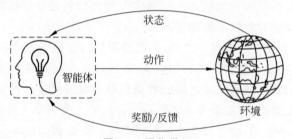

图 4-3 强化学习

强化学习不仅在理论上具有重要意义，还在实践中得到了广泛应用，具体包括机器人控制、自动驾驶、智能游戏等。例如，AlphaGo[16]是谷歌 DeepMind 公司开发的围棋 AI，它通过深度强化学习训练而成，2017 年成功击败了世界排名第一的柯洁；之后出现的 AlphaZero[17]则不需要任何人类专家指导，可以通过自我对弈进行学习，并最终轻松击败人类高手。强化学习在机器人控制中也有广泛应用，例如通过强化学习来学习机器人走路、开车等行为[18]。在自动驾驶领域，通过强化学习可以获得最佳行驶策略来提高车辆的安全性等关键性能。

在取得显著进展的同时，强化学习也面临着高维状态空间、动态环境、稀疏奖励等带来的诸多挑战。针对这些问题，研究人员提出了多种强化学习算法，这些方法不仅能够提高强化学习算法的性能，还可以进一步扩展其应用范围。

## 4.3 机器学习的常用算法

### 4.3.1 分类任务

**1. 定义**

分类任务属于有监督的学习任务，其核心目标是通过训练数据集来构建一个映射函数

$f(x)$，该函数能够将输入的特征向量 $x$ 映射到一个离散的目标变量 $y$ 上。在这个过程中，训练数据集提供了一系列的输入输出对 $(x_i, y_i)$，其中 $x_i$ 表示第 $i$ 个样本的特征向量，而离散值 $y_i$ 则是对应的类别标签。分类模型通常就表示为 $f(x)$，旨在学习这些输入—输出对之间的映射关系，以便能够对新的、未见过的数据进行准确的类别预测。

**2. 典型的分类算法**

（1）感知机模型：作为人工神经网络的一个基本形式，感知机模型的设计理念受到生物学中神经元结构的启发。在这一模型中，输入空间被定义为 $x \in R^n$，其中 $x$ 表示一个实例的特征向量，每一个特征向量对应于输入空间中的一个点。输出空间则被限制为 $Y = \{+1, -1\}$，其中输出值 $y \in Y$ 代表实例的类别标签。

感知机模型通过一个数学函数 $f(x) = \text{sign}(w \cdot x + b)$ 来实现从输入空间到输出空间的映射。这里，$w$ 是一个权值向量，其维度与输入特征向量 $x$ 相同，而 $b$ 是偏置项，它们共同构成了感知机模型的参数。函数 $\text{sign}(\cdot)$ 是符号函数：

$$\text{sign}(x) = \begin{cases} +1, & x \geqslant 0 \\ -1, & x < 0 \end{cases} \tag{4.1}$$

它根据输入的正负值返回类别标签：若输入为正或 0，则输出 $+1$；若为负，则输出 $-1$。

感知机模型的训练过程旨在通过迭代优化权值向量 $w$ 和偏置项 $b$，以最小化分类错误率的目标。这个过程可以通过梯度下降或其他优化算法来实现，其具体目标是找到最优参数，使得感知机模型在训练数据集上具有最高的准确率。感知机模型简单有效，它在二分类问题中得到了广泛应用，并为后续发展更复杂的神经网络模型奠定了基础。

（2）$K$ 近邻算法（$K$-nearest neighbor, KNN）：该算法的核心思想是通过计算待分类样本点与训练集中各样本点之间的距离来确定待分类样本点的类别标签。该算法是一种基于实例的懒惰型学习策略，它在预测阶段才进行计算，而不需要事先对训练数据进行学习或训练。

KNN 算法的执行流程可以详细描述如下。

① 数据加载：首先，将训练数据集加载到内存中，这些数据将直接用于分类过程，而不需要进行任何形式的模型训练。

② 参数设定：设定 $K$ 值，即确定在进行类别预测时将考虑的最近邻居的数量。

③ 类别预测：对于每一个待分类的测试样本，算法将遍历训练集中的每一个样本。

④ 距离计算：计算测试样本与训练集中每个样本之间的距离。这一步骤通常采用欧氏距离、曼哈顿距离或其他适当的距离度量方法。

⑤ 邻居选择：根据计算得到的距离，将训练样本按照距离的升序进行排序，并选择距离最近的 $K$ 个样本作为候选的最近邻居。

⑥ 类别决策：在确定的 $K$ 个最近邻居中统计各个类别的出现频率。最终，选择出现频率最高的类别作为测试样本的预测类别。

KNN 算法的关键在于如何选择一个合适的 $K$ 值，这通常需要通过交叉验证等方法来确定。$K$ 值的选择直接影响模型的性能，较小的 $K$ 值可能会使模型对噪声数据过于敏感，而较大的 $K$ 值则可能导致模型的泛化能力下降。因其简单有效，KNN 算法已在图像识别、推荐系统和生物信息学等诸多领域得到了广泛应用。

(3) 贝叶斯分类器：贝叶斯分类器是一种基于贝叶斯定理的统计分类方法，它旨在最小化分类错误概率或在给定代价的条件下最小化平均风险。该分类器的设计方法遵循最基本的统计决策理论，即条件概率和贝叶斯定理。具体而言，它首先考虑对象的先验概率，即在没有任何额外信息的情况下对象属于某个类别的概率。然后，利用贝叶斯定理计算对象在给定观测数据条件下的后验概率，即对象属于某个类别的条件概率。这一过程的数学表示为

$$P(y_k \mid \boldsymbol{x}) = \frac{P(\boldsymbol{x} \mid y_k)P(y_k)}{P(\boldsymbol{x})} \tag{4.2}$$

其中，$P(y_k|\boldsymbol{x})$ 是给定观测数据 $\boldsymbol{x}$ 时，对象属于类别 $y_k$ 的后验概率；$P(\boldsymbol{x}|y_k)$ 是在类别 $y_k$ 下观测到数据 $\boldsymbol{x}$ 的可能性，也称为似然度；$P(y_k)$ 是类别 $y_k$ 的先验概率；$P(\boldsymbol{x})$ 是观测数据 $\boldsymbol{x}$ 的概率，它可以通过所有类别的似然度和先验概率的乘积之和来计算。

在贝叶斯分类器中，对于每个待分类的对象，算法计算出其属于每个可能类别的后验概率，然后选择具有最大后验概率的类别作为对象的预测类别。这种方法称为贝叶斯最优分类，因为它在贝叶斯框架下提供了最小化错误分类概率的决策规则。在实际应用中，为了降低计算复杂度，可引入观测数据的特征独立性假设，将似然度 $P(\boldsymbol{x}|y_k)$ 进一步分解为观测数据 $\boldsymbol{x}$ 的特征条件概率的乘积 $\prod_{i=1}^{m} P(x_i \mid y_k)$，其中 $x_i(i=1,2,\cdots,m)$ 是观测数据 $\boldsymbol{x}$ 的特征，这种方法称为朴素贝叶斯分类器。

(4) 决策树：决策树通过从数据集中归纳出决策规则，并以树状图的形式直观地表示这些规则，以解决分类问题。决策树模型是一种树形结构，用于描述如何根据实例的特征对实例进行分类。

决策树由节点和有向边构成。节点分为两种类型：内部节点和叶节点。内部节点代表一个特征或属性的测试，而叶节点则代表一个类别标签。在分类过程中，从根节点开始，对实例的某一特征进行测试，根据测试结果将实例分配到其子节点。每个子节点对应于该特征的一个可能取值。这个过程递归进行，直到达到叶节点，此时实例被分配到叶节点所代表的类别。由于决策树的这种分支结构类似于树的枝干，因此而得名。在机器学习领域，决策树作为一种预测模型，它建立了对象的特征与对象的类别标签之间的映射关系。

决策树模型的结构直观，易于解释，用户无须深厚的背景知识即可理解模型的预测逻辑。给定一个决策树模型，可以从中较为容易地推导出对应的逻辑表达式，这有助于进一步理解模型的决策逻辑。

(5) 逻辑回归：该算法是一种经典的统计学习方法，主要用于二分类问题，但也可以扩展到多类分类问题。其核心思想是使用逻辑函数（sigmoid 函数）将线性回归模型的输出映射到 0 和 1 之间，从而表示类别的概率。

在二分类问题中，逻辑回归的目标是找到一个线性组合模型，能够预测给定输入特征 $\boldsymbol{X}$ 下，样本属于类别 1 的概率。这个概率由 sigmoid 函数给出：

$$P(Y=1 \mid \boldsymbol{X}) = \frac{1}{1+e^{-\boldsymbol{w}^{\mathrm{T}}\boldsymbol{X}}} \tag{4.3}$$

其中，$\boldsymbol{w}$ 是模型参数向量，$\boldsymbol{w}^{\mathrm{T}}\boldsymbol{X}$ 是特征向量和参数向量的点积。模型的训练过程是通过最大

化对数似然函数来实现的,这通常通过梯度下降法完成。

逻辑回归也可以扩展到多类分类问题,主要有两种策略:"一对多"和"一对一"。"一对多"策略为每个类别训练一个逻辑回归模型,将该类别视为正类,其余所有类别视为负类。对于新的实例,所有模型都会进行预测,选择概率最高的类别作为最终预测类别。"一对一"为每对类别训练一个逻辑回归模型,每个模型只关注两个类别。对于新的实例,所有相关模型都会进行预测,通过投票机制确定最终的类别。

逻辑回归模型易于理解和实现,输出为概率预测值,便于解释。此外,它的计算效率高,训练和预测过程相对较快,适合应用于大规模数据集。

(6) 支持向量机 SVM:SVM 算法的核心学习策略是间隔最大化,即通过最大化样本与决策边界之间的间隔来提高模型的泛化能力。

SVM 的学习算法是基于最优化理论,特别是凸二次规划的求解。与感知机等其他线性分类器不同,SVM 通过间隔最大化来提升模型性能。SVM 在处理复杂的非线性问题时提供了一种更为清晰和强大的逻辑方法。

在线性可分的情况下,SVM 的学习策略可以形式化为以下最优化问题:

$$\min_{w,b} \frac{1}{2} |w|^2 \quad \text{s.t.} y_i(w^T x_i + b) \geq 1, \forall i \tag{4.4}$$

其中,$w$ 是超平面的法向量,$b$ 是偏置项,$x_i$ 是第 $i$ 个样本的特征向量,$y_i$ 是对应的类别标签。该优化问题的目标是最小化 $w$ 的欧几里得范数的平方,这等价于最大化两个类别之间的间隔。约束条件确保所有训练样本能正确分类,并且位于间隔的边界之内或之外。

SVM 在处理复杂的非线性问题时提供了一种核技巧,通过核函数的非线性映射将输入数据投影到高维空间。通过这种方式,SVM 能够在高维特征空间中寻找最优的分类超平面,从而提高模型对复杂数据结构的识别能力。对于这方面的具体情况,感兴趣的读者可以阅读支持向量机方面的专门书籍。

**3. 分类算法的评价方式**

分类算法的评估方法主要用来判断一个分类算法的优劣,而这个评估又包含不同层面的多项指标,在实际应用中选择正确的评估方法和合适的评价指标非常关键。

正确率是最常见的评价指标,它是指分类正确的样本数在所有样本数中的占比。通常来说,正确率越高,分类器越好。

其他的评价指标包括精度、召回率以及 F1 分值等,本书不作详细介绍。

### 4.3.2 回归分析

**1. 定义**

回归分析是确定两种或两种以上变量间定量关系的一种统计分析方法。在大数据分析中,它是一种预测性的建模技术。它研究的是因变量 $y$ 和影响它的多个自变量 $x$ 之间的回归模型,从而预测因变量 $y$ 的发展趋势。当有多个自变量时,可以研究每个自变量对因变量 $y$ 的影响强度。

**2. 常见的回归分析方法**

(1) 线性回归是一种回归分析方法,它假设因变量 $y$ 与自变量 $x$ 之间存在线性关系。

线性回归模型可以根据自变量的数量和因变量的数量进一步细分为不同的类型。

单变量线性回归模型涉及一个自变量和一个因变量,可以表示为

$$y = a_1 x_1 + b \tag{4.5}$$

其中,$a_1$ 是自变量 $x_1$ 的系数,$b$ 是截距项。

多变量线性回归模型涉及多个自变量和一个因变量,可以表示为

$$y = a_1 x_1 + a_2 x_2 + \cdots + a_n x_n + b \tag{4.6}$$

其中,$a_i$ 是第 $i$ 个自变量 $x_i$ 的系数,$b$ 是截距项。

线性回归模型仅捕捉变量之间的线性关系,因此适用于对线性可分的数据建模。模型通过系数 $a_i$ 的权重来衡量每个特征变量的重要性。线性回归模型的参数估计通常使用最小二乘法,该方法通过最小化观测值与模型预测值之间的误差平方和来实现。可采用梯度下降优化算法确定系数 $a_i$ 和截距项 $b$ 的最优值。

线性回归在经济学、生物学、工程学和社会科学等多个领域都有广泛的应用。它可以帮助研究者和决策者理解变量之间的关系,并进行预测。例如,在金融领域,线性回归可以用来预测股票价格或信用风险;在医疗领域,它可以用于疾病发展的预测和治疗响应的评估。

(2) 多项式回归:线性回归主要适合于线性可分的数据。对于非线性可分数据,可以使用多项式回归。在这种回归中,是要找到一条曲线来拟合数据点。一元多项式回归可以表示成下面的公式:

$$y = a_1 x + a_2 x^2 + \cdots + a_n x^n + b \tag{4.7}$$

多项式回归能够拟合非线性可分的数据,它提供了一种灵活的方法来处理变量之间的复杂关系。因为任何连续函数都可以用多项式以任意精度在闭区间上逼近,使得多项式回归在实际问题中具有广泛的适用性。通过选择自变量的不同指数,多项式回归允许对模型的复杂度进行精确控制。如果多项式的阶数选择过高,模型可能会过度拟合数据,导致泛化能力下降。因此,需要根据先验知识和模型选择准则来确定最佳的多项式阶数。

### 4.3.3 聚类任务

**1. 定义**

聚类分析是一种无监督学习方法,旨在将一组未标记的数据集划分为多个类别或簇,以揭示数据内在的结构。该过程基于数据点之间的相似性度量,旨在实现簇内数据点的高相似度和簇间数据点的低相似度。

在聚类分析中,给定一个包含 $N$ 个数据对象的数据集,目标是构建 $K$ 个簇,其中 $K \leqslant N$,并满足以下条件:

(1) 非空簇条件:每个簇至少包含一个数据对象,确保簇的可行性。

(2) 互斥性条件:每个数据对象仅属于一个簇,保证簇之间的划分是明确的。

(3) 划分的有效性:满足上述两个条件的 $K$ 个簇构成了数据集的一个有效划分。

聚类分析的主要目标是最大化簇内的相似度,同时最小化簇间的相似度,这通常通过优化一个或多个相似性度量来实现,例如欧氏距离、曼哈顿距离或余弦相似度等。

聚类的有效性通常通过内部一致性指标来评估,旨在量化簇内相似度和簇间不相似度之间的平衡。

对于聚类算法而言,簇间距离是一个非常重要的概念,常见的计算方法包括最短距离法、最远距离法、中间距离法、重心法、类平均法。以下给出它们的简要定义。

(1) 最短距离法:两个簇之间的距离等于两个簇中最近两个点之间的距离。

(2) 最远距离法:两个簇之间的距离等于两个簇中最远两个点之间的距离。

(3) 中间距离法:两个簇之间的距离等于两个簇中所有点两两距离的中值。

(4) 重心法:两个簇之间的距离等于两个簇的重心之间的距离。

(5) 类平均法:两个簇之间的距离等于两个簇中所有点两两距离的平均值。

在实际应用中,聚类算法会综合考虑待求解问题的要求和数据集特点,选择合适的簇间距离计算方法。

聚类分析作为一种无监督学习技术,不依赖于预先标记的数据,因此它在探索性数据分析中扮演着重要角色,可以帮助研究者和实践者发现数据中的潜在结构,它有助于识别数据中的自然分组,从而为后续的分析和决策提供支持。目前,聚类分析已在市场细分、社交网络分析、图像分割、基因表达分析等多个领域都有广泛的应用。

**2. 典型的聚类算法**

(1) 层次聚类算法:该算法是一种常用的聚类分析方法,它不需要预先指定簇的数量,而是生成一个由层次结构组成的聚类树(称为树状图)。层次聚类算法主要分为两种策略:自底向上的聚合(bottom-up)和自顶向下的分裂(top-down)。

自底向上的聚合算法主要包括以下步骤。

① 初始化:每个数据点被视为一个单独的簇。

② 合并:在每一步中,计算所有簇之间的距离,寻找最近的两个簇,并将它们合并成一个新的簇。

③ 重复:重复合并过程。

④ 终止:通常,当所有数据点都合并成一个包含所有数据点的簇,或达到预设的簇的数量时停止。

自底向上的聚合方法通常使用簇间距离度量来决定哪些簇应该合并。

自顶向下的分裂通常包括以下步骤。

① 初始化:所有数据点开始时都在唯一的一个簇中。

② 分裂:在每一步中,算法根据某种标准(例如基于距离的标准、基于密度的标准等)选择一个内部紧密程度最低的簇,并将其分裂成两个子簇。

③ 重复:重复分裂过程。

④ 终止:通常,当所有簇都不能再被分裂,或达到预设的簇的数量时停止。

层次聚类无须预先指定簇的数量,因此非常适用于探索性数据分析中。通过剪切树状图的不同高度可以得到不同数量的簇,因此它也具有很好的灵活性。

(2) $K$-means 算法:$K$-means 算法是一种聚类分析技术,其目标是将数据库中的 $n$ 个数据对象划分为 $k$ 个簇,其中 $k$ 是预先指定的聚类数量。该算法旨在最小化簇内的方差,即在同一簇内的数据对象之间的相似度较高,而在不同簇之间的数据对象相似度较低。聚类的相似度是通过计算簇中对象的均值,即"质心"来评估的。

$K$-means 算法的执行过程遵循以下步骤。

① 初始化：从 $n$ 个数据对象中随机选择 $k$ 个对象作为初始质心。

② 分配：对于每个数据对象，计算其与所有质心的距离，并将其分配给最近的质心，形成 $k$ 个簇。

③ 更新：对于每个簇，计算簇内所有点的均值，并将其作为这个簇的新质心。

④ 迭代：重复步骤②和步骤③，直到满足终止条件。终止条件可以是质心的变化小于某个阈值，或者在连续几次迭代中簇的分配不再发生变化，或者达到预定的迭代次数。

⑤ 收敛：当算法达到收敛状态，即质心的位置稳定，或者在经过一定次数的迭代后没有数据点改变其所属的簇时，算法终止。

K-means 算法的关键在于如何选择初始质心以及如何计算数据点与质心之间的距离。常用的距离度量包括欧氏距离和曼哈顿距离。K-means 算法简单、高效，适用于处理大型数据集，但它要求用户预先指定聚类的数量 $k$，且对初始质心的选择和异常值很敏感。

### 4.3.4 降维算法

**1. 定义**

无监督的降维方法在机器学习领域中扮演着重要角色，在面对高维数据集时，降维方法极其关键。降维的重点在于，降低数据维度的同时，要尽可能保留数据的重要信息和结构。在高维数据集中，常常会出现样本稀疏、距离计算困难等问题，这些问题统称为"维度灾难"。此外，高维特征空间中的特征往往存在线性相关，导致部分特征冗余。对于以上这些问题，都可以通过降维算法有效缓解。

**2. 典型的降维算法**

(1) 主成分分析法(PCA)：PCA 是一种广泛使用的线性降维技术，其目标是将数据通过线性投影映射到低维空间，使得投影后的数据在所选维度上的方差最大化。这种方法旨在使用较少的维度来表示原始数据，同时保留数据的主要特征。从信息保留的角度来看，PCA 是一种损失最小的线性降维方法，原因在于它最大化了投影数据的方差，从而保留了尽可能多的数据信息。然而，PCA 并不考虑数据的类别标签，因此降维后的数据点可能会混杂在一起，导致分类效果不佳。

(2) 奇异值分解(singular value decomposition，SVD)：SVD 是一种矩阵分解技术，它可将任意矩阵分解为 3 个特定的矩阵。尽管 SVD 与基于特征向量分解的谱分析有关联，但 SVD 是谱分析理论在任意矩阵上的推广。SVD 在信号处理、图像分析和机器学习等许多领域都有应用。在降维背景下，SVD 可以用于提取数据的主要特征，从而降低数据的维度。

(3) 局部线性嵌入(LLE)：LLE 是一种无监督的非线性降维技术，其目的在于在降维的同时，在低维空间中仍保持数据的局部邻域结构。LLE 的核心思想是假设每个数据点都可以由其邻居的线性组合来近似表示，算法在降维过程中保持这种局部线性关系，这对于揭示数据的内在几何结构非常有帮助。与 PCA 等线性降维方法不同，LLE 可以捕捉数据的非线性结构。此外，LLE 不要求事先指定全局结构，而是专注于保持局部结构，这也使其适用于各种复杂的数据分布。

## 4.4 机器学习的应用

机器学习是当今十分流行的技术,其应用场景每天都在快速增加。以下是机器学习最常见的应用,具体包括图像识别、语音识别、产品推荐、垃圾邮件和恶意软件过滤等多个方面。

**1. 产品推荐**

亚马逊、淘宝等各种电子商务和娱乐公司广泛应用机器学习算法向用户推荐个性化的产品。它们通过各种机器学习算法了解用户的兴趣,并根据客户的兴趣推荐类似的其他产品。例如,当使用各类浏览器平台时,系统有时会推荐和自己兴趣比较吻合的电影等娱乐产品,这实际也是在机器学习的帮助下完成的。

**2. 垃圾邮件过滤**

每当我们收到一封新电子邮件时,它都会被自动分类为正常邮件或垃圾邮件,这背后的技术正是机器学习。一些机器学习算法,例如多层感知机、决策树和朴素贝叶斯分类器,可用于垃圾邮件过滤。

**3. 股市交易**

机器学习广泛用于股票市场交易。在股票市场中,股票的涨跌风险总是存在的,可以使用机器学习的长短期记忆神经网络来预测股票市场的趋势[19]。

**4. 其他方面**

除了以上领域之外,机器学习还广泛应用于其他领域。例如,在医学科学中,机器学习可以用于疾病诊断;在电子商务方面,机器学习可以通过检测欺诈交易使在线交易安全可靠;在自动驾驶领域,可以采用有监督或无监督学习方法训练模型,并使该模型能够在汽车行驶时准确检测人和物体。

## 4.5 习 题

1. 思考和简述机器学习与人工智能的关系。
2. 假设有一个数据集,其中包含申请人的个人信息,如年龄、收入、婚姻状况等,以及他们是否按时还款的标签。请阐述如何基于机器学习算法来预测新申请人的信贷违约风险,并调研和思考哪些机器学习算法适合解决这个问题。
3. 假设一家大型社交媒体公司有大量的用户数据,包括用户之间的互动、个人资料和兴趣爱好等,以及他们与广告商之间的交互情况,如广告点击率等。在这种情况下,思考哪些机器学习算法适合分析用户之间以及用户与广告之间的关系,为什么?
4. 思考并简述为什么 $K$ 近邻算法是一种"懒惰学习"方法。
5. 简述 $K$-means 算法的主要步骤。
6. 简述特征降维的主要方法。

# 参 考 文 献

[1] McCulloch W S, Pitts W. A logical calculus of the ideas immanent in nervous activity[J]. The Bulletin of Mathematical Biophysics, 1943(5): 115-133.

[2] Turing A M. Computing machinery and intelligence[J]. Mind, 1950, 59(236): 433-460.

[3] Rosenblatt F. The perceptron, a perceiving and recognizing automaton Project Para[M]. New York: Cornell Aeronautical Laboratory, 1957.

[4] Minsky M L, Papert S A. Perceptrons[M]. Cambridge, MA: MIT Press, 1969.

[5] Rumelhart D E, Hinton G E, Williams R J. Learning representations by back-propagating errors[J]. Nature, 1986, 323(6088): 533-536.

[6] Cortes C, Vapnik V. Support vector machine[J]. Machine learning, 1995, 20(3): 273-297.

[7] Alpaydin E. Introduction to machine learning[M]. 2nd ed. Cambridge, MA: MIT Press, 2010.

[8] Bishop C M, Nasrabadi N M. Pattern recognition and machine learning[M]. New York: Springer, 2006.

[9] Goodfellow I, Bengio Y, Courville A. Deep learning[M]. Cambridge, MA: MIT Press, 2016.

[10] Marsland S. Machine learning: an algorithmic perspective[M]. New York: Chapman and Hall/CRC, 2014.

[11] Montgomery D C, Peck E A, Vining G G. Introduction to linear regression analysis[M]. New Jersey: John Wiley & Sons, 2021.

[12] Kotsiantis S B, Zaharakis I, Pintelas P. Supervised machine learning: A review of classification techniques[J]. Emerging Artificial Intelligence Applications in Computer Engineering, 2007, 160(1): 3-24.

[13] Hinton, G E, Salakhutdinov R R. Unsupervised Learning: A Survey of Approaches and Recent Advances[J]. Proceedings of the IEEE, 2016, 104(1): 96-128.

[14] Abdi H, Williams L J. Principal component analysis[J]. Wiley Interdisciplinary Reviews: Computational Statistics, 2010, 2(4): 433-459.

[15] Sutton R S, Barto A G. Reinforcement learning: An introduction[M]. Cambridge, MA: MIT press, 2018.

[16] Silver D, Huang A, Maddison C J, et al. Mastering the game of Go with deep neural networks and tree search[J]. Nature, 2016, 529(7587): 484-489.

[17] Silver D, Schrittwieser J, Simonyan K, et al. Mastering the game of go without human knowledge[J]. Nature, 2017, 550(7676): 354-359.

[18] Peng X B, Abbeel P, Levine S, et al. Deepmimic: Example-guided deep reinforcement learning of physics-based character skills[J]. ACM Transactions On Graphics (TOG), 2018, 37(4): 1-14.

[19] Schmidhuber J, Hochreiter S. Long short-term memory[J]. Neural Computation, 1997, 9(8): 1735-1780.

# 第 5 章 深度学习

## 5.1 深度学习概论

深度学习是机器学习的一个分支,它通过构建多层神经网络模型[1-2]来模拟人脑的学习过程。这些神经网络由大量的神经元(或称节点)相互连接而成,能够自动地从输入数据中提取特征,并进行高效的信息处理。与传统机器学习算法相比,深度学习模型具有更强的表达能力和泛化能力,能够处理更加复杂和抽象的任务。

在深度学习中,数据通过逐层神经元进行传递和变换,每一层都会对输入数据进行一定的处理,从而提取出更高层次的特征。这种层次化的特征提取方式使得深度学习模型能够自动地学习数据的内在规律和模式,而无须以人工方式进行特征工程。深度学习模型的核心是其层次结构。一个基本的深度学习模型由输入层、隐藏层和输出层组成,其中,输入层接收原始数据,隐藏层负责提取特征和学习数据的抽象表示,而输出层则根据这些特征做出预测或分类。随着技术的发展,深度学习模型的层数越来越多,形成了所谓的"深度"网络,从而使模型能够捕捉更加细微和复杂的数据模式。

深度学习同样可分为监督与非监督学习,其中监督学习包括深度前馈网络、卷积神经网络、循环神经网络等;无监督学习包括深度信念网络、深度玻尔兹曼机、深度自编码器等[3]。

深度学习的应用领域非常广泛,从图像识别、语音识别到自然语言处理、自动驾驶等,深度学习都在发挥着重要作用。例如,在图像识别领域,深度学习模型能够识别和分类成千上万种不同的物体;在自然语言处理领域,深度学习模型能够理解和生成人类语言,实现机器翻译和聊天机器人等功能。

## 5.2 深度学习发展历程

深度学习是机器学习领域中的一个新的研究方向。一般认为,至目前,深度学习已经经历了三次发展阶段,即起源阶段、发展阶段、爆发阶段。

### 5.2.1 起源阶段

如前所述,1943 年提出的 MP 模型[4]作为人工神经网络的起源,开创了人工神经网络的新时代,也奠定了神经网络模型的基础。

1949年,加拿大著名心理学家唐纳德·赫布在 The Organization of Behavior 中提出了一种基于无监督学习的规则——赫布学习规则。赫布规则模仿人类认知世界的过程建立一种"网络模型",该网络模型针对训练集进行大量的训练,并提取训练集的统计特征,然后按照样本的相似程度进行分类,把相互之间联系密切的样本分为一类,这样就把样本分成了若干类。赫布规则与"条件反射"机理一致,为以后的神经网络学习算法奠定了基础,具有重大的历史意义。

20世纪50年代末,在MP模型和赫布规则的研究基础上,美国科学家弗兰克·罗森布拉特设计了一种类似于人类学习过程的算法——感知机学习,对神经网络的发展具有里程碑式的意义。本书第4章4.1.2节对感知机进行了介绍,本节不再赘述。

随着研究的不断深入,1969年,AI之父马文·明斯基和LOGO语言的创始人西蒙·派珀特共同编写了一本书《Perceptrons》,在书中他们证明了单层感知机无法解决线性不可分问题。由于这个致命的缺陷以及没有及时将感知机推广到多层神经网络中,20世纪70年代,人工神经网络进入了第一个寒冬期,人们对神经网络的研究也停滞了将近20年。

### 5.2.2 发展阶段

1982年,著名物理学家约翰·霍普菲尔德发明了Hopfield神经网络。Hopfield神经网络是一种结合存储系统和二元系统的循环神经网络。Hopfield网络也可以模拟人类的记忆,根据激活函数的选取不同,可分为连续型和离散型两种不同类型,分别用于优化计算和联想记忆。遗憾的是,由于容易陷入局部最小值等缺陷,该算法在当时并未引起足够的重视。

如前所述,直到1986年,深度学习之父杰弗里·辛顿提出的适用于多层感知机的反向传播算法在传统神经网络正向传播的基础上增加了误差的反向传播过程。反向传播过程不断地调整神经元之间的权值和阈值,直到输出的误差减小到允许的范围之内,或达到预先设定的训练次数为止。反向传播算法完美地解决了非线性分类问题,让人工神经网络再次引起了人们的广泛关注。

然而,由于20世纪80年代计算机的硬件水平有限,相关理论的研究也不够深入,人工神经网络的应用和发展受到了很大的限制。另一方面,90年代中期,以支持向量机(SVM)为代表的其他浅层机器学习算法陆续出现,并在分类、回归等问题上均取得了很好的效果。相比之下,人工神经网络的发展再次进入了瓶颈期。

### 5.2.3 爆发阶段

如前所述,2006年,杰弗里·辛顿以及他的学生鲁斯兰·萨拉赫丁诺夫正式提出了深度学习的概念[5]。该深度学习方法的提出立即引起了巨大反响,以斯坦福大学、多伦多大学为代表的众多世界知名高校纷纷投入巨大的人力、财力进行深度学习领域的相关研究,之后又迅速蔓延到工业界中。

2012年,在著名的ImageNet图像识别大赛中,杰弗里·辛顿领导的小组采用深度学习模型AlexNet一举夺冠。同年,由斯坦福大学著名的吴恩达教授和世界顶尖计算机专家杰夫·迪恩共同主导的深度神经网络在图像识别领域取得了惊人的成绩,在ImageNet评测中成功地把错误率从26%降低到了15.3%。深度学习算法在世界大赛的脱颖而出,也再一次吸引了学术界和工业界对于深度学习领域的关注。

随着深度学习技术的不断进步以及数据处理能力的不断提升,2014年,Facebook基于深度学习技术的DeepFace项目,在人脸识别方面的准确率已经能达到97%以上。这样的结果也再一次证明了深度学习算法在图像识别方面的绝对优势。

2016年,随着谷歌公司基于深度学习开发的AlphaGo以4∶1的比分战胜了国际顶尖围棋高手李世石,深度学习技术得到了学术界之外的更广泛关注。后来,AlphaGo又接连和众多世界级围棋高手过招,均取得了完胜。这也证明了在围棋界,基于深度学习技术的机器人已经超越了人类。

2017年,基于强化学习算法的AlphaGo升级版AlphaGo Zero横空出世。其采用"从零开始""无师自通"的学习模式,以100∶0的比分轻而易举打败了之前的AlphaGo。除了围棋,它还精通国际象棋等其他棋类游戏,可以说是真正的棋类"天才"。此外,在这一年,深度学习的相关算法在医疗、金融、艺术、无人驾驶等多个领域均取得了显著成果。所以,也有专家把2017年看作是深度学习甚至是人工智能发展最为突飞猛进的一年。

## 5.3 深度神经网络基本原理

### 5.3.1 深度神经网络核心知识

深度神经网络是一种具有多层次复杂结构的神经网络,可以将其认为是一种堆叠神经网络,由输入层、输出层和多个隐藏层组成。神经网络的每一层都由很多人工神经元构成,这些神经元通过可学习的参数连接起来,并传递到下一层。在训练过程中,深度神经网络不断更新网络中的参数,最终获得将输入数据处理为目标输出结果的能力。本节将从神经元、激活函数、多层网络结构三个部分介绍深度神经网络的核心知识。

**1. 神经元**

神经元是深度神经网络中最基础的组成单元,模拟了生物领域神经细胞的结构和特性,现有研究[6]表明,成年男性的大脑平均包含约861亿神经元。在人脑神经系统中,每个神经元通过突触与其他神经元相连,通过发送电信号改变神经元的状态,并向其他神经元传递信息。具体来说,神经元的状态可分为"兴奋"和"抑制"两种,当接收到的电信号经由神经细胞处理达到一个阈值时,神经元的状态将被激活为"兴奋",并向其他神经元发送电信号。图5-1展示了神经元结构,其中树突可接收来自其他神经元的信息,轴突则可向其他神经元传递信息。

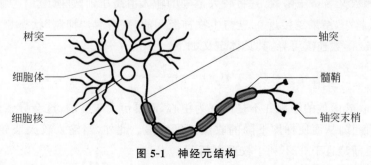

图 5-1 神经元结构

如前所述,基于人脑网络中的神经细胞,1943 年沃伦·麦卡洛克和沃尔特·皮茨提出了"MP 神经元模型",用于模拟大脑神经元的工作机制[4]。如图 5-2 所示,在 MP 神经元模型中,神经元接收来自其他 $m$ 个神经元的输入信号,并按照不同权重 $w$ 对接收到的输入信号 $x$ 加权求和,使用偏置项 $b$ 对输入进行调节,计算得到刺激强度 $S$,具体表示如下:

$$S = \sum_{i=1}^{m} w_i x_i + b \tag{5.1}$$

之后,通过激活函数 $\sigma$ 得到输出:

$$y = \sigma(S) \tag{5.2}$$

输出 $y$ 会继续传递给其他相邻的神经元,并作为它们的输入。对于每个神经元,权重 $w$ 和偏置项 $b$ 都是可训练的参数,通过对网络的训练和优化,参数不断更新。为了模拟人脑神经系统,通常会将多个神经元排列起来作为一层,然后将多层叠加构成一个复杂的神经网络,用于解决多种机器学习问题。

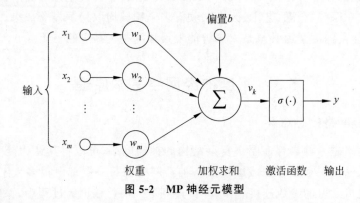

图 5-2 MP 神经元模型

**2. 激活函数**

激活函数在神经元中非常重要,它可以控制神经元的输出幅度,决定一个神经元是否被激活[7]。在 MP 神经元中,激活函数为 0 或 1 的阶跃函数,它将输入映射为 0 或 1,分别表示神经元的"抑制"或"兴奋"状态。然而,阶跃函数是非连续、非光滑的。由于近年来流行的深度神经网络普遍需要反向传播进行优化,为增强网络的表示能力和学习能力,激活函数往往选择为连续可导,或者仅仅少数点上不可导的非线性函数。图 5-3 展示了几种常见的激活函数,下面将分别介绍。

(1) sigmoid 函数。

sigmoid 函数又名挤压函数,它将较大范围的输入值挤压到区间(0,1)。输入越大,结果越接近 1;输入越小,结果越接近 0,这与生物神经元的"兴奋"与"抑制"状态相似。相比于阶跃函数,sigmoid 函数连续可导,其具体定义如下。

$$\sigma(x) = \frac{1}{1+e^{-x}} \tag{5.3}$$

然而,sigmoid 函数的输出并不是以 0 为中心的,而是恒大于 0 的,这会导致后面神经元的输入产生偏置偏移,从而使梯度下降的收敛速度变慢。此外,当输入较大或较小时,输出的梯度较小,并逐渐趋近于 0,不利于权重更新。

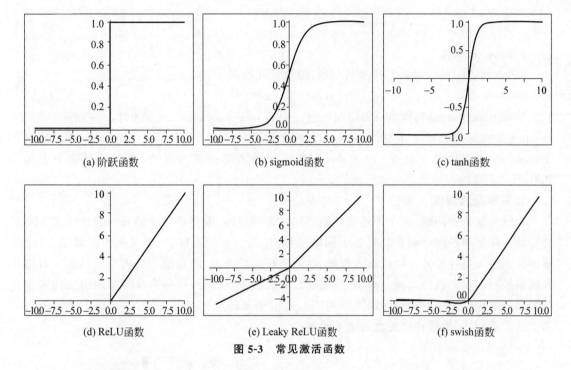

图 5-3 常见激活函数

(2) tanh 函数。

tanh 函数对 sigmoid 函数的非零中心问题进行改进,它同样是挤压函数,输出区间是 $(-1,1)$。函数的具体定义为

$$\tanh(x) = \frac{e^x - e^{-x}}{e^x + e^{-x}} \tag{5.4}$$

tanh 函数可以看作是 sigmoid 函数的放大并平移:

$$\tanh(x) = 2\sigma(2x) - 1 \tag{5.5}$$

遗憾的是,tanh 函数同样面临输入较大或较小时梯度消失的问题。

(3) ReLU 函数。

ReLU 函数(rectified linear unit,修正线性单元)[8],是当前深度神经网络中较为常用的激活函数。函数具体定义如下:

$$\text{ReLU}(x) = \begin{cases} x, & x \geqslant 0 \\ 0, & x < 0 \end{cases} \tag{5.6}$$

相比于 sigmoid 函数和 tanh 函数,ReLU 不含指数运算,计算过程较为简单,提高了计算效率。此外,当 $x>0$ 时,导数为 1,在一定程度上缓解了梯度爆炸和梯度消失问题。然而,ReLU 函数面临非零中心问题,后面神经元的输入会发生偏置偏移。此外,还有死亡 ReLU 问题,即当 $x<0$ 时,ReLU 在反向传播过程中梯度为 0,后续训练中将永远不能被激活。

(4) Leaky ReLU 函数。

Leaky ReLU 函数是基于 ReLU 函数的改进版本,它主要解决了死亡 ReLU 问题。对于 $x<0$,Leaky ReLU 具有一个很小的梯度 $\gamma$。一般情况下,采用一个很小的常数,如 0.01。Leaky ReLU 函数定义如下。

$$\text{LeakyReLU}(x) = \begin{cases} x, & x \geqslant 0 \\ \gamma x, & x < 0 \end{cases} \tag{5.7}$$

(5) swish 函数。

swish 函数[8]是一种自门控激活函数,函数定义如下。

$$\text{swish}(x) = x\sigma(x) \tag{5.8}$$

它采用 sigmoid 函数作为一种门控机制(gating mechanism),当 $x$ 较大时,$\sigma(x)$ 趋向于 1,swish 函数的结果近似 $x$ 本身,此时 swish 函数近似为 ReLU 函数;当 $x$ 较小时,$\sigma(x)$ 趋向于 0,swish 函数结果近似 0。由于 swish 激活函数的形式较为复杂,在训练过程中较为耗时。

**3. 多层网络结构**

为解决复杂的问题,单个神经元的能力往往是不足的,需要众多神经元一起协作实现复杂功能。深度神经网络通常具有多层网络结构,包括一个输入层、一个或多个隐藏层、一个输出层。输入层神经元仅接收输入数据,并不进行数据处理,隐藏层和输出层的神经元对输入数据进行加权和激活运算。如图 5-4 所示,根据隐藏层数量,可分为单隐层网络结构和多隐层网络结构。每层的神经元通常会与下一层的全部神经元相互连接,同一层的神经元之间彼此互不相连,跨层神经元之间也不相连。

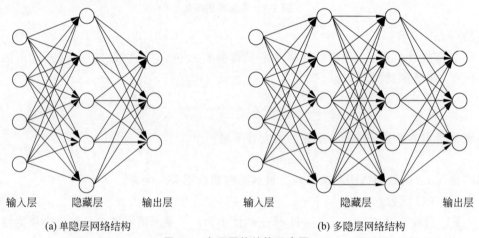

(a) 单隐层网络结构　　　　　　(b) 多隐层网络结构

图 5-4　多层网络结构示意图

### 5.3.2　前向神经网络与反馈神经网络

**1. 前向神经网络**

前向神经网络又称为前馈神经网络,是最早发明的一种简单的人工神经网络,具有单向多层结构的神经网络。在前向神经网络中,每个神经元按接收信息的先后顺序分为不同的组,每一组可以看作是一个网络结构层。数据从输入层开始,每一层中的神经元接收前一层神经元的输出,经过运算处理输出到下一层神经元,不断向后传播直至输出层。整个网络中的信息是从前向后朝一个方向传播的,没有反向的信息传播过程,在网络拓扑结构上是一个有向无环图。图 5-4 即为一种全连接前向神经网络。

前向网络可以看作一个函数,它通过对于简单的非线性函数进行多次复合,可实现输入空间到输出空间的复杂映射。接收输入数据 $x$ 后,输入层不对数据进行运算,因此输入层的输出表示为 $a^0=x$。随后的隐藏层和输出层对输入信息进行加权运算,并通过激活函数得到输出,第 $l$ 层的输出可以表示为

$$a^l = \sigma^l(h^l) \tag{5.9}$$
$$h^l = \boldsymbol{W}^l a^{l-1} + b^l \tag{5.10}$$

其中,$\sigma^l$ 表示第 $l$ 层的激活函数,$\boldsymbol{W}^l$ 和 $b^l$ 分别为第 $l$ 层的权重参数和偏置参数。

在前向神经网络中,通过每一层的运算和传递,最后的结果 $y$ 可以视为多层运算的叠加,最终的输出结果由输入 $x$,网络参数 $\boldsymbol{W}$ 和 $b$ 共同决定:

$$y = \sigma^l(\sigma^{l-1}(\cdots\sigma^1(\boldsymbol{W}^1 a^0 + b^1))) \tag{5.11}$$
$$y = \varphi(x, \boldsymbol{W}, b) \tag{5.12}$$

前向神经网络结构简单,应用广泛,且具有很强的拟合能力,能够拟合常见的连续非线性函数,以及平方可积函数。然而,前向网络存在如下几点不足:其一,网络的每一层都捕捉前一层的全局特征,导致网络参数量较大;其二,当输入数据维度较高时,前馈网络的神经元个数将大幅增长,同样会增大网络参数量,导致训练收敛速度慢,甚至无法收敛。此外,尽管前向神经网络具有拟合复杂非线性函数的能力,但是由于不同的非线性问题的复杂性,很多时候前向神经网络在实际应用中难以达到期望的精度。

**2. 反馈神经网络**

反馈神经网络是一种从输出到输入具有反馈连接的神经网络,其中的神经元不仅可以接收其他神经元的信息,还可以接收自己的历史信息。具体来说,在反馈神经网络中神经元可以互连,有些神经元的输出会被反馈至同层甚至前层的神经元。在拓扑结构上,可以用一个有向循环图或无向图来表示反馈神经网络。常见的反馈神经网络有循环神经网络、Hopfield 网络、玻尔兹曼机、受限玻尔兹曼机等。图 5-5 展示了一种常见的反馈神经网络结构。

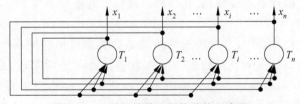

图 5-5 一种反馈神经网络结构示意图

相比前向神经网络,反馈神经网络主要有以下区别:①前向神经网络中神经元只接受来自上一层的数据,处理后传入下一层,数据仅单向流动;反馈神经网络中的神经元连接方式更多样,数据可以在同层间传递或反馈至上一层,信息传播可以是单向或双向传递。②前向神经网络不考虑输出与输入在时间上的滞后效应,而只表达输出与输入的映射关系;反馈神经网络的神经元具有记忆功能,考虑输出与输入之间在时间上的延迟,在不同时刻神经元具有不同的状态,需要利用动态方程来描述系统的模型。

### 5.3.3 反向传播算法

反向传播算法基于梯度下降策略最小化损失函数,并优化网络参数,用于训练包括前向神经网络在内的多层神经网络模型。

给定一组训练样本 $D=\{(x_i,y_i)\}_{i=1}^N$ 和一个神经网络模型 $f(x,\theta)$,其中 $x_i$ 和 $y_i$ 分别代表第 $i$ 个样本的输入和目标输出,$\theta$ 代表神经网络模型中的参数。对于每个样本来说,输入 $x_i$ 到模型中,经过神经网络的计算将会输出一个预测结果 $\hat{y}_i=f(x_i,\theta)$。基于此,可以利用损失函数来计算预测结果 $\hat{y}_i$ 和目标输出 $y_i$ 之间的差异 $C(\hat{y}_i,y_i,\theta)$。通过对所有样本的损失进行累加,可以得到模型的整体损失 $\mathcal{L}(\theta)=\sum_{i=1}^N C(\hat{y}_i,y_i,\theta)$,$\mathcal{L}(\theta)$ 越小,则认为模型越好。

模型训练的目标是为了减小预测结果和实际输出之间的差异,也就是将损失函数 $\mathcal{L}(\theta)$ 作为优化目标,利用优化算法迭代寻找使损失函数最小的模型参数。本节将首先介绍梯度下降法优化算法。随后,进一步介绍用于高效计算多层神经网络模型梯度的方法,即反向传播算法。

**1. 梯度下降法**

3.3.2 节已经介绍了梯度下降法,本节不再赘述。在反向传播算法中,梯度下降法的整体流程如下:已知神经网络模型 $f(x,\theta)$,梯度下降法首先随机初始化一组参数 $\theta^0$,其中上标 0 表示初始参数。随后,计算初始参数下模型在训练样本集合 $D=\{(x_i,y_i)\}_{i=1}^N$ 上的损失 $\mathcal{L}(\theta^0)$,并计算参数对该损失的偏导数,作为其梯度 $\nabla \mathcal{L}(\theta^*)$。在此基础上,使用梯度来更新模型参数:

$$\theta^1 = \theta^0 - \eta \nabla \mathcal{L}(\theta^0) \tag{5.13}$$

其中,上标 1 代表经过第一次更新后的参数,$\eta$ 为学习率。基于更新后的参数 $\theta^1$,重新计算模型在训练样本集合上的损失 $\mathcal{L}(\theta^1)$,并计算参数对该损失的梯度 $\nabla \mathcal{L}(\theta^1)$,进而实现第二次参数更新。不断迭代执行上述过程,直到找到一组最优的模型参数 $\theta^F$。

**2. 反向传播算法**

在梯度下降的优化算法中,非常关键的步骤是计算多层神经网络中各个层上的参数梯度。假设神经网络模型包含 $N$ 层,则模型的参数包括每一层的参数,即 $\theta=\{\theta^{(1)},\theta^{(2)},\cdots,\theta^{(N)}\}$。对于输入样本 $x$,模型第一层会输出中间结果 $h^{(1)}$,并作为模型第二层的输入,以此类推,模型最后一层的输入 $h^{(N)}$ 即为模型的预测结果,通过计算预测结果和目标输出 $y$ 之间的差异即可得到模型的损失 $\mathcal{L}(\theta)$,然后即可利用反向传播算法,以最小化损失函数为目标来优化模型参数。

反向传播算法的数学基础为函数求导的链式法则。假设 $y=f(x),z=g(y)$,根据链式法则,$z$ 对 $x$ 求导可以计算如下:

$$\frac{\partial z}{\partial x} = \frac{\partial z}{\partial y} \cdot \frac{\partial y}{\partial x} \tag{5.14}$$

反向传播算法包括两个主要的步骤:前向传播(forward propagation)和反向传播(backward propagation)。具体算法如算法 5.1。

**算法 5.1　反向传播算法**

//初始化
1. 设置最大迭代次数
2. 初始化神经网络参数 $\theta$，准备输入数据
3. 重复
    //前向传播
4. 　　输入数据进入神经网络
5. 　　For 神经网络的第一层(输入层)到最后一层(输出层)
6. 　　　　使用本层神经元加权输入并汇总
7. 　　　　使用激活函数对汇总后的结果进行非线性变换，得到该层的输出
8. 　　　　将该层的输出传递到下一层作为输入
9. 　　End for
    //计算损失
10. 　　使用损失函数 $\mathcal{L}$(如均方误差、交叉熵等)计算网络输出结果与实际结果之间的差异
    //损失函数的值给出了网络性能的度量
    //反向传播
11. 　　For 神经网络的最后一层(输出层)到第一层(输入层)
12. 　　　　计算损失函数关于本层网络参数(权重和偏置)的梯度
13. 　　　　//对于每个神经元，梯度表示了该神经元的参数如何影响整体损失
14. 　　　　将本层梯度逆向传递给网络的前一层，使用链式法则计算梯度
15. 　　End for
    //参数更新
16. 　　使用梯度下降法更新网络的参数，参数的更新规则可以表示为 $\theta = \theta - \alpha \cdot \nabla \mathcal{L}$，其中，$\theta$ 是要更新的参数，$\alpha$ 是学习率，$\nabla \mathcal{L}$ 是损失函数 $\mathcal{L}$ 关于 $\theta$ 的梯度
    //迭代
17. 直到网络的性能达到满意的水平，或者达到预设的迭代次数

## 5.4　典型的神经网络

### 5.4.1　卷积神经网络

**1. 整体结构**

卷积神经网络 CNN 是一种深层学习架构，专门用于处理具有网格状拓扑结构的输入数据，例如在第 7 章将要介绍的 RGB(red-green-blue)图像。该模型通过一系列层次化的处理步骤，逐步从原始输入数据中提取高级语义特征。

在 CNN 中，数据的前向传播涉及多个阶段的计算，每个阶段都由特定的层执行。首先，卷积层通过滤波器(或称为卷积核)在输入数据上滑动，执行卷积操作，以捕捉局部特征，并生成特征映射(feature map)。接着，汇聚层对特征映射进行降采样，以增强模型对空间变换的不变性，并减少后续层的参数数量。此外，将 ReLU 等非线性激活函数应用于层的输出，以引入非线性特性，从而使网络能够学习复杂的函数映射。这些层的组合构成了 CNN 的核心，每一层都对输入数据执行特定的变换，将原始数据中的低级特征逐渐转化为更抽象的高级表示，这一连续的变换过程称为前馈传播，它对应于网络的正向传播阶段。在网络的最后一层，即输出层，模型的目标任务，如分类或回归，被转化为一个目标函数。该层的激活函数

根据任务的具体需求而定,例如采用 softmax 函数用于多分类问题等。

在训练过程中,网络通过计算预测输出与真实标签之间的误差或损失来优化层间的权重和偏置参数。这一过程称为监督学习。损失函数,如交叉熵损失或均方误差,量化了模型预测的准确性。利用反向传播算法,损失信息从输出层反向传递至网络的每个层,根据梯度下降原则更新网络参数。通过迭代的前向传播和反向传播过程,网络不断学习,并调整参数,直至在给定任务上达到满意的性能,实现模型的收敛。

一个典型的卷积网络由卷积层、汇聚层、全连接层交叉堆叠而成。图 5-6 给出了一个简单的卷积神经网络示例,其中卷积块为连续的 1 个卷积层和 1 个汇聚层,卷积网络包含 2 个连续的卷积块,后面接着 3 个全连接层。

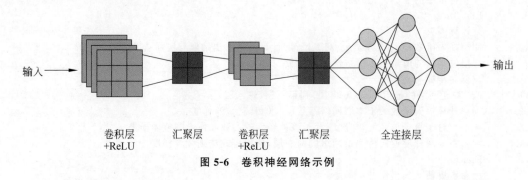

图 5-6　卷积神经网络示例

**2. 卷积神经网络的基本组件**

(1) 卷积层。

在 CNN 的架构中,卷积层承担着从输入数据中提取局部特征的关键作用。每个卷积核(convolutional kernel)或滤波器(filter)都可以视为一个特定的特征检测器,它们在图像的局部区域内滑动,以识别和响应特定的模式或特征。

在组织结构上,尽管卷积层中的神经元与全连接网络中的神经元一样,本质上是一维实体,但考虑到 CNN 主要处理的是图像数据,而图像数据具有二维的空间结构,因此,为了更有效地捕捉图像的局部空间信息,卷积层中的神经元通常被组织成三维的体积结构,其维度为高度($H$)×宽度($W$)×深度($D$)。这种结构由 $D$ 个二维的特征映射组成,每个特征映射对应于输入图像中的一个特定特征的响应图。

特征映射是指经过卷积操作后,从图像(或其他特征映射)中提取出的一组特征。每个特征映射代表了一类特定的图像特征,例如边缘、纹理或形状等。为了增强网络对复杂图像特征的表示能力,通常在每一层中使用多个不同的特征映射,从而能够从多个角度和尺度捕捉图像的特征。

在 CNN 的输入层中,特征映射直接对应于图像本身。对于灰度图像,输入层由一个特征映射组成,因此其深度 $D$ 等于 1。而对于彩色图像,每个颜色通道都会产生一个特征映射,因此输入层的深度 $D$ 等于 3。这种基于多特征映射的输入表示为网络提供了丰富的视觉信息,也为后续的层次化特征提取和学习奠定了基础。通过这种方式,卷积层不仅能够提取图像的局部特征,还能够通过堆叠多个卷积层来构建更加复杂和抽象的特征表示,从而实现对图像数据的深入理解。

(2) 汇聚层。

在 CNN 的结构中,汇聚层(pooling layer)也称为池化层或子采样层(subsampling layer),承担着执行特征降维的关键职能。该层的目的在于筛选关键特征并减少特征的总体数量,以降低模型的参数规模。

尽管卷积层通过局部感受野和权重共享机制显著削减了网络的连接复杂度,但在特征映射层面,神经元的数量并未得到有效减少。当这些高维的特征映射直接输入分类器时,可能会导致模型的输入维度过高,从而增加了过拟合的风险。为了缓解这一问题,通常在卷积层之后引入汇聚层,以降低特征空间的维度,增强模型的泛化能力。

汇聚层主要有两种实现方式:最大汇聚(max pooling)和平均汇聚(average pooling)。在最大汇聚中,每个非重叠的子区域(如 2×2 的区域)中的最大值被选取作为该区域的代表,从而实现降采样。这种方法不仅减少了后续层的神经元数量,还使得网络对输入数据的局部变化表现出一定的不变性。相对地,平均汇聚则计算每个子区域中所有元素的平均值,它是一种更加平滑的降采样手段。

通过这些汇聚策略,汇聚层在 CNN 中发挥着多方面的作用:一方面,它通过降采样减少了数据的空间尺寸,有助于减轻后续层的计算负担;另一方面,它通过引入不变性,使网络能够捕捉到更加鲁棒的特征表示。此外,汇聚层还有助于提高模型对于输入数据中微小扰动的容忍度,进一步防止发生过拟合现象。因此,汇聚层是构建高效、泛化能力强的 CNN 不可或缺的组成部分。

汇聚层的设计思想来源于人类视觉系统对视觉信息的处理机制。在人类视觉系统中,视觉信息在传递至大脑的过程中会经历降维和抽象化。同样,汇聚层通过降采样操作,将特征映射中的一个元素与输入数据的一个子区域相对应,实现了空间维度的缩减。这种降采样不仅减少了下一层的输入大小,降低了模型的计算负担,还有助于模型捕捉更广泛的特征。

此外,汇聚层还增强了模型对特征位置的不变性。由于汇聚操作关注特征的存在而非其具体位置,这为特征学习引入了一定程度的自由度,使得模型能够容忍特征的微小位移。这种不变性在一定程度上防止了过拟合,提升了模型的泛化能力。

(3) 激活函数。

激活函数的引入是为了增加整个网络的表达能力(即非线性)。若没有这些激活函数,若干线性操作层的堆叠仍然只能起到线性映射的作用,无法表征复杂的非线性函数。

(4) 全连接层。

全连接层在卷积神经网络架构中扮演着"分类器"的关键角色。具体而言,卷积层、池化层(汇聚层)以及激活函数层等组件负责将输入的原始数据有效地映射至潜在的隐藏特征空间。相比之下,而全连接层的功能在于进一步将这些已学习的特征映射至样本的标签空间,从而实现分类或回归等任务。

(5) 目标函数。

全连接层是将网络特征映射到样本的标记空间做出预测,而目标函数(也称损失函数)的作用是用来衡量该预测值与真实样本标记之间的误差,用来衡量模型的输出与真实输出 $y$ 之间的差距,为模型优化指明方向。

在卷积神经网络中,均方差损失(mean squared loss)、交叉熵损失函数(cross entropy loss)是分类问题和回归问题中常用的目标函数。

### 5.4.2 循环神经网络

循环神经网络(RNN)是一种适合于处理序列数据的反馈神经网络架构。与传统的前馈神经网络不同,RNN 能够处理任意长度的序列,并且能够在序列的不同时间步之间保持信息,这种能力使得 RNN 成为处理自然语言、时间序列分析、语音识别等任务的理想选择。

RNN 通过引入自反馈机制,能够处理任意长度的时序数据,并捕获序列数据间的时序依赖关系。其一般结构如图 5-7 所示。

给定一个长度为 $T$($T$ 为可变值)的输入序列 $(x_1, x_2, \cdots, x_t, \cdots x_T)$,定义一个完全连接的 RNN,其处理序列数据的过程可递归地表示为以下公式:

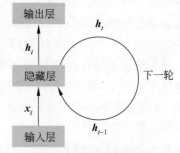

图 5-7 RNN 基本结构

$$h_t = f(Wx_t + Uh_{t-1} + b) \tag{5.15}$$
$$y_t = Vh_t \tag{5.16}$$

其中,$U$、$W$、$b$ 和 $V$ 为网络参数,$f(\cdot)$ 是将输入 $x_t$、$h_{t-1}$ 映射为输出 $h_t$ 的非线性激活函数。$x_t$ 是输入序列第 $t$ 个时间步的取值,$h$ 是 RNN 在处理序列的每个时间步的输入时计算出的内部状态,通常被称为隐状态(hidden state)或隐藏层的活性值,存储了从第 1 个时间步到第 $t-1$ 个时间步的序列信息,$h_0 = 0$。

对于输入序列 $(x_1, x_2, \cdots, x_t, \cdots x_T)$,RNN 处理序列数据的过程可用文字描述为:在每个时间步 $t$,RNN 接受当前时间步的输入 $x_t$ 和前一时间步的隐状态 $h_{t-1}$,利用它们计算当前时间步的隐状态 $h_t$,并将其作为下一个时间步 $t+1$ 的输入。RNN 编码器依次接受输入序列各时间步的信息,并逐步更新隐状态,直到处理完输入序列的最后一个时间步。最终的隐状态 $h_T$ 包含了从第 1 个时间步到第 $T$ 个时间步,即整个输入序列的信息。RNN 可以看作各时间步权值共享的神经网络。

当输入序列较长时,RNN 容易出现梯度消失或梯度爆炸问题,因此难以建模长时间间隔的状态之间的依赖关系,而实际上只能学习到短期依赖关系,这称为长程依赖问题(long-term dependencies problem)。对此,一种有效的解决方案是引入门控机制(gating mechanism)。门控机制的作用在于在序列的每一个时间步,有选择地遗忘前文信息,并有选择地加入新的信息。基于门控的 RNN 变体主要有长短期记忆网络(long short-term memory network,LSTM)和门控循环单元网络(gated recurrent unit,GRU)。

## 5.5 深度学习的应用

随着深度学习的发展,最新的深度学习算法已经远远超越了传统的机器学习算法对于数据的预测和识别精度,并应用于很多方面,比如计算机视觉、语音识别、自然语言处理以及其他综合应用等。

### 5.5.1 语音识别

长期以来,语音识别系统在构建针对各个建模单元的统计概率模型时,普遍倾向于采用混合高斯模型(Gaussian mixture Model,GMM)。该模型凭借其估计过程的简便性、对大规模数据训练的良好适应性,以及成熟的区分性训练技术支撑,长期在语音识别应用领域占据主导地位。然而,混合高斯模型本质上属于一种浅层网络建模方法,难以充分捕捉特征状态空间的复杂分布特性。此外,混合高斯模型的特征维度通常仅为数十维,这在描述特征间复杂的相关性方面存在局限性。最后,混合高斯模型基于似然概率进行建模,尽管区分性训练技术能够在一定程度上模拟不同模式类之间的区分性,但其能力相对有限。

自2009年起,微软研究院的语音识别研究组开始与深度学习领域的权威专家杰弗里·辛顿展开合作。2011年,微软宣布其基于深度神经网络的语音识别系统取得重要突破并推出相关产品,这一成果标志着语音识别技术框架的革新。深度神经网络的引入使得系统能够更全面地描述特征间的相关性,通过将连续多帧的语音特征进行联合处理,构建出高维特征向量。这些高维特征随后被用于深度神经网络的训练过程中。深度神经网络通过模拟人脑的多层结构,能够逐级提取信息特征,最终形成适合于模式分类的高质量特征表示。这种多层结构在处理语音和图像信息方面与人脑的处理机制存在显著的相似性。

在实际的线上服务中,深度神经网络的建模技术能够无缝地与传统语音识别技术相结合,无须引入任何额外的系统开销,即可显著提升语音识别系统的准确率。

### 5.5.2 自动驾驶

随着深度学习与人工智能领域的蓬勃发展,自动驾驶汽车技术正以前所未有的速度取得显著进步。自动驾驶技术的初衷在于减轻驾驶员负担,并致力于降低道路交通事故的发生率及缓解交通拥堵状况。为此,国际标准委员会(SAE)制定了一套包含五个级别的汽车自动化分级体系。其中,较低的SAE级别侧重于提供基础的驾驶员辅助功能,而较高的级别则旨在实现无须人类驾驶员直接干预的完全自主驾驶。

自动驾驶系统本质上是一种高度复杂的自主决策系统,其核心在于高效地处理来自多种车载传感器的数据流,这些传感器包括但不限于摄像头、雷达、激光雷达(LiDAR)以及各种环境感知传感器。汽车的中央计算机系统实时接收并综合分析这些多样化的观测数据,进而依据分析结果做出精准的驾驶决策。这一过程不仅要求系统具备强大的数据处理与模式识别能力,还依赖于深度学习等先进算法的支持,以确保自动驾驶汽车在复杂多变的道路环境中能够安全、高效地运行。

### 5.5.3 医疗健康诊断

在计算机视觉这一深度学习的重要应用领域内,一系列杰出的成就已经涌现,特别是在图像和视频理解方面尤为突出,这些成就涵盖了目标分类、目标检测以及图像分割等核心任务。深度学习系统能够作为医生的辅助工具,通过分析图像,精准地标注出潜在的问题区域,为医生诊断提供重要的参考意见。这些技术对于医学图像分析,尤其是判断病人射线照片中是否存在恶性肿瘤,展现出了极高的实用价值。

在医学诊断的多个关键任务上,深度学习模型已经展现出了与医生相当甚至更优的准确率。例如,在识别皮肤上的黑痣与潜在恶性的黑色素瘤、评估心血管疾病的发病风险、从乳房X光片中检测乳腺病变、以及利用核磁共振成像(MRI)进行脊柱疾病的分类等方面,深度学习都取得了令人瞩目的成果。然而,尽管深度学习在医学成像领域的应用前景广阔,但在构建监督式深度学习系统时,一个主要的限制因素在于是否能够获得足够数量且质量上乘的标注数据集,原因在于医学成像数据的标注过程通常需要具备高度专业知识的医生来完成,且标注工作烦琐耗时,从而极大地限制了可用于训练深度学习模型的数据量。因此,如何有效克服这一挑战,成为推动深度学习在医学成像领域实际应用的重要课题。

### 5.5.4 广告点击率预估

深度学习与搜索广告点击率预估之间存在着密切的关系。深度学习作为机器学习的一个分支,特别适用于处理大规模、高维度的数据,并能够自动提取数据中的特征,这使得它在广告点击率预估中发挥着重要作用。

在搜索广告中,点击率预估是核心任务之一。当用户发起搜索请求后,广告系统需要从全量广告集合中召回相关的若干条候选广告,并对每个候选广告预估其点击率。这一预估过程对于广告系统的性能至关重要,因为它直接影响到广告的曝光效果和广告主的收益。

深度学习在点击率预估中的应用主要体现在模型构建上。传统的点击率预估模型,如Logistic回归模型,虽然易于实现且解释性好,但在处理复杂特征和高维度数据时表现不佳。而深度学习模型,如DNN、CNN和RNN等,则能够通过多层非线性变换自动提取数据中的高级特征,从而更准确地预估点击率。

## 5.6 深度学习的未来

在21世纪的科技浪潮中,深度学习作为人工智能的核心技术之一,已经深刻地改变了我们的世界。从图像识别到自然语言处理,从医疗诊断到自动驾驶,深度学习的应用无处不在,它的发展速度和影响力远远超出了所有人的预期。

随着计算能力的持续增强和算法的不断改进,深度学习模型变得越来越复杂和庞大。大语言模型是近年来深度学习的一项重大突破,它们通过在海量文本数据上进行预训练、学习语言的深层表示,从而在多种自然语言处理任务上展现出强大的能力。大语言模型的出现与深度学习技术的发展紧密相关。从早期的统计语言模型到基于神经网络的深度学习模型,再到如今的预训练语言模型,这一过程标志着语言模型技术的不断演进,特别是Transformer模型的提出,为大语言模型的发展提供了重要的技术基础。

模型的参数规模对性能有着显著影响,大规模模型往往能展现出更优异的性能和一些"涌现"能力,如上下文学习、推理能力等。例如,GPT-3模型拥有1750亿参数,依靠大规模参数,可更好地处理复杂任务,提高模型的预测精度。

未来的深度学习模型将更加注重跨模态学习,即整合不同类型的数据,如文本、图像、声音等,以实现更丰富的应用场景和更准确的决策支持。同时,提高深度学习模型的可解释性和鲁棒性也是未来的研究重点之一,包括设计更加透明和可解释的模型结构,开发新的解释方法和评估标准等。此外,随着对数据隐私和安全性的关注不断增加,在未来,深度学习可能会更多地关注隐私保护和安全性技术,包括差分隐私、安全多方计算等方法的应用。

深度学习技术的发展不仅推动了人工智能的进步,也对更大范围的科学技术产生了深远影响。2024年,人工智能领域的学者在诺贝尔奖上取得了之前几乎难以想象的显著成就。在物理学领域,约翰·霍普菲尔德和杰弗里·辛顿因在人工神经网络和机器学习方面的奠基性工作而共同获得了诺贝尔物理学奖。他们的工作利用了统计物理学的基本概念,设计了能够作为关联记忆并从大数据集中寻找模式的人工神经网络,对物理学研究和日常生活产生了深远影响。在化学领域,人工智能同样发挥了重要作用。戴维·贝克因在计算蛋白质设计方面的贡献而获得了一半的诺贝尔化学奖,另一半奖项则授予了德米斯·哈萨比斯和约翰·江珀,他们因在蛋白质结构预测方面的贡献而获奖。哈萨比斯和江珀来自谷歌DeepMind,他们开发的AI模型AlphaFold改变了研究蛋白质结构的方式,对理解蛋白质的功能和开发新药物具有重要意义。

深度学习作为人工智能的核心技术之一,其未来充满了无限可能。随着技术的不断进步和创新,我们有充足的理由相信,深度学习将为人类带来更多的惊喜和更大的突破。同时,我们也需要关注和解决伴随技术发展而来的挑战和问题,以确保技术的健康发展和社会的和谐进步。

## 5.7 习　　题

1. 简述卷积神经网络的总体结构。
2. 简述激活函数的作用。
3. 简述均方误差损失函数的定义和作用。
4. 简要介绍反向传播算法的核心思想。
5. 随着神经网络层数的加深,在神经网络的优化过程中容易出现梯度消失或梯度爆炸的现象。试结合反向传播算法的原理分析梯度消失和梯度爆炸现象的原因。

## 参 考 文 献

[1] 斋藤康毅.深度学习入门[M].北京:人民邮电出版社,2015.
[2] GUO Y, LIU Y, OERLEMANS A, et al. Deep learning for visual understanding: A review[J]. Neurocomputing, 2016(187): 27-48.
[3] KHAN S, YAIRI T. A review on the application of deep learning in system health management[J]. Mechanical Systems and Signal Processing, 2018(107): 241-265.
[4] MCCULLOCH W S, PITTS W. A logical calculus of the ideas immanent in nervous activity[J]. The Bulletin of Mathematical Biophysics, 1943(5): 115-133.
[5] HINTON G E, SALAKHUTDINOV R R. Reducing the dimensionality of data with neural networks [J]. Science, 2006, 313(5786) 504-507.

[6] AZEVEDO F A, CARVALHO L R, GRINBERG L T, et al. Equal numbers of neuronal and nonneuronal cells make the human brain an isometrically scaled-up primate brain[J]. Journal of Comparative Neurology, 2009, 513(5): 532-541.
[7] 邱锡鹏.神经网络与深度学习[M].北京:机械工业出版社,2020.
[8] NAIR V, HINTON G E. Rectified linear units improve restricted boltzmann machines[C]//ICML'10: Proceedings of the 27th international conference on machine learning. Madison, WI: Omnipress, 2010: 807-814.

# 第 6 章 强化学习

## 6.1 强化学习概论

机器学习可以分为三大分支：监督学习、非监督学习和强化学习。与其他学习方法不同，强化学习解决的是序贯决策问题。为加强对该问题的理解，我们首先以 AlphaGo 与柯洁的对弈为例阐述。图 6-1 所示为 AlphaGo 与柯洁进行围棋比赛的过程，其中 AlphaGo 智能体是通过深度强化学习训练后得到的围棋 AI。在该例子中，强化学习训练的目标是使得智能体在任何一个棋面下都能给出一个落子策略，经过若干次落子之后赢得比赛。从这个例子不难总结以下几点。

(1) AlphaGo 训练的目标是最终赢得比赛，而不是为了吃掉对方更多的棋子。
(2) AlphaGo 需要给出每个棋面处的落子策略。
(3) AlphaGo 需要经过多步决策才能完成最终目标。

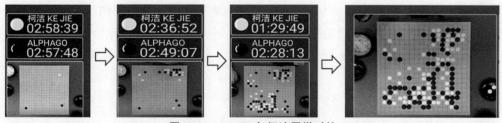

图 6-1　AlphaGo 与柯洁围棋对抗

图 6-2 所示为深度 Q 网络 DQN 智能体在雅达利游戏上的表现[1]。在该任务中，智能体输入游戏画面，给出底下红色拍子左右移动的命令，拍子通过拍打小球来打击上面的彩色砖块，直到打完所有的砖块。在这个例子中，强化学习训练智能体在每个时刻都给出球拍的最佳控制指令，通过一系列的交互和决策完成任务，以获得最高的分数。

图 6-2　DQN 智能体玩雅达利游戏

通过前面两个例子,我们看到,强化学习针对的是序贯决策问题,更确切地说,强化学习可以解决那些可以建模为马尔可夫决策过程的问题。关于马尔可夫决策过程的概念,本章第3节将具体介绍。

## 6.2 数学基础

### 6.2.1 概率论与数理统计基础

在强化学习算法中,回报函数、环境模型、折扣累积回报等基本量都是随机变量,而衡量策略好坏的值函数由随机变量的期望来定义,这些概念都是概率论中的基本概念。在强化学习中,智能体通过与环境交互产生数据,并从数据中学习到知识来优化自身行为。这个学习的过程,其实就是对数据的处理和加工过程。尤其是值函数的估计,是利用数据估计真实值的过程,它涉及样本均值、方差、有偏估计等,这些都是统计学的术语。为了便于随后的描述,本节介绍概率论和数理统计中与强化学习相关的基本概念。

**1. 随机变量**

随机变量是指可以随机地取不同值的变量,常用小写字母来表示。比如,抛硬币的结果用随机变量 $a$ 来表示,正面朝上取 $a=1$,反面朝上取 $a=0$,则随机变量 $a$ 可取的值为 1 或者 0。随机变量可以是离散的,比如抛硬币的结果;也可以是连续的,比如机器人运动时,在某一时刻对腿部的一个关节施加的力矩 $\tau$ 等。在数学上,随机变量的取值可由概率分布来描述。

**2. 概率分布**

概率分布用来描述随机变量在每个取值处的可能性大小。离散型随机变量的概率分布常用概率质量函数来描述,连续型随机变量的概率分布则用概率密度函数来描述。

【例 6-1】 离散变量的概率分布。设随机变量 $a$ 取值为 0 或 1,$a$ 服从均匀随机分布,其概率分布公式可写为

$$p(a) = \begin{cases} 0.5 & a=0 \\ 0.5 & a=1 \end{cases} \tag{6.1}$$

【例 6-2】 连续变量的概率分布。设随机变量为 $x$,$x$ 服从均值为 0,方差为 0.2 的正态分布,即 $x \sim \mathcal{N}(0, 0.2)$。该随机变量的概率密度公式为

$$f(x) = \frac{1}{\sigma\sqrt{2\pi}} e^{-\frac{1}{2}\left(\frac{x-\mu}{\sigma}\right)^2} \tag{6.2}$$

**3. 条件概率**

条件概率是指事件 $A$ 在另一个事件 $B$ 已经发生的情况下发生的概率,条件概率在数学上可记为 $P(A|B)$。在强化学习算法中,使用条件概率来表示策略,其中条件事件为状态,条件概率分布即为状态发生的策略。

**4. 期望**

函数 $f(x)$ 关于某分布 $P(x)$ 的期望是指,当 $x$ 由分布 $P(x)$ 产生时,以 $P(x)$ 为权重对 $f(x)$ 求加权平均值。对于离散型随机变量,期望公式为

$$E_{x\sim P}[f(x)] = \sum_x P(x)f(x) \tag{6.3}$$

对于连续型随机变量,期望可通过积分求得:

$$E_{x\sim P}[f(x)] = \int p(x)f(x)\mathrm{d}x \tag{6.4}$$

期望运算具有线性性质,即:

$$E_x[\alpha f(x) + \beta g(x)] = \alpha E_x[f(x)] + \beta E_x[g(x)] \tag{6.5}$$

在强化学习算法中,由于环境和策略的随机性,用来评价策略的折扣累积回报为随机变量,我们使用折扣累积回报的期望来衡量该策略的优劣,即值函数。

**5. 方差**

方差可以衡量当利用当前概率分布进行采样时,采样值差异的大小,具体计算公式如下:

$$\mathrm{Var}[f(x)] = E[(f(x) - E[f(x)])^2] \tag{6.6}$$

方差越大,表明随机变量的取值越分散;方差越小,则其取值越集中在期望 $E[f(x)]$ 附近。在强化学习算法中,我们希望得到方差更小的算法,以便具有更好的确定性。

**6. 统计学中的基本概念**

**总体**:包含所研究的全部数据的集合。

**样本**:从总体中抽取的一部分元素的集合。

**统计量**:用来描述样本特征的概括性数字度量。如样本均值、样本方差、样本标准差等。在强化学习中,用样本均值衡量状态值函数。

**样本均值**:设 $X_1, X_2, \cdots, X_n$ 为样本容量为 $n$ 的随机样本,它们是独立同分布的随机变量,则样本均值为 $\bar{X} = \dfrac{X_1 + X_2 + \cdots + X_n}{n}$,样本均值也是随机变量。

**样本方差**:设 $X_1, X_2, \cdots, X_n$ 为样本容量为 $n$ 的随机样本,是独立同分布的随机变量,则样本方差为

$$\hat{S}^2 = \frac{(X_1 - \bar{X})^2 + (X_2 - \bar{X})^2 + \cdots + (X_n - \bar{X})^2}{n} \tag{6.7}$$

**无偏估计**:若样本的统计量等于总体的统计量,则称该样本的统计量所对应的值为无偏估计。如总体的均值和方差分别为 $\mu$ 和 $\sigma^2$ 时,若 $E(\bar{X}) = \mu, E(\hat{S}^2) = \sigma^2$,则 $\bar{X}$ 和 $\hat{S}^2$ 称为无偏估计。

### 6.2.2 信息论基础知识

在强化学习算法中,为了鼓励探索不同的策略,经常将策略的熵作为损失函数加入到优化目标中,熵是信息论中的基本概念。信息论是运用概率论和数理统计的方法研究信息、信息熵、通信系统等问题的应用数学学科,著名科学家香农于 1948 年 10 月在 *Bell System Technical Journal* 上发表的论文 *A Mathematical Theory of Communication* 揭开了信息论研究的序幕。

对于离散系统,香农熵的定义如式(6.8)所示:

$$H(X) = -\sum_i p_i \log p_i \tag{6.8}$$

其中 $p_i$ 为概率。

对于连续系统，香农熵的定义如式(6.9)所示：

$$H(x) = E_{x \sim P}[I(x)] = -E_{x \sim P}[\log P(x)] \tag{6.9}$$

其中 $I(x)$ 为自信息量，$P(x)$ 为概率密度。

香农熵的大小可以衡量信息量的多少。香农熵越大，则信息量越大。随机事件的信息量跟随机变量的确定性有关，事件的不确定性越大，则包含的信息量也就越大。就像我们要清楚一件不确定性的事情时，需要了解大量的信息，而对于确定性的事情，几乎不需要了解任何其他的信息。常举的例子是太阳的东升西落。太阳从东边升起是一件很确定的事件，几乎没有什么信息量。如果说太阳今天没有从东方升起来，这件事情就包含很多可能性，或是阴天，或是下雨，或是其他事情，因此包含的信息量很大。

【例 6-3】 对于二值分布，假设随机变量 $a$ 只取 0 或者 1，设取 1 的概率为 $p$，则取 0 的概率为 $1-p$，概率 $p$ 取何值时该分布熵最大。

由熵的定义式得到：

$$H = -p\log(p) - (1-p)\log(1-p) \tag{6.10}$$

图 6-3 所示为熵随着概率 $p$ 的变化情况。从曲线变化可以看到，当 $p=0.5$ 时，熵最大，此时取 1 和取 0 的概率都是 0.5，可以看到在这种情况下取哪个值是最不确定的。反之，当 $p=0$ 或者 $p=1$，则表示确定性地取 0 或者 1，为确定性事件，其所对应的熵为 0，是最小值。这个例子说明，熵可以衡量事件的不确定性，拥有最大不确定性的事件具有最大的熵值。

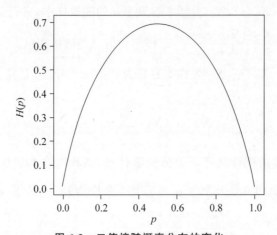

图 6-3　二值熵随概率分布的变化

## 6.3　强化学习的基本概念

### 6.3.1　马尔可夫决策过程

图 6-4 所示为智能体在强化学习算法中与环境进行交互的过程。假设此时智能体所处的状态为 $S_t$，则智能体会根据当前的状态 $S_t$ 做出一个决策，即采取一个动作 $A_t$，做出决策

后,智能体将该动作 $A_t$ 作用于环境,环境会给出智能体下一步的状态 $S_{t+1}$ 以及智能体采取该动作 $A_t$ 的立即回报 $R_{t+1}$。智能体处于新的状态 $S_{t+1}$ 下,又会进行新的决策,并采取相应的动作。如此循环往复并与环境进行交互,经过 $T$ 步后,产生的数据轨迹为

$$S_t, A_t, R_{t+1}, S_{t+1}, A_{t+1}, R_{t+2}, S_{t+2} \cdots, S_{t+T-1}, A_{t+T-1}, R_{t+T}, S_{t+T}$$

对于任意时刻 $t$,若其下一步的状态 $S_{t+1}$ 和回报 $R_{t+1}$ 仅仅依赖当前的状态 $S_t$ 和动作 $A_t$,即状态与回报的联合概率分布满足

$$p(s_{t+1}, r_{t+1} \mid s_t, a_t) = p(s_{t+1}, r_{t+1} \mid s_t, a_t, s_{t-1}, a_{t-1}, \cdots) \tag{6.11}$$

则称环境模型满足马尔可夫性。若环境模型满足马尔可夫性,则该过程称为马尔可夫决策过程。

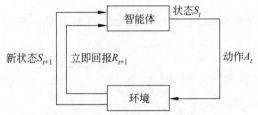

图 6-4 马尔可夫决策过程建模

进一步,若当前的状态 $s_t$ 已经蕴含了历史状态 $s_{t-1}, s_{t-2}, \cdots, s_t$ 及动作 $a_{t-1}, a_{t-2}, \cdots, a_t$ 的所有信息,对于满足这样条件的状态,称其具有马尔可夫性。强化学习算法是在假设状态具有马尔可夫性的前提下成立的,然而在面对实际问题时,直观构建的状态往往并不具有马尔可夫性。例如,在雅达利游戏中,若仅利用当前的观测帧来表示状态,即 $s_t = o_t$ 时,状态之间不满足马尔可夫性。考虑到根据前后两帧的信息才能推测出中间小球的位置,为此,利用相邻的四帧观测构建状态,即 $s_t = [o_{t-3}, o_{t-2}, o_{t-1}, o_t]$。

在 AlphaGo 的例子中,状态表示包括己方玩家和对方玩家历史 8 手的棋子信息、先手信息,即:$s_t = [X_t, Y_t, X_{t-1}, Y_{t-1}, \cdots, X_{t-7}, Y_{t-7}, C]$,其中 $X_t$ 表示当前玩家的当前棋子信息,$X_{t-1}$ 为前一步,即 $t-1$ 步时当前玩家的棋子信息,同样 $Y_t$ 表示对手当前步的棋子信息,$Y_{t-1}$ 表示对手在 $t-1$ 步时的棋子信息,$C$ 表示先手信息。

### 6.3.2 随机策略与确定性策略

**策略定义**:一个策略 $\pi$ 是指给定状态 $s$ 时动作集上的一个分布,即:$\pi(a \mid s) = p[A_t = a \mid S_t = s]$。

策略使用条件概率来表示,对于一个状态总数为 $|S|$ 的有限马尔可夫决策过程来说,所谓一个策略,是指在每个状态处都在相应的动作空间分配一个概率分布。例如,对于 3 个状态的马尔可夫决策过程,一个策略就是指在状态 $s_0$、$s_1$ 和 $s_2$ 处都指定一个概率分布,图 6-5 所示为该过程一个完整的策略示意图。

策略可以分为确定性策略和随机策略。其中,确定性策略是指在每个状态处指定唯一的动作,随机策略则是指为每个状态在动作空间指定一个分布,图 6-5 所示的即为一个随机策略。设两个策略分别为 $\pi_1(a \mid s)$ 和 $\pi_2(a \mid s)$,这两个策略相等,即 $\pi_1 = \pi_2$,意味着它们在任何状态 $s$ 处都具有相同的动作空间概率分布。换句话说,若存在某一个状态上这两个策

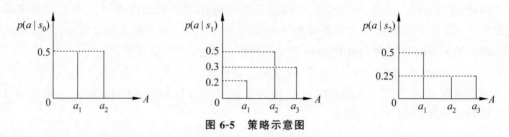

图 6-5 策略示意图

略的概率分布不同,那么这两个策略也是不同的。常见的策略包括贪婪策略、ε-greedy 策略、高斯策略。

(1) 贪婪策略。

贪婪策略是一种确定性策略,它在每个状态处指定了唯一的动作。贪婪策略的具体计算公式如下:

$$\pi(a \mid s) = \begin{cases} 1 & a = \underset{a \in A}{\arg\max} q(s,a) \\ 0 & a \neq \arg\max q(s,a) \end{cases} \tag{6.12}$$

(2) ε-greedy 策略。

ε-greedy 策略是强化学习最基本也是最常用的随机策略,其目标是使值函数最大动作的选择概率为 $1-\varepsilon+\dfrac{\varepsilon}{|A(s)|}$,而其他动作概率均为 $\dfrac{\varepsilon}{|A(s)|}$。基于这种思路,可以得到 ε-greedy 策略的计算公式如下:

$$\pi(a \mid s) \leftarrow \begin{cases} 1-\varepsilon+\dfrac{\varepsilon}{|A(s)|} & a = \underset{a}{\arg\max} Q(s,a) \\ \dfrac{\varepsilon}{|A(s)|} & a \neq \underset{a}{\arg\max} Q(s,a) \end{cases} \tag{6.13}$$

ε-greedy 平衡了利用(exploitation)和探索(exploration)两方面的需求,其中选取动作值函数最大的部分为利用,其他非最优动作则为探索部分,它们仍有一定的选取概率。

(3) 高斯策略。

高斯策略是在连续系统的强化学习中应用非常广泛的一种策略,高斯策略通常可以写为 $\pi_\theta = \mu_\theta + \varepsilon, \varepsilon \sim N(0,\sigma^2)$。其中 $\mu_\theta$ 为确定性部分,$\varepsilon$ 为零均值的高斯随机噪声。高斯策略也平衡了利用和探索两方面的需求,其中利用由确定性部分完成,探索由 $\varepsilon$ 实现。

### 6.3.3 值函数与行为值函数

至此,已经阐述清楚了策略的定义,即在每个状态处都在动作空间指定一个概率分布,而强化学习的目标是找到最优的策略。那么,如何定量化描述一个策略的优劣呢?很直观的一个想法是将该策略作用到环境中,根据环境反馈的回报来衡量该策略的性能。用马尔可夫决策过程的术语描述,即利用该策略产生一个带有回报的马尔可夫链。

图 6-6 所示为策略采用过程,通过策略 $\pi(a_t \mid s_t)$ 可以得到如下马尔可夫链:

$$S_0 \xrightarrow{\pi(A_0 \mid S_0)} R_1, S_1 \xrightarrow{\pi(A_1 \mid S_1)} R_2, S_2 \xrightarrow{\pi(A_2 \mid S_2)} R_3, S_3 \rightarrow \cdots \tag{6.14}$$

式(6.14)给出了策略 $\pi(a_t \mid s_t)$ 与环境进行交互的一幕数据,称为轨迹。从该轨迹中可以提

取出立即回报序列 $R_1, R_2, \cdots, R_t$，并将这些立即回报函数加和来衡量策略在状态 $S_0$ 处的综合表现，即：

$$G(S_0) = R_1 + R_2 + \cdots R_t \tag{6.15}$$

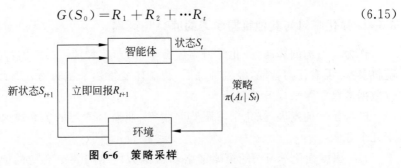

图 6-6 策略采样

如果马尔可夫链无穷长，累积和 $G(S_0)$（6.15）可能是无界的，为此引入折扣因子 $\gamma$（$0 \leqslant \gamma < 1$），以包含无穷长的马尔可夫链，其上界为 $\dfrac{1}{1-\gamma}\max R_t$，因此得到折扣累积回报如下：

$$G(S_0) = R_1 + \gamma R_2 + \cdots \gamma^{t-1} R_t \tag{6.16}$$

接下来分析一下，利用式（6.16）是否能很好地描述策略 $\pi(a_t|s_t)$ 在状态 $S_0$ 处的表现呢？

首先，由于环境模型 $p(s_{t+1}, r_{t+1}|s_t, a_t)$ 由概率分布给出，因此即使在相同的状态处采用相同的动作，环境给出的回报和转移到的下一个状态也可能不同，这就导致整条轨迹可能完全不同，因此式（6.16）的计算不唯一，折扣累积回报 $G(S_0)$ 为随机变量。

其次，策略往往由动作空间中的概率分布给定，这就导致即使利用同一个策略采样，相同的状态处也可能产生不同的动作，这就进一步增大了整条轨迹的随机性。

综合考虑以上两方面因素，由于轨迹的折扣累积回报 $G(S_0)$ 为随机变量，利用单条轨迹的折扣累积和难以准确衡量其策略的优劣。通过分析可以发现，$G(S_0)$ 的随机性是由环境模型分布和策略分布诱导出来的。更进一步分析可知，由于环境模型固定不变，不受策略影响，真正导致 $G(S_0)$ 不同的是策略分布 $\pi(a_t|s_t)$，因此可以利用折扣累积回报 $G(S_0)$ 的期望来衡量策略分布 $\pi(a_t|s_t)$ 的好坏。即：

$$v_\pi(S) = E_\pi[G_t | S_t = s] = E_\pi\left[\sum_{k=0}^{\infty} \gamma^k R_{t+k+1} \Big| S_t = s\right], \text{对所有} s \in S \tag{6.17}$$

其中 $E_\pi[\cdot]$ 的含义是由策略 $\pi$ 诱导的随机变量的期望，即从状态 $S$ 开始，智能体采取策略 $\pi$ 与环境进行交互，因此而产生的轨迹计算得到的折扣累积回报的期望。称 $v_\pi(s)$ 为策略 $\pi$ 的状态值函数。

在某个状态处，值函数的大小可以衡量策略 $\pi$ 的好坏，但无法衡量此策略下具体某个动作的好坏，为此需要引入策略 $\pi$ 的行为值函数。

对于状态动作对 $(S_0, A_0)$，在策略 $\pi$ 作用下得到的马尔可夫链如下：

$$S_0 \xrightarrow{A_0} R_1, S_1 \xrightarrow{\pi(A_1|S_1)} R_2, S_2 \xrightarrow{\pi(A_2|S_2)} R_3, S_3 \rightarrow \cdots \tag{6.18}$$

在策略 $\pi$ 下状态动作对 $(S_0, A_0)$ 的行为值函数，即定义为该马尔可夫链所对应的折扣累积回报的期望。在策略 $\pi$ 下，任意状态动作对的行为值函数的定义如下：

$$q_\pi(s,a) \doteq E_\pi[G_t \mid S_t=s, A_t=a] = E_\pi\left[\sum_{k=0}^{\infty}\gamma^k R_{t+k+1} \mid S_t=s, A_t=a\right] \quad (6.19)$$

### 6.3.4 强化学习与其他机器学习的联系与区别

作为学习类的算法,强化学习与监督学习、非监督学习的共同特点是模型刚开始时都是随机参数,没有任何智能,经过训练后,智能体变得越来越聪明。因此,三者的共同特点是通过数据进行学习来提升其智能。

随着技术的发展,强化学习跟监督学习、非监督学习的关系越来越紧密,具体表现在如下几个方面。

(1) 深度强化学习中的策略网络和值函数网络需要更有效的模型,而这些表示学习是监督学习领域中关注的重点。例如,深度强化学习智能体 AlphaGo 的策略由上百层的残差网络表示[2-4],AlphaStar 的策略网络包含了残差网络、Transformer 网络、注意力机制网络等[5],这些网络都是在研究监督学习模型时发展出来的。

(2) 大型决策任务往往需要先利用监督学习(模仿学习)对策略网络进行预训练来模仿人类专家策略,然后在得到结果的基础上进行强化学习训练。

(3) 强化学习中的回报模型、状态模型、环境模型可以建模为监督学习问题,在强化学习过程中可调用监督学习,对上述元素进行预测。

(4) 强化学习与非监督学习之间存在重要联系。强化学习智能体需要不断探索环境,为了加快探索效率,可以使用无监督学习方法对状态空间进行划分,即将状态空间中的数据划分为探索过的区域和尚未探索的区域,因此强化学习过程中也可以使用非监督学习技术。

由于解决的问题不同,监督学习、非监督学习和强化学习三者的差异如下。

(1) 训练数据不同:监督学习使用带有标签的数据集;无监督学习使用不带任何标签的数据集;强化学习使用的数据是智能体与环境动态交互所产生的带有回报的动态数据。

(2) 训练算法不同:监督学习常使用的方法包括神经网络、支持向量机、决策树、逻辑回归、线性回归等算法;非监督学习常使用的方法包括 K-means 聚类、分层聚类、主成分分析等算法;强化学习常使用的方法包括:深度 Q 网络 DQN 算法、策略梯度算法(policy gradient,PG)、近端策略优化算法(proximal policy optimization,PPO)[6]、深度确定性策略梯度算法(deep deterministic policy gradient,DDPG)[7]等。

## 6.4 强化学习分类

### 6.4.1 基于值函数的强化学习算法

基于值函数的强化学习算法的基本原理为策略迭代算法,即利用当前策略 $\pi_{cur}$ 采样多幕数据,利用采集到的数据评估当前策略的行为值函数 $Q_\pi(s,a)$,然后利用该行为值函数构建新的策略 $\pi_{next}$,如此循环迭代,以得到最优策略。从该迭代过程可以看出,最关键的两点是对当前策略的评估(即计算当前策略的行为值函数)和策略的改进。对于策略改进,通常使用贪婪策略即可。因此,如何评估当前策略成为基于值函数强化学习算法的关键。

目前的策略评估方法包括蒙特卡洛方法和时间差分方法。其中,蒙特卡洛强化学习算

法利用整条轨迹中的立即回报数据来评估行为值函数,具体如下所示:

$$q_\pi(s,a) = E_\pi\Big[\sum_{k=0}^{\infty}\gamma^k R_{t+k+1} \mid S_t=s, A_t=a\Big] \quad (6.20)$$

当轨迹很长时,以上这种策略评估方式的方差很大,要想得到准确的评估结果,往往需要很大的数据量。另外,在策略评估过程中,蒙特卡洛算法无法利用相邻状态或者后继状态处的值函数来估计当前状态的值函数。基于以上原因,时间差分(TD)强化学习利用后继状态—动作对的行为值函数来代替蒙特卡洛中后继轨迹的采样,具体公式如下:

$$q_\pi(s,a) = E_\pi[R_{t+1} + \gamma V_\pi(S_{t+1}) \mid S_t=s, A_t=a] \quad (6.21)$$

如图 6-7 所示,蒙特卡洛强化学习利用采样轨迹评估行为值函数,所使用的是式(6.20)的采样形式,即平均折扣累积回报。时间差分强化学习利用采样的当前状态—动作对的立即回报的期望 $r(s,a)$ 及后继状态的值函数 $V_\pi(s')$ 来评估行为值函数。正如图 6-7 所示,时间差分强化学习利用后继状态的值函数 $V_\pi(s')$ 来代替蒙特卡洛算法中后继的采样样本。在实际学习过程中,我们并不知道真实的 $V_\pi(s')$,因此用 $V_\pi(s')$ 的当前估计值 $\hat{V}_\pi(s')$ 来代替。在随机采样学习算法中,直接利用 $\hat{q}_\pi(s_{t+1},\pi(s_{t+1}))$ 来代替值函数,即当前状态—动作对的行为值函数的估计为

$$\hat{q}_\pi(s_t,a_t) \leftarrow r(s_t,a_t) + \gamma\hat{q}_\pi(s_{t+1},\pi(s_{t+1})) \quad (6.22)$$

为此,称 $r(s_t,a_t) + \gamma\hat{q}_\pi(s_{t+1},\pi(s_{t+1}))$ 为 TD 目标。

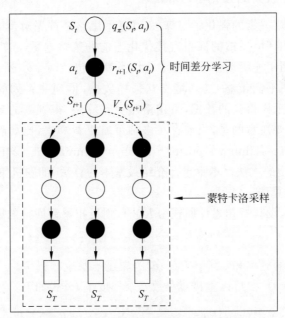

图 6-7 蒙特卡洛与时间差分方法比较

在基于值函数强化学习算法中,最著名的是 Q-learning 算法,在此对其进行重点介绍。Q-learning 算法为离策略(off)强化学习算法,用于数据采样的策略一般为 ε-greedy 策略,而用于评估的目标策略为贪婪策略,因此 Q-learning 算法的时间差分目标即 TD 目标为 $r(s,a) + \gamma \max_{a_i} q(s',a_i)$,Q-learning 算法伪代码如算法 6.1 所示。

算法 6.1　Q-learning 算法

1. 初始化行为值函数 $q(s,a),\forall s\in S,a\in A(s)$，给定参数 $\alpha,\gamma$
2. 重复
3. 　　给定起始状态 $s$，并根据 $\varepsilon$ 贪婪策略在状态 $s$ 选择动作 $a$
　　重复(对每一幕)
4. 　　　　(a) 执行动作 $a$，得到回报 $r$ 和下一个状态 $s'$，在状态 $s'$ 根据 $\varepsilon$ 贪婪策略得到动作 $a'$
5. 　　　　(b) 利用时间差分方法进行值函数更新：
$$\hat{q}_\pi(s,a) \leftarrow \hat{q}_\pi(s,a) + \alpha[r(s,a) + \gamma \max_{a_i}\hat{q}_\pi(s',a_i) - \hat{q}_\pi(s,a)]$$
6. 　　　　(c) 利用新估计的行为值函数改善当前的策略：
$$\pi'(a|s) \leftarrow \begin{cases} 1-\varepsilon+\dfrac{\varepsilon}{|A|}, & \text{if } a=\operatorname{argmax}\hat{q}_\pi(s,a) \\ \dfrac{\varepsilon}{|A|}, & \text{if } a\neq\operatorname{argmax}\hat{q}_\pi(s,a) \end{cases}$$
7. 　　　　(d) $s=s', a=a'$
8. 　　Until $s$ 为终止状态
9. Until 所有的 $q(s,a)$ 收敛
10. 输出最终策略：$\pi^*(s) = \operatorname*{argmax}_a q(s,a)$

### 6.4.2　基于直接策略搜索的强化学习算法

对于基于直接策略搜索的强化学习算法，其基本思路是首先对策略进行参数化，智能体通过与环境交互，利用环境反馈的回报直接优化当前的策略参数。该方法不需要对值函数进行贪婪操作，可适用于连续动作空间任务。该类算法包括两个步骤：第一，智能体使用当前的策略(探索和利用平衡策略)与环境交互采样数据，得到一系列的状态、动作和回报数据；第二，利用第一步采样得到的数据，采用策略更新算法，得到新的策略，如此循环迭代直到得到最优策略。需要注意的是，当前存在多种策略更新算法，比如随机策略梯度算法，最大后验策略优化算法(maximum a posteriori policy optimization，MPO)、基于路径积分的 PI2 算法以及基于模型的方法。本章重点介绍最基本的算法，即随机策略梯度算法。

**1. 随机策略梯度算法**

对于轨迹 $\tau$ 来说，设其折扣累计回报为 $R(\tau)$，则折扣累计回报的期望可表示为

$$U(\theta) = \sum_\tau P(\tau;\theta) R(\tau) \tag{6.23}$$

即期望等于累计回报的概率和，其中 $P(\tau;\theta)$ 为轨迹 $\tau$ 发生的概率。

有了目标函数 $U(\theta)$，便可以直接对参数 $\theta$ 求梯度了，公式如下：

$$\nabla_\theta U(\theta) = \sum_\tau \nabla_\theta P(\tau;\theta) R(\tau) \approx \frac{1}{m}\sum_{i=1}^m \sum_{t=0}^T \nabla_\theta \log\pi(a_t^{(i)}|s_t^{(i)}) \Big(\sum_{k=t}^T R(s_k^{(i)})\Big) \tag{6.24}$$

按照状态—动作对进行分解，式(6.24)可以写为

$$\nabla_\theta U(\theta) \approx \frac{1}{m}\sum_{i=1}^m \sum_{t=0}^T g_t^i \tag{6.25}$$

其中：$g_t^i = \nabla_\theta \log\pi(a_t^{(i)}|s_t^{(i)}) \cdot \Big(\sum_{k=t}^T \gamma^{k-t} r_k\Big)$，为采样轨迹 $\tau$ 上数据点 $(s_t,a_t)$ 处的局部梯度。

式(6.25)进一步告诉我们,策略梯度是由采样轨迹点上所有的局部梯度求平均而得到。其中,局部梯度计算公式如下:

$$g_t^i = \nabla_\theta \log \pi(a_t^{(i)} \mid s_t^{(i)}) \cdot \left(\sum_{k=t}^{T} \gamma^{k-t} r_k\right) \tag{6.26}$$

在式(6.26)中,第一项 $\nabla_\theta \log \pi(a_t^{(i)} \mid s_t^{(i)})$ 表示概率密度函数的对数 $\log \pi(a_t^{(i)} \mid s_t^{(i)})$ 对参数的梯度方向,参数在该方向上更新可以使得该动作 $a_t^{(i)}$ 的概率增大;第二项 $\left(\sum_{k=t}^{T} \gamma^{k-t} r_k\right)$ 为梯度的幅值大小,智能体在状态 $s_t^{(i)}$ 处采用动作 $a_t^{(i)}$,若所得到的折扣累积回报为正,其值越大,则表明该局部梯度正向的幅值越大,参数更新后该动作被采样到的概率越大;相反,若所得到的折扣累积回报为负,则该局部梯度的方向反转,参数更新后,该动作被采样到的概率降低。基于蒙特卡洛的 REINFORCE 强化学习算法为策略梯度算法的一个具体实现,其伪代码如算法 6.2 所示。

---

**算法 6.2　REINFORCE 算法**

1. 输入:可微的参数化策略 $\pi(a \mid s; \theta)$
2. 设置算法参数:步长 $\alpha > 0$,$N$ 为采样轨迹数,$M$ 为 minibatch 中样本数量
3. 初始化:随机初始化策略参数 $\theta$
4. 循环
5. 　　利用当前策略采样 $N$ 条轨迹 $s_0^{(i)}, a_0^{(i)}, r_0^{(i)}, \cdots, s_{T-1}^{(i)}, a_{T-1}^{(i)}, R_{T-1}^{(i)}$
6. 　　对轨迹中的每个时间步,进行如下计算:

$$R_t^i \leftarrow \sum_{t'=t}^{T-1} \gamma^{t'-t} r_{t'}^i$$

7. 　　随机采样 minibatch 数据计算策略梯度,并更新参数:

$$\theta \leftarrow \theta + \alpha \frac{1}{M} \sum_{i=0}^{M} \nabla_\theta \log \pi(a_i \mid s_i; \theta) R_i$$

---

**2. 其他直接策略搜索算法**

除了策略梯度算法之外,常用的直接策略搜索算法还包括近端策略优化算法(PPO 算法)和深度确定性策略梯度算法(DDPG 算法)。

随机策略梯度算法的缺点是难以确定合适的更新步长。为了保证迭代过程策略稳定,PPO 算法寻找新的替代回报函数,并在优化过程中将参数的更新量限定在一定的区间范围内。该算法为同策略(on-policy)强化学习算法,且优化过程中只使用到了梯度,因此该算法更新过程稳定且容易应用到大规模问题中,已在实际应用过程中得到广泛应用,比如 ChatGPT 模型最终的优化方法便是使用 PPO 算法进行的微调。

前面的策略梯度算法和近端策略优化算法优化的策略都是随机策略,然而由于随机策略的引入,需要在状态空间以及每个状态的动作空间中进行大量采样,根据大数定理,只有采样数量接近于无穷时,才可逼近真实值。如果动作空间是高维的,则需要在整个高维的动作空间中进行大量采样,由此带来计算压力。若所评估的策略为确定性策略,即给定任意状态 $s$ 时指定唯一的动作 $a$,那么梯度的计算就不需要在动作空间进行采样和积分了,这对于高维动作空间的任务可大大减小采样量。基于这样一个考虑,学者们提出 DDPG 算法。

DDPG 算法采用异策略的方法对确定性策略梯度进行计算。因为确定性策略本身没有

探索性，那么它本身的策略所产生的数据就缺少探索能力，因此无法进行学习。而异策略的方法可以使得智能体利用具有探索性的策略产生数据，并根据这些数据来计算策略梯度。

在直接策略搜索算法中，除了上面提到的策略梯度算法、近端策略优化算法和深度确定性策略梯度算法，还有很多其他方法，比如最大后验策略优化（MPO）算法、路径积分强化学习算法等。

## 6.5 强化学习的应用

本节剖析几个深度强化学习里程碑事件的基本原理，具体包括以下几个典型案例：①人类级雅达利玩家：DQN[1]；②星际争霸大师：AlphaStar[5]；③超级聊天机器人：ChatGPT[8]。

### 6.5.1 人类级雅达利专家：DQN

2013年，DeepMind提出第一个深度强化学习算法，即用深度Q网络DQN来解决雅达利视频游戏问题。经过训练，智能体水平可达到人类专业玩家级水平。该工作于2015年在《自然》杂志发表。接下来从网络模型构成、算法伪代码和用到的基本技巧三个方面介绍该算法。

**1. 网络模型的构成**

DQN行为值函数由卷积神经网络构成，该神经网络的输入为经过处理过的连续4帧图像 $\phi_t = [o_{t-3}, o_{t-2}, o_{t-1}, o_t]$，神经网络的结构包括卷积层和全连接层，输出为有效的动作通道。

**2. 算法伪代码**

DQN算法伪代码如算法6.3所示，其主要过程包括使用行为值函数的初始化，使用 $\epsilon$-greedy 策略采样动作，并利用采样策略跟环境交互，利用时间差分方法估计TD目标，并对行为值函数网络进行训练。

---

**算法6.3　DQN算法**

1. 初始化容量为N的回放记忆单元D
2. 使用随机权重 $\theta$ 初始化行为值函数
3. 使用权重 $\theta^- = \theta$ 初始化目标行为值函数
4. 重复采样轨迹 $e = 1, 2, \cdots, M$：
5. 　　初始化序列 $s_1 = \{x_1\}$ 并且预处理序列为 $\phi_1 = \phi(s_1)$
6. 　　循环采样 $t = 1, t = 2, \cdots, T$：
7. 　　　　以概率 $\epsilon$ 随机选择动作 $a_t$
8. 　　　　否则选择 $a_t = \mathrm{argmax}_a Q(\phi(s_t), a; \theta)$
9. 　　　　在模拟器中执行动作 $a_t$ 并观测回报 $r_t$ 和图像 $x_{t+1}$
10. 　　　设定 $s_{t+1} = s_t, a_t, x_{t+1}$ 并预处理 $\theta\phi_{t+1} = \phi(s_{t+1})$
11. 　　　将 $(\phi_t, a_t, r_t, \phi_{t+1})$ 存储在 D 中
12. 　　　在D中随机采样 minibatch 数据 $(\phi_j, a_j, r_j, \phi_{j+1})$

13.         设置 $y_j = \begin{cases} r_j & \text{如果轨迹在第 } j+1 \text{ 步结束} \\ r_j + \gamma \max_{a'} \hat{Q}(\phi_{j+1}, a'; \theta^-) & \text{其他} \end{cases}$

14.         在 $(y_j - Q(\phi_j, a_j; \theta))^2$ 上执行一个梯度下降步
15.         更新参数 $\theta$
16.         每隔 $C$ 步重置 $\theta^- = \theta$
17.         结束循环采样
18. 结束重复采样轨迹

**3. DQN 算法基本技巧**

与以往使用神经网络表示值函数，并利用 Q-learning 框架进行训练相比，DQN 算法做了以下两个创新。

(1) 使用经验回放对行为值函数进行训练。

用于神经网络训练的数据一般要求服从独立同分布，而智能体与环境进行交互时采集到的数据一般存在时间相关性，如果按照采样顺序进行训练，则神经网络训练不稳定。为了利用独立同分布的数据对神经网络进行训练，DQN 将采样数据存储到经验缓存器中，然后通过随机采样的方法从经验缓存器中取数据，再使用这些数据对神经网络进行训练。

(2) 使用独立的目标网络来表示 TD 目标。

利用神经网络对值函数进行逼近时，采用梯度下降法更新参数 $\theta$：

$$\theta_{t+1} = \theta_t + \alpha[r + \gamma \max_{a'} Q(s', a') - Q(s, a; \theta)] \nabla Q(s, a; \theta) \qquad (6.27)$$

其中，$r + \gamma \max_{a'} Q(s', a')$ 称为 TD 目标。在以往的算法中，TD 目标中的第二项 $Q(s', a')$ 由当前的参数 $\theta$ 计算，由于参数 $\theta$ 不断更新，导致 TD 目标的计算也频繁更新，这使得 TD 目标变得不稳定，从而导致网络学习震荡。为了解决这个问题，DQN 使用独立的目标网络对 TD 目标中的第二项进行计算，设其参数为 $\theta^-$，为了避免 $\theta^-$ 频繁更新带来的问题，DQN 设置其更新方法为每隔 $C$ 步同步评估网络的参数。在 $C$ 步内，独立的目标网络的参数是保持不变的。

### 6.5.2 星际争霸大师：AlphaStar

星际争霸大师 AlphaStar 是 2019 年 DeepMind 发表在《自然》上的成果。星际争霸实质上是大规模、长规划、不完美信息、零和博弈问题，涉及的战术复杂，因此给最优策略的求解带来巨大挑战。AlphaStar 经过训练后击败 99.8% 专业玩家，达到大师级水平。接下来从总体训练框架和训练结果两个方面介绍 AlphaStar。

**1. 总体训练框架**

图 6-9 为 AlphaStar 的训练框架，如图 6-8(a) 所示，智能体首先利用人类数据进行监督学习训练，使得智能体模仿人类专业玩家的策略。后转入强化学习训练阶段：如图 6-8(b) 所示，在强化学习阶段，使用 TD($\lambda$) 来训练值函数；使用人类数据辅助探索；使用 V-Trace 和 UPGO 计算策略梯度更新策略；图 6-8(c) 为使用联盟训练的方法产生对抗样本，具体方式为自对抗或优先虚拟对抗。

联盟智能体包括主智能体、主利用者和联盟利用者。下面分别介绍这 3 类智能体的含

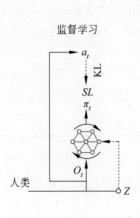
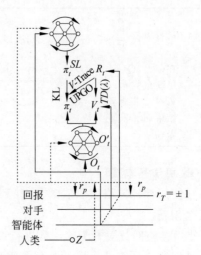

(a) 基于人类数据的监督学习　　　　(b) 强化学习

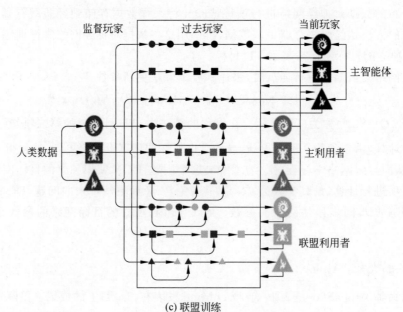

(c) 联盟训练

图 6-8　AlphaStar 训练框架[5]

义和训练过程。

(1) 主智能体：该智能体是训练的核心。训练时，主智能体有 35% 进行自对抗；有 50% 与联盟中过去玩家进行优先虚拟自对抗；有 15% 与联盟利用者或过去策略对抗。

(2) 主利用者：该智能体的作用是找到主智能体的弱点。训练时，主利用者与主智能体进行对抗。

(3) 联盟利用者：该智能体的作用是寻找联盟系统的缺陷。训练时，联盟利用者利用优先虚拟自对抗与联盟智能体进行对抗。

## 2. 实验结果

图 6-9 为 AlphaStar 的训练性能曲线,可以看出,主智能体性能稳步提升,经过 44 天训练即可达到星际争霸大师级水平。

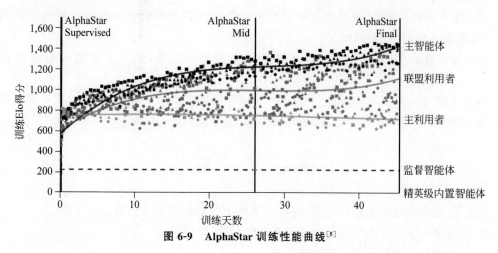

图 6-9  AlphaStar 训练性能曲线[5]

### 6.5.3  超级聊天机器人:ChatGPT

ChatGPT 是 OpenAI 于 2022 年 11 月 30 号发布,以 GPT 为基础的对话式大型语言模型,其功能包括聊天、撰写文章、编写代码等,一经推出即得到广泛关注。ChatGPT 在训练过程中使用了监督学习和强化学习,该过程分为 3 步,接下来分别介绍。

第 1 步:收集示例数据,得到由监督微调的策略 SFT。

数据来源分为两个部分,其中,第一部分为使用 OpenAI 的用户数据,第二部分则来自 OpenAI 雇佣的 40 名数据标注工;采集到的数据类型为(提示、答复)对;该部分使用 GPT-3 的训练方式对 GPT 模型进行训练。

第 2 步:收集人工标注的对比数据,并训练回报函数模型。

(1) 数据采集:数据采集时先让模型生成一批候选文本,然后人工标注者根据生成数据的质量对这些生成的内容进行排序;具体的标注过程为:对于每个提示词,ChatGPT 会随机生成 $K$ 个输出($4 \leqslant K \leqslant 9$),然后它们向人工标注者展示两个输出,标注者对这两个输出选出更好的一个。

(2) 奖励函数模型的输入为提示词及其回答,输出为奖励值。训练时,将每个提示词的 $C_K^2$ 个响应对作为一个批,该批的损失函数如下:

$$\text{loss}(\theta) = -\frac{1}{\binom{K}{2}} E_{(x,y_w,y_l)}[\log(\sigma(r_\theta(x,y_w) - r_\theta(x,y_l)))] \tag{6.28}$$

$r_\theta(x,y)$ 表示提示为 $x$、响应为 $y$ 时的奖励值,$y_w$ 为标注者更喜欢的结果,$y_l$ 为不喜欢的结果。

第 3 步:利用 PPO 算法和学到的回报模型优化 SFT。

PPO 的损失函数选择如下:

$$\text{loss}(\phi) = E_{(x,y)\sim D_{\pi_\phi}}[r_\theta(x,y) - \beta\log(\pi_\phi^{\text{RL}}(y\mid x)/\pi^{\text{SFT}}(y\mid x))]$$
$$+ \gamma E_{x\sim D_{\text{pretrain}}}[\log(\pi_\phi^{\text{RL}}(x))] \tag{6.29}$$

需要注意的是：

（1）随着模型的更新，强化学习模型产生的数据与训练奖励模型数据之间的差距越来越大，为此加入惩罚项 $\beta\log(\pi_\phi^{\text{RL}}(y|x)/\pi^{\text{SFT}}(y|x))$。

（2）为了保证在通用自然语言处理任务上性能不下降，加入了通用语言模型目标 $\gamma E_{x\sim D_{\text{pretrain}}}[\log(\pi_\phi^{\text{RL}}(x))]$。

经过上述3步训练的ChatGPT模型比未经训练的GPT3.5性能更好，生成的语言逻辑性更强，更符合人们的表达习惯，因此ChatGPT模型得到广泛应用。

## 6.6 习题

1. 给出强化学习中策略的定义，并给出3种探索和利用平衡的策略。
2. 简述强化学习算法与监督学习以及非监督学习的联系。
3. 比较值函数与行为值函数的异同点。
4. 给出两种基于值函数的强化学习算法。
5. 基于直接策略搜索算法包括哪些算法，并简述近端策略优化算法的基本原理。
6. 使用似然率方法推导策略梯度公式。
7. 分析星际争霸大师AlphaStar使用到的多智能体强化学习方法。
8. 简述ChatGPT算法的基本原理。

## 参考文献

[1] MNIH V, KAVUKCUOGLU K, SILVER D, et al. Human-level control through deep reinforcement learning[J]. Nature, 2015, 518(7540): 529-533.

[2] SILVER D, HUANG A, MADDISON C J, et al. Mastering the game of Go with deep neural networks and tree search[J]. Nature, 2016, 529(7587): 484-489.

[3] SILVER D, SCHRITTWIESER J, SIMONYAN K, et al. Mastering the game of go without human knowledge[J]. Nature, 2017, 550(7676): 354-359.

[4] SCHRITTWIESER J, ANTONOGLOU I, HUBERT T, et al. Mastering atari, go, chess and shogi by planning with a learned model[J]. Nature, 2020, 588(7839): 604-609.

[5] VINYALS O, BABUSCHKIN I, CZARNECKI W M, et al. Grandmaster level in StarCraft II using multi-agent reinforcement learning[J]. Nature, 2019, 575(7782): 350-354.

[6] SCHULMAN J, WOLSKI F, DHARIWAL P, et al. Proximal policy optimization algorithms[J]. arXiv preprint arXiv, 2017, abs/1707.06347.

[7] LILLICRAP T P, HUNT J J, PRITZEL A, et al. Continuous control with deep reinforcement learning[J].CoRR, 2015, abs/1509.02971.

[8] OUYANG L, WU J, JIANG X, et al. Training language models to follow instructions with human feedback[J]. Advances in neural information processing systems, 2022(35): 27730-27744.

# 第 7 章  计算机视觉

## 7.1  计算机视觉概论

人类主要通过视觉、触觉、听觉和嗅觉等感官来感知外部世界。在这些感官中,视觉扮演着最重要的角色,成为人类获取外界信息的主要途径。据统计,人类约80%的认知信息来源于视觉。通常来说,视觉不仅指对光信号的感受,还包括对视觉信息的获取、传输、处理、存储与理解的全过程。在信号处理理论和计算机出现以后,人们试图通过摄像机获取环境图像,并将其转换为数字信号,并使用计算机实现对视觉信息的处理,由此形成了一门新的学科——计算机视觉(computer vision)。这是维基百科给出的计算机视觉的定义[1]:Computer vision is an interdisciplinary scientific field that deals with how computers can gain high-level understanding from digital images or videos. From the perspective of engineering, it seeks to understand and automate tasks that the human visual system can do.(计算机视觉是一个跨学科的科学领域,它对计算机如何从数字图像或视频中获得高层次的理解进行研究。从工程角度来看,计算机视觉寻求理解并自动处理人类视觉系统可以完成的任务。)

可见,计算机视觉是研究用计算机来模拟生物视觉功能的科学与技术。它利用各种成像系统代替生物的视觉器官作为输入手段,由计算机代替大脑进行处理和解释。计算机视觉使用图像创建或恢复现实世界模型,进而认知现实世界,其最终目标是使计算机能像人那样,通过视觉观察和理解世界,具有自主适应环境的能力。计算机视觉的发展不仅大力推动了智能系统的发展,还逐渐拓宽了计算机与各种智能机器的研究范围和应用领域。

最早的计算机视觉算法可以追溯到20世纪60年代,在之后的几十年中,研究者们提出了各种各样的方法,让计算机来理解图像。2012年,由亚历克斯·克里日夫斯基等人提出的AlexNet横空出世[2],这是一种多层CNN,它首次证明了学习到的图像特征可以超越人工设计的特征,在图像分类任务中取得了非常好的效果。CNN等深度学习方法的引入,是计算机视觉的一个里程碑事件。我们通常将引入深度学习前的视觉算法称为传统视觉方法,而将使用了多层CNN的方法称为基于深度学习的视觉方法。此后,越来越多的深度学习模型被应用于计算机视觉领域,在物体检测、图像分割、图像理解等任务中都得到了理想结果,其性能甚至超过了人类的处理水平。目前,很多算法已经实现了实际应用,如车牌识别、人脸识别等。

## 7.2 图像与图像预处理

图像预处理是一大类图像处理方法,它在最低抽象层次的图像上进行操作,图像预处理的输入和输出都是亮度图像。图像预处理的目的是改善图像质量,抑制不需要的变形或增强某些对于后续处理较为重要的图像特征。本节主要介绍几种重要的图像预处理方法,包括图像的点运算、图像滤波和边缘检测。

### 7.2.1 图像的表示

我们通常从直观上理解图像(image)的意义,如视网膜上所成的图像,或摄像机拍摄的图像等。一幅图像可以表示为一个二维函数 $f(x,y)$,其中,$x$ 和 $y$ 是空间(平面)坐标,$f$ 是坐标点 $(x,y)$ 的振幅,称为图像在该点的亮度。对于单色图像(灰度图像),一个标量函数就足够了,函数的取值称为灰度;而对于由 3 个分量组成的彩色图像,则需要使用矢量函数。

在物理世界中,图像关于坐标 $(x,y)$ 和振幅 $f$ 连续,为了用计算机来处理图像,需要对坐标和振幅进行数字化,当 $f(x,y)$ 的坐标和振幅都是有限且离散的量时,称该图像为数字图像。为了使符号更清晰,数字图像的离散坐标使用整数 $(m,n)$ 表示[3]。设数字图像 $f(m,n)$ 有 $M$ 行 $N$ 列,则可用一个大小为 $M \times N$ 的矩阵表示该图像:

$$\begin{bmatrix} f(0,0) & f(0,1) & \cdots & f(0,N-1) \\ f(1,0) & f(1,1) & \cdots & f(1,N-1) \\ \vdots & \vdots & & \vdots \\ f(M-1,0) & f(M-1,1) & \cdots & f(M-1,N-1) \end{bmatrix} \tag{7.1}$$

其中,矩阵中的数值 $f(m,n)$ 为图像的灰度值,是取值范围为 0~255 的整数。

色彩在人类视觉感知中极为重要,在许多计算机视觉的应用中,单色图像可能没有足够的信息,而彩色图像通常可以弥补信息的不足。彩色图像都是基于某种色彩模型描述的,所谓色彩模型,是指三维颜色空间中的一个可见光子集,它包含了一个色彩域的所有色彩。目前,最为常用的色彩模型是 RGB(red-green-blue)模型,大多数图像传感器根据这一模型提供数据。在 RGB 模型中,每个像素都与一个三维向量 $(r,g,b)$ 关联,每一分量分别对应于红色、绿色、蓝色三种色彩的亮度。若每个原色的量化级别为 $k$(通常是 256),则 RGB 模型代表了一个包含 $k^3$ 种颜色的色彩空间,其中,$(0,0,0)$ 表示黑色,$(k-1,k-1,k-1)$ 表示白色,$(k-1,0,0)$ 表示纯红。图 7-1(a)展示了一幅彩色图像,其 RGB 分量如图 7-1 (b)~(d)所示。

(a) 彩色图像　　　(b) 红色分量　　　(c) 绿色分量　　　(d) 蓝色分量

图 7-1　RGB 模型的各个色彩分量

需要注意的是，计算机视觉试图从图像中获取生物视觉系统提供的类似结果，然而，图像中含有大量的信息，这使得通过计算机表达视觉知识变得非常困难。人类在解释图像时使用了很多先验知识，而计算机只是从图像矩阵开始分析。如果计算机仅处理图像的局部成分，则很难得到全局性的理解。因此，如何完成视觉知识的表达并对其进行充分利用，是计算机视觉需要解决的核心问题。

### 7.2.2 图像点运算

**1. 灰度级变换**

在图像点运算(point operators)中，图像中每个像素点的输出值只取决于其输入值，图像灰度级变换是一种典型的点运算。灰度级变换不依赖像素在图像中的位置，变换函数 $T$ 将原来在 $[p_0, p_k]$ 范围内的亮度 $p$ 变换为一个新范围 $[q_0, q_k]$ 内的亮度：

$$q = T(p) \tag{7.2}$$

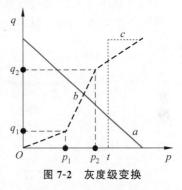

图 7-2 灰度级变换

图 7-2 给出了几种典型的灰度级变换，直线 $a$ 代表底片变换，即 $q = 255 - p$，折线 $b$ 通过分段函数增强了图像在亮度 $p_1$ 到 $p_2$ 间的对比度，函数 $c$ 称为图像二值化，其结果是非黑即白的图像，后面将详细介绍。图 7-3 展示了 3 种灰度级变换的结果，其中，图 7-3(c) 将原始图像的亮度范围从 $[170, 200]$ 增强为 $[150, 225]$，图 7-3(d) 的二值化阈值为 180。

(a) 原始图像　　　　(b) 底片变换　　　　(c) 分段增强　　　　(d) 图像二值化

图 7-3 灰度级变换结果

**2. 图像二值化**

图像二值化(image binarization)，又称为图像阈值处理(image thresholding)，是一种特殊的灰度级变换。对于原始图像 $f(m,n)$，阈值处理后的图像 $g(m,n)$ 定义为

$$f(m,n) = \begin{cases} 1 & f(m,n) \geqslant T \\ 0 & f(m,n) < T \end{cases} \tag{7.3}$$

其中，$T$ 是选定的阈值，标注为 1 的像素对应于图像中的对象，而标注为 0 的像素对应于背景。图像二值化在图像分割中占有重要的地位，选取阈值 $T$ 是图像二值化的关键。

Otsu 算法是一种常用的选取阈值的方法[4]，该算法由日本学者大津(Nobuyuki Otsu)于 1979 年提出，又称为最大类间方差法或大津法。Otsu 算法的基本思想是，按照某个阈值将图像分成图像对象和背景两部分,对象区域和背景区域的"类间方差"越大,说明对象与背景两种区域的差异越大,该阈值则在某种"最佳"的意义上实现了对象与背景的分离。Otsu算法基于图像直方图计算阈值。图像直方图是图像的一个重要性质,它给出了图像中各个亮度值出现的频率。若图像的亮度级别为 $k$,则图像直方图可通过具有 $k$ 个元素的一维数组 $H$ 表示。在 Otsu 算法中,设图像的归一化直方图为

$$p_i = \frac{n_i}{N} \quad i = 0, 1, 2, \cdots, k-1 \tag{7.4}$$

其中,$N$ 是图像中总的像素数,$k$ 是图像中的亮度级别,$n_i$ 是亮度级别为 $i(0 \leqslant i < k)$ 的像素数目,即图像直方图。

设选定阈值为 $t$,$C_0$ 是亮度级别为 $[0,1,\cdots,t-1]$ 的像素集合,$C_1$ 是亮度级别为 $[t,t+1,\cdots,k-1]$ 的像素集合。Otus 算法选择最大化类间方差 $\sigma_B^2$ 的值作为二值化的阈值,类间方差 $\sigma_B^2$ 定义为

$$\sigma_B^2 = \omega_0 (\mu_0 - \mu_T)^2 + \omega_1 (\mu_1 - \mu_T)^2 \tag{7.5}$$

其中,$\omega_0$ 和 $\omega_1$ 分别为某一像素属于集合 $C_0$ 和 $C_1$ 的概率,定义如下:

$$\omega_0 = \sum_{i=0}^{t-1} p_i \quad \omega_1 = \sum_{i=t}^{k-1} p_i \tag{7.6}$$

$\mu_0$ 和 $\mu_1$ 分别表示集合 $C_0$ 和 $C_1$ 的平均亮度值:

$$\mu_0 = \sum_{i=0}^{t-1} i \frac{p_i}{\omega_0} \quad \mu_1 = \sum_{i=t}^{k-1} i \frac{p_i}{\omega_1} \tag{7.7}$$

$\mu_T$ 则给出了整体图像的平均亮度值:

$$\mu_T = \sum_{i=0}^{k-1} i p_i \tag{7.8}$$

算法 7.1 总结了 Otsu 阈值选择方法的完整过程。图 7-4 给出了针对细胞图像的二值化结果。

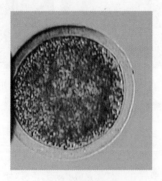

(a) 原始细胞图像　　　　　　　　(b) Otsu算法t=113

图 7-4　图像二值化结果

**算法 7.1　Otsu 阈值选择方法**

1. 给定包含 $k$ 个亮度级别的图像 $I$,根据式(7.4)计算图像的归一化直方图
2. 设定 $t=1$

3. 重复
4. 对于阈值 $t$，将直方图分为亮度级别为 $[0,1,\cdots,t-1]$ 的像素集合（背景 B）和亮度级别为 $[t,t+1,\cdots,k-1]$ 的像素集合（前景 F）
5. 根据式(7.5)计算背景和前景的类间方差 $\sigma_B^2(t)$
6. $t=t+1$
7. Until $t=k-1$
8. 选择最优阈值为 $\hat{t}=\mathrm{argmax}_t(\sigma_B^2(t))$

### 7.2.3 图像滤波

**1. 卷积运算**

在图像分析中，卷积(convolution)是一种重要的线性运算。二维连续函数 $f$ 和 $h$ 的卷积 $g$ 通过积分定义：

$$\begin{aligned} g(x,y) &= f(x,y) * h(x,y) = h(x,y) * f(x,y) \\ &= \int_{-\infty}^{\infty}\int_{-\infty}^{\infty} f(a,b)h(x-a,y-b)\mathrm{d}a\,\mathrm{d}b \\ &= \int_{-\infty}^{\infty}\int_{-\infty}^{\infty} f(x-a,y-b)h(a,b)\mathrm{d}a\,\mathrm{d}b \end{aligned} \tag{7.9}$$

在计算机视觉中，若 $f$ 和 $h$ 分别是大小为 $M_1 \times N_1$ 和 $M_2 \times N_2$ 的数字函数，则离散卷积 $g$ 可通过式(7.10)求和计算：

$$\begin{aligned} g(m,n) &= f(m,n) * h(m,n) \quad &m=0,1,\cdots,M_1+M_2-2 \\ &= \sum_{k=0}^{M_1-1}\sum_{l=0}^{N_1-1} f(k,l)h(m-k,n-l) \quad &n=0,1,\cdots,N_1+N_2-2 \end{aligned} \tag{7.10}$$

依据滤波变换的性质，图像滤波可分为线性滤波和非线性滤波两类。在线性滤波中，设输入图像和输出图像分别为 $f$ 和 $g$，输出图像像素 $g(m,n)$ 的计算结果是输入图像像素 $f(m,n)$ 在其局部邻域 $\Omega$ 的亮度线性组合：

$$g(m,n) = f(m,n) \times h(m,n) = \sum_{(k,l)\in\Omega}\sum f(k,l)h(m-k,n-l) \tag{7.11}$$

一般使用有奇数行和奇数列的矩形邻域 $\Omega$，以确定邻域的中心。在式(7.11)中，邻域 $\Omega$ 中的像素贡献通过 $h$ 进行加权，即输出图像 $g$ 是输入图像 $f$ 与 $h$ 的离散卷积，$h$ 通常称为滤波器，有时也称作卷积掩模或卷积核。对于非线性滤波，一般基于邻域 $\Omega$ 进行非线性操作，如后面将介绍的中值滤波。

根据处理的目的，图像滤波可以分为图像平滑和图像梯度运算两类。在图像获取和传输过程中，图像常被噪声污染，导致图像质量下降，图像平滑(smoothing)的目的就是抑制噪声。不幸的是，图像平滑也会使包含重要信息的图像边缘变得模糊，而图像梯度运算(gradient operators)通过对图像局部求导，使图像中灰度变化剧烈的地方，即边缘的位置显现出来。本节将介绍一些常用的平滑滤波方法，下一节则对图像的梯度运算与边缘检测进行讨论。

**2. 图像平滑**

图像平滑是一种基于线性滤波的图像预处理方法。对于输入图像的每一个像素，仅使用该像素一个小邻域内的像素信息,即可计算产生输出图像的对应像素亮度。图像平滑利用了图像数据的冗余性,可以在一定程度上去除图像中的噪声。

均值滤波是最简单的图像平滑方法,该方法通过对图像的局部邻域 $\Omega$ 求平均值实现去噪。此时,每一像素都用局部邻域内所有像素的平均值代替。对于 $3\times3$ 的邻域,卷积掩膜为

$$\boldsymbol{H}_1 = \frac{1}{9}\begin{bmatrix} 1 & 1 & 1 \\ 1 & 1 & 1 \\ 1 & 1 & 1 \end{bmatrix} \tag{7.12}$$

为了更好地处理噪声,可增加卷积掩模中心处或其 4-邻接点处像素的权重,式(7.13)给出了 2 个可能的卷积掩膜:

$$\boldsymbol{H}_2 = \frac{1}{10}\begin{bmatrix} 1 & 1 & 1 \\ 1 & 2 & 1 \\ 1 & 1 & 1 \end{bmatrix}, \quad \boldsymbol{H}_3 = \frac{1}{16}\begin{bmatrix} 1 & 2 & 1 \\ 2 & 4 & 2 \\ 1 & 2 & 1 \end{bmatrix} \tag{7.13}$$

高斯滤波是一类根据高斯函数选择卷积掩膜的图像平滑方法,它对于去除高斯噪声很有效。对于图像处理来说,常用二维零均值高斯函数构成卷积掩膜,其表达式为

$$h(x,y,\sigma) = \frac{1}{2\pi\sigma^2} e^{-\frac{x^2+y^2}{2\sigma^2}} \tag{7.14}$$

其中,$\sigma$ 是高斯函数的参数,它决定了高斯函数的宽度,进而决定图像的平滑程度。$\sigma$ 又称为高斯滤波器的尺度,随着 $\sigma$ 逐渐增大,图像将越来越模糊。高斯滤波用像素邻域的加权均值代替该点的像素值,而每一邻域像素点的权值随该点与掩膜中心的距离单调递减。因此,与均值滤波相比,这一性质降低了高斯滤波对边缘的模糊作用。

如果噪声大小小于图像中感兴趣的最小尺寸,两种平滑滤波方法都会取得较好的处理结果。然而,平滑滤波去除了图像的高频成分和图像中的边缘细节,会导致图像边缘模糊。图 7-5 展示了均值滤波和高斯滤波对噪声抑制效果的对比。图 7-5(a)显示了原始图像,图 7-5(b)在原始图像的基础上添加了噪声,从图中可以看出,噪声的增加导致图像清晰度显著降低。图 7-5(c)和(d)分别展示了使用 $3\times3$ 和 $7\times7$ 的卷积核进行均值滤波后的结果。观察这两张图可以发现,随着卷积核尺寸的增加,图像的模糊程度也随之加剧。图 7-5(e)和(f)分别采用 $3\times3(\sigma=0.5)$ 和 $7\times7(\sigma=1)$ 的高斯卷积掩膜进行滤波。与均值滤波相比,对于同样大小的卷积掩膜,高斯滤波处理后的图像模糊程度降低,去噪能力也有一定的提升。

**3. 中值滤波**

在一系列有序数据中,中值是指位于数据中间位置的数值。中值滤波是一种非线性滤波方法,它以像素点邻域中的灰度值的中值来代替该像素点的灰度值,可以在去噪的同时有效减少边缘模糊。由于中值滤波不依赖于邻域内与典型值差别很大的灰度值,因此中值滤波对去除脉冲噪声,如椒盐噪声等,非常有效。一般情况下,我们取掩膜中的像素点数为奇数,以便直接求得中值;若邻域中的像素点数为偶数,则取排序像素中间两点的平均值作为中值。算法 7.2 给出了中值滤波的步骤。

(a) 原始图像　　　　　　　(b) 加入噪声　　　　　　(c) 3×3掩膜均值滤波

(d) 7×7掩膜均值滤波　　　(e) 3×3掩膜高斯滤波　　　(f) 7×7掩膜高斯滤波

图 7-5　图像平滑

**算法 7.2　中值滤波**

1. 确定掩膜大小和掩膜中心
2. 在掩膜内将像素点按亮度值大小排序
3. 选择序列的中间值作为掩膜中心的新像素值

图 7-6 展示了中值滤波对于噪声的抑制效果，图 7-6(a)是原始图像，图 7-6(b)在原始图像上叠加了椒盐噪声。图 7-6(c)和(d)分别使用 2×2 和 3×3 的掩膜进行中值滤波，从滤波结果看出，中值滤波对椒盐噪声有较好的消除效果。

(a) 原始图像　　　(b) 加入椒盐噪声　　　(c) 2×2掩膜　　　(d) 3×3掩膜

图 7-6　中值滤波

### 7.2.4 边缘检测

**1. 图像梯度运算**

边缘是一种非常重要的图像特征,它包含了图像中的大多数信息。心理学与神经科学研究表明,图像边缘对人类的视觉感知非常重要。图像中的边缘点由各种不同物理因素形成,如图 7-7 所示,包括空间曲面的不连续点(如天鹅的喙部)、物体不同材质或颜色的交点(如天鹅头部和喙部的交界)、物体与背景的分界线(如天鹅和湖面背景),等等。但是从本质上看,各类边缘都是图像上的灰度不连续点,或者图像灰度变化剧烈的地方。在计算机视觉中,"灰度变化剧烈"意味着图像函数的导数在边缘点附近具有较大值,因此,边缘检测方法大都利用图像函数的局部导数,即使用图像梯度运算,使边缘位置显现出来。

图 7-7 图像边缘的物理成因

边缘检测的难点在于,图像噪声和边缘都属于图像高频信号,图像梯度运算在寻找边缘的同时也会抬高图像的噪声水平,这也是在边缘检测中需要重点考虑的问题。

进行边缘检测需要对边缘给出的明确定义,即边缘的数学模型。考虑一维情况,图 7-8(a) 是理想的一维阶跃信号,此时的边缘点显然位于 $A$ 点处。然而,实际的物理信号不可能有理想的突变,图 7-8(b) 给出了一种实际的阶跃信号,信号是逐渐增大的,一般可认为点 $A'$ 为边缘点。对图 7-8(b) 的信号进行微分,如图 7-8(c) 所示,图中曲线 $a$ 为原始信号,曲线 $b$ 和曲线 $c$ 分别为信号的一阶微分和二阶微分。从图中可以看出,在边缘处,信号的一阶微分有最大值,二阶微分过零点,可据此进行边缘检测。

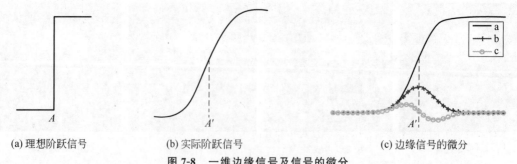

(a) 理想阶跃信号　　(b) 实际阶跃信号　　(c) 边缘信号的微分

图 7-8 一维边缘信号及信号的微分

虽然边缘检测的原理非常简单,但是在实际操作中却面临很多问题,其根本原因在于图像存在噪声。噪声通常是高频信号,在噪声附近,信号的微分一般高于边缘信号的微分,若仍通过寻找一阶微分最大值或二阶微分过零点来检测边缘,则检测结果都是由噪声引起的虚假边缘,而真正的边缘则淹没在噪声中,无法检测出来。

为了解决上述问题,首先对信号进行平滑滤波,以去除噪声,然后再通过信号微分检测边缘。仍以一维信号为例,若原始信号为 $f(x)$,平滑滤波器为 $h(x)$,则滤波后的信号可通过卷积表示:$g(x)=f(x)*h(x)$。进一步,对平滑结果 $g(x)$ 求一阶微分或二阶微分以检测边缘点,从而降低噪声对边缘检测结果的影响。经分析可知,微分运算与卷积运算的计算次序可以互换,因此,可以将"先平滑、后微分"两步运算合并完成。将平滑滤波器的微分 $h'(x)$ 称为一阶微分滤波器,将 $h''(x)$ 称为二阶微分滤波器。综上所述,边缘检测的基本方法为:首先,设计平滑滤波器 $h(x)$,计算 $h'(x)$ 和 $h''(x)$;其次,检测 $f(x)*h'(x)$ 的局部最大值或 $f(x)*h''(x)$ 的过零点,并将检测结果作为边缘位置。经过上述处理,边缘检测问题转换成了寻找最优微分/差分滤波器[5]。

**2. Canny 边缘检测**

Canny 边缘检测是 John Canny 于 1986 年提出的一种边缘检测方法[6],它对于受白噪声影响的阶跃边缘是最优的。Canny 边缘检测方法的最优性与以下 3 个标准相关,这 3 个标准又称为 Canny 最优化准则。

检测标准(最大信噪比准则):有好的检测结果,即不丢失重要的边缘也不应有虚假边缘。

定位标准(最优过零点准则):实际边缘位置与检测到的边缘位置间的偏差最小。

单响应标准(多峰值响应准则):对实际上的同一边缘要有低的响应次数。

Canny 以一维形式为例,给出了这三条准则的数学表达式,进而将寻找用于边缘检测的最优微分滤波器的问题转换为泛函的约束优化问题:针对一维信号和前两个最优化准则,可用变分法求得滤波器的完整解;加入第三个最优化准则后,则需通过数值优化方法求解。最终,Canny 准则下的最优边缘检测滤波器可近似为标准差为 $\sigma$ 的一阶高斯微分滤波器,其误差小于 20%。进一步,考虑二维图像,阶跃边缘由位置、方向和可能的幅度确定。可以证明,将图像与二维高斯函数做卷积再沿梯度方向微分,即可构成一个简单而有效的边缘检测滤波器。

此外,边缘检测通过阈值化确定突出的边缘,若滤波结果低于设定的阈值,噪声引起的单边缘虚假响应会使检测出的边缘不连续。Canny 边缘检测算法通过滞后阈值化(thresholding with hysteresis)解决该问题。主要做法为:根据对图像信噪比的估计设定高低两个阈值;如果滤波后的图像响应超过高阈值,则该位置一定是边缘;如果滤波结果低于低阈值,则该位置一定不是边缘;如果滤波结果在高低阈值之间,且该位置与大于高阈值的像素相连,则它可能是边缘。综上所述,Canny 边缘检测算法如算法 7.3 所示。

---

**算法 7.3　Canny 边缘检测**

1. 将图像 $f(x,y)$ 与尺度为 $\sigma$ 的二维高斯函数 $h(x,y,\sigma)$ 作卷积,以消除噪声:
$$g(x,y)=f(x,y)*h(x,y,\sigma)$$
2. 对 $g(x,y)$ 中的每个像素,计算其梯度大小和方向:
$$|\nabla g|=\sqrt{g_x^2+g_y^2}=\sqrt{\left(\frac{\partial g}{\partial x}\right)^2+\left(\frac{\partial g}{\partial y}\right)^2}$$
$$\theta=\arctan\left(\frac{g_y}{g_x}\right)$$

3. 遍历$|\nabla g|$,根据像素梯度方向,通过非极大值抑制获取边缘位置重复
4. (a) 对于当前非 0 幅值的像素,考察其由梯度方向指出的两个邻接像素
5. (b) 如果两个邻接像素的幅值有一个超过当前考察像素的幅值,则将当前考察像素标记出来
6. (c) 寻找下一个非 0 幅值的像素
7. Until $|\nabla g|$中的所有非 0 幅值的像素均被处理过
8. 重新扫描图像,将标记像素置为 0
9. 对于处理后的边缘强度数据,设置高阈值 $t_1$ 和低阈值 $t_0$,进行滞后阈值化处理
10. 将幅值超过 $t_1$ 的所有边缘标注为正确边缘(强边缘)
11. 扫描幅值在区间$[t_0, t_1]$内的所有像素
12. 如果该像素与已标注为边缘的另一像素接壤,将它也标记出来
13. 提取所有标注为边缘的位置形成 Canny 边缘检测结果

在上述算法中,随着高斯函数的尺度 $\sigma$ 改变,边缘检测结果也会发生变化,如图 7-9 所示,对于图 7-9(a)所示的原始图像,图 7-9(b)和(c)分别给出了 $\sigma=1$ 和 $\sigma=2.5$ 时的边缘检测结果。可见,在边缘检测中,滤波器的尺度选择也是一大难题。Canny 边缘检测算法提出了特征综合法来解决该问题,即使用多个尺度,并将所有信息收集起来。然而,在实际应用中很少使用特征综合法,更常见的做法是使用不同尺度的滤波器检测边缘,然后由使用者判断最恰当的检测结果。

(a) 原始图像　　　　　(b) $\sigma=1$　　　　　(c) $\sigma=2.5$

图 7-9　Canny 边缘检测结果

## 7.3　计算机视觉经典任务及算法

人工智能,尤其是深度学习技术的迅速崛起,极大地推动了计算机视觉领域多种任务的发展。本书将介绍 4 种经典的计算机视觉任务,包括图像分类、目标检测、语义分割和目标跟踪。

### 7.3.1　图像分类

**1. 图像分类的概念**

所谓图像分类,就是从已有的固定分类标签集合中找出一个分类标签,并分配给输入图像,如图 7-10(a)所示。图像分类虽然看起来简单,却是计算机视觉的核心问题之一,也是物

体检测、图像分割、物体跟踪、行为分析、人脸识别等其他高层次视觉任务的基础。图像分类任务可用于多类实际场景,如安防领域的人脸识别、自动驾驶中的交通场景识别、医学领域的图像识别,等等。如图 7-10(b)所示,在基于机器学习的图像分类任务中,会将输入图像表示成一个三维数字矩阵,而图像分类的最终目标是将这个数字矩阵转换到一个单独的标签,例如"猫"。

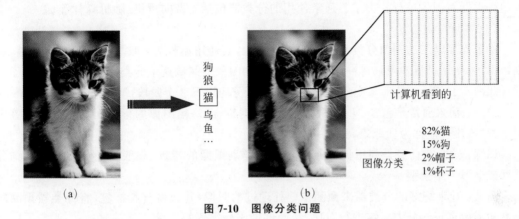

图 7-10  图像分类问题

**2. 图像分类难点**

对于人类来说,识别出一个像"猫"一样的视觉概念简单至极,然而从计算机视觉的角度却困难重重。计算机视觉算法在图像分类方面遇到的难点如下。

视角变化(viewpoint variation):同一个物体,摄像机可以从多个角度展现。

大小变化(scale variation):物体可视的大小通常是会变化的(不仅是在图像中,在真实世界中大小也是变化的)。

形变(deformation):非刚性物体的形状并非一成不变,在不同情况下会有很大变化。

遮挡(occlusion):目标物体可能被挡住,有时候只有物体的小部分是可见的。

光照条件(illumination conditions):在像素层面上,光照的影响非常大。

背景干扰(background clutter):物体可能混入背景之中,使之难以被辨认。

类内差异(intra-class variation):同一类物体,个体之间的外形差异很大。比如椅子,这类物体有许多不同的对象,每个都有自己的外形。

面对以上所有变化及其组合,好的图像分类模型能够在维持稳定分类结果的同时对于类间差异具有足够高的敏感度。

**3. 图像分类的基本方法**

(1) 传统方法。

一般来说,图像分类方法通过手工特征或特征学习方法对整个图像进行全局描述,然后使用分类器判别物体类别,因此,如何提取图像特征至关重要。深度学习算法出现之前,传统的图像模型一般包括底层特征学习、特征编码、空间约束、分类器设计等 4 个阶段。

底层特征提取:常用的局部特征包括尺度不变特征转换 SIFT、方向梯度直方图 HOG、局部二值模式 LBP 等,也可综合采用多种特征描述,防止丢失过多的有用信息。

特征编码:底层特征中包含大量冗余与噪声,为了提高特征表达的鲁棒性,需要使用特征变换算法对底层特征进行编码,即特征编码。常用的特征编码方法包括向量量化编码、稀疏编码、局部线性约束编码、Fisher 向量编码等。

空间特征约束:空间特征约束是指在一个空间范围内,对每一维特征取最大值或者平均值,从而获得具有一定不变性的特征表达。

分类器分类:经过上述步骤后,一张图像可以用一个固定维度的向量描述,之后就可以利用分类器对图像进行分类了。通常使用的分类器包括支持向量机、随机森林等。

(2) 深度学习方法。

基于深度学习的图像分类是数据驱动型方法,其通用流程为:收集图像及对应标签,形成数据集;使用机器学习训练一个分类器;在新的图像上测试这个分类器。

如图 7-11 所示,基于深度学习的图像分类可分为以下 3 个阶段。

输入:输入通常是包含 $N$ 幅图像的原始数据集合,每幅图像的标签是多种分类标签中的一种,该集合被称为训练集。

训练:这一步任务是利用训练集学习每个类别图像的特点,一般将该步骤称为训练分类器或学习一个模型。

测试:让训练好的分类器来预测未曾处理过的图像,并获得分类标签,将分类器预测的标签和图像真正的分类标签进行对比,从而评价该分类器的质量。

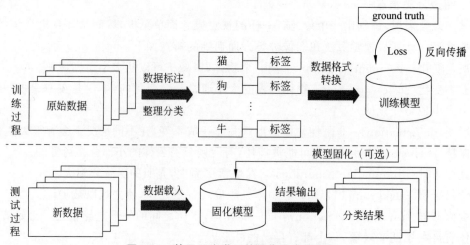

图 7-11 基于深度学习的图像分类的流程

本世纪早期,虽然神经网络开始有复苏的迹象,但是受限于数据集的规模和硬件的发展,神经网络的训练和优化仍然非常困难。例如,MNIST 和 CIFAR 数据集都只有 60000 张图,这对于十分类的简单任务而言,或许是足够的,但是如果想在工业界落地更加复杂的图像分类任务,仍然远远不够。后来,李飞飞等人经过数年整理,于 2009 年发布了 ImageNet 数据集[7],该数据集总共有 1400 多万幅图片,涵盖 2 万多个类别,在论文方法的比较中常用的是 1000 类基准。2010 年开始,每年举办 ImageNet 大规模视觉识别挑战赛,即 ILSVRC。在 ImageNet 发布早期,仍然是以 SVM 和 Boost 为代表的传统分类方法占据优势,直到 2012 年 AlexNet 出现,将分类准确度提升超过 10 个百分点。AlexNet 是第一个真正意义上的深度网络,与 LeNet5 的 5 层相比,它的层数增加了 3 层,网络参数量也大大增加,输入也从 28×28 变成了 224×224。同时,GPU 的问世,也使深度学习进入 GPU 为王的训练时代。此后,又出现了各种优秀的网络,如 ResNet[8]、ConvNext[9]等,不断刷新 ImageNet 的记录,图像分类的准确度从以前的不到 50% 迅速发展至接近 90%。

### 7.3.2 目标检测

**1. 目标检测的概念**

图像中往往存在多个物体,目标检测的目的是判断物体所在的位置与其对应类别,目标检测是计算机视觉中非常核心的一个任务。上一节介绍的图像分类任务关心图像整体,给出的是整张图片的内容描述;而目标检测则关注特定的物体,要求同时获得这一目标的类别信息和位置信息。如图 7-12 所示,目标检测给出了图片前景和背景的理解,需要从背景中分离出感兴趣的前景目标,并确定这一目标的描述(类别和位置)。因此,目标检测模型输出的是一个列表,列表使用的每一项数据组给出所检出目标的类别和位置(常用矩形检测框的坐标表示)。在目标检测时,每幅图像中物体的数量、尺寸及姿态各有不同,即非结构化输出,这是目标检测与图像分类区别最大的一点。物体时常出现遮挡、截断等问题,因此,目标检测技术也极富挑战性,并从诞生以来始终是研究者最为关注的焦点领域之一。

图 7-12 目标检测示例

**2. 目标检测的基本方法**

(1) 传统的目标检测方法

传统的目标检测方法通常分为 3 个阶段。

区域选取:首先选取图像中可能出现物体的位置,由于物体位置、大小都不固定,因此传统算法通常使用滑动窗口算法寻找物体,如图 7-13 所示。然而,滑动窗口算法会出现大量的冗余框,且计算复杂度高。

特征提取:得到物体位置后,通常使用人工精心设计的提取器进行特征提取,如 SIFT 和 HOG 等。由于提取器包含的参数较少,且人工设计的鲁棒性较低,传统的目标检测方法提取的特征质量并不高。

特征分类:对上一步得到的特征进行分类,通常使用如 SVM、AdaBoost 等分类器。

传统目标检测算法存在较为明显的缺点。例如,基于滑动窗口的区域选择策略没有针对性,时间复杂度高,窗口冗余;手工设计的特征对于多样性的变化没有很好的鲁棒性,等等。

图 7-13　滑动窗口算法

(2) 基于深度学习的目标检测方法。

通用的基于深度学习的目标检测框架基本分为如下 3 步,如图 7-14 所示。首先,生成一系列感兴趣区域,将其作为候选区域。因为图像中含有大量背景信息,一个可行的方法是先产生目标可能存在的大致区域,再对这些感兴趣区域进行微调。其次,对每个感兴趣区域进行分类判断与置信度评分,对每个候选框图像进行一次分类与置信度打分,然后对于阈值 0.9(超参可调)之上的候选框予以保留,这些候选框就是检测到的目标位置。由于对每个候选框都进行了预测,很可能出现多个框预测同一目标的情形,因此需要进行最后一步处理,即使用非极大值抑制方法筛选出最准确的检测框与类别。具体操作为:对于两个预测框,若其重叠程度超过 50%(超参可调),则仅保留其中置信度更高的那个框。重复这样的过程,直到框的数量不再改变,从而得到最终去重后的目标检测结果。

图 7-14　目标检测框架

近年来,常用的目标检测算法可以分为两类,即基于区域检测的双阶段算法(two stage)和基于区域提取的单阶段(one stage)算法。其中,双阶段目标检测算法先进行预选框推荐,然后进行目标分类,主要包括 R-CNN[10]、SPP-NET[11]、Fast R-CNN[12]、Faster R-CNN[13]等不同方法;单阶段目标检测算法则采用一个网络一步到位完成目标检测,主要包括 YOLO 系列[14]、SSD[15]等方法。

### 7.3.3 语义分割

**1. 语义分割的概念**

图像语义分割是对图像的像素级描述,它赋予每个像素类别意义,其输出图像和输入图像具有相同的分辨率。如图7-15所示,语义分割将图像中的每个像素点进行分类,因此,可以将语义分割视为像素级别的图像分类。语义分割的主要应用包括自动驾驶、人机交互、机器人技术、照片编辑/创意工具等。

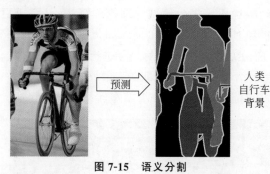

图7-15 语义分割

**2. 语义分割的基本方法**

(1) 传统的语义分割方法。

在数字图像处理早期,传统的语义分割主要有阈值分割、区域分割、边缘分割、纹理特征、聚类等方法。之后,又陆续发展出4类主要的语义分割方法,即基于图论、聚类、分类以及聚类和分类相结合的方法。虽然方法众多,但传统的图像分割方法存在非常明显的缺点,首先图像分割效果不够好;其次分割效率也较低,完成一次图像分割耗时较长,很难应用于自动驾驶等对实时性要求很高的应用场景。

(2) 基于深度学习的语义分割方法。

随着人工智能技术的发展,目前的语义分割方法通常使用CNN为图像的每个像素分配类别标签。CNN的卷积层可以有效捕捉图像中的局部特征,并以层级的方式将许多模块嵌套在一起,从而形成更大结构。通过一系列卷积捕捉图像的复杂特征,CNN将一张图像的内容编码为紧凑表征。然而,采取"卷积层+池化层"堆叠的方式会导致图像的分辨率降低,丢失很多有用信息,导致定位精度不高。基于深度学习的语义分割方法主要有以下两种常用的改进方法。

编码器—解码器方法:与经典的FCN[16]中的跳层连接(skip-connection)思想类似,在编码器-解码器架构中,编码器用于提取特征,即使用卷积层和池化层将特征图尺寸缩小,使其成为更低维的表征。解码器接收到这一表征后,通过转置卷积执行上采样,从而将编码器先前丢失的空间信息逐渐恢复,即每一个转置卷积都扩展特征图尺寸。在某些情况下,编码器的中间步骤可用于调优解码器。最终,解码器生成一个表示原始图像标签的数组。编码器—解码器的典型结构有U-Net[17]、SegNet[18]、refineNet[19]等,此类方法虽然能恢复图像的部分信息,但毕竟信息已经丢失了,不可能完全恢复。

空洞FCN方法:空洞FCN是Deeplabv$_1$[20]提出的方法,可以保留更多的细节信息,同时也去掉了复杂的解码器结构,但该方法计算量偏大。

#### 7.3.4 目标跟踪

**1. 目标跟踪的概念**

目标跟踪同样是计算机视觉领域的热点研究问题[21][22],它利用视频或图像序列的上下文信息对目标的外观和运动信息进行建模,从而对目标运动状态进行预测,最终确定目标的位置。根据跟踪目标的数量,目标跟踪可分为单目标跟踪和多目标跟踪两类。目标跟踪融合了图像处理、机器学习、最优化等多个领域的理论和算法,是完成更高层级图像理解任务(如目标行为识别)的前提和基础。如图 7-16 所示,目标跟踪通常在一段视频序列的第一帧中给定目标的初始位置,并在后续每一帧中对目标进行持续的跟踪定位,在此过程中不会提供关于目标的颜色、形状、大小等先验条件,即跟踪算法只通过在第一帧中对目标进行学习即可完成跟踪。目标跟踪目前广泛应用于体育赛事转播、安防监控、无人机、机器人等领域。

图 7-16 目标跟踪应用示例

**2. 目标跟踪基本方法**

目标跟踪基本流程如图 7-17 所示。首先,输入初始化目标框,并在下一帧中产生多个候选框,提取这些候选框的特征,然后对这些候选框评分,选取一个得分最高的候选框作为预测的目标,或对多个预测值进行融合,得到更优的预测目标。

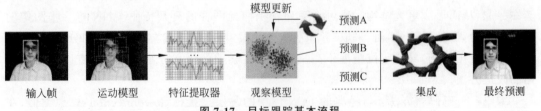

图 7-17 目标跟踪基本流程

根据如上框架,目标跟踪通常被划分为以下 5 项主要研究内容。

(1) 运动模型,即如何产生众多的候选样本:生成候选样本的速度与质量直接决定了跟踪系统的优劣,常用的有粒子滤波和滑动窗口两种方法。

(2) 特征提取,即利用何种特征表示目标:鉴别性特征表示是目标跟踪的关键环节之一。常用的特征被分为手工设计的特征和深度特征两种类型。其中,深度特征是通过大量的训练样本学习出来的特征,它比手工设计的特征更具有鉴别性。

(3) 观测模型,即如何为众多候选样本进行评分:大多数跟踪方法的工作主要集中在这一部分。根据不同思路,观测模型可分为生成式模型和判别式模型两类。其中,生成式模型通常寻找与目标模板最相似的候选作为跟踪结果,这一过程可以视为模板匹配;而判别式模型通过训练一个分类器去区分目标与背景,选择置信度最高的候选样本作为预测结果,这种方法已经成为目标跟踪的主流方法。

(4) 模型更新,即如何更新观测模型使其适应目标的变化:模型更新主要是更新观测模型,以适应目标的表观变化,防止跟踪过程漂移。模型更新没有统一的标准,通常会每一帧都更新一次模型,但也可结合长短期更新来解决计算资源受限的问题。

(5) 集成方法,即如何融合多个决策获得一个更优的决策结果:集成方法有利于提高模型的预测精度,可以在多个预测结果中选择最好的,也可以对所有预测值进行加权平均作为最终结果。

## 7.4 计算机视觉算法的实现

随着计算机视觉应用领域的不断扩大,相关算法也日臻成熟,研究者提出了多种图像处理工具箱、视觉程序库及相关框架。对于传统视觉方法,OpenCV 视觉库和 MATLAB 图像处理工具箱应用非常广泛;而在基于深度学习的视觉方法中,则更多使用深度学习框架构建CNN。下面介绍几种最常用的计算机视觉实现工具。

### 7.4.1 OpenCV 视觉库

2.2 节对 OpenCV 作了简单介绍。目前,OpenCV 视觉库在计算机视觉领域扮演着极其重要的角色,它是一个基于开源的跨平台视觉程序库,实现了图像处理和计算机视觉方面的很多通用算法,覆盖了机器视觉的许多应用领域,如产品检测、医学成像、立体视觉、机器人等,还包括机器学习库,提供对 CUDA 的支持。截至目前,OpenCV 总共有 4 个大版本。OpenCV 1.0 在 2016 年 10 月正式发布,此时的 OpenCV 是 C 语言风格的,图像通过指针进行访问;OpenCV 2.0 发布于 2009 年 10 月,带来了全新的 C++ 接口,对于内存的使用也更加便捷;2014 年发布的 OpenCV 3 抛弃了 OpenCV 2 的整体统一架构,使用内核＋插件的架构形式,使程序主体更加稳定。OpenCV 4 于 2019 年发布,移除了 OpenCV 1 中大量的 C 风格API,强化了深度神经网络模块,同时其性能也有所提升。

### 7.4.2 MATLAB 图像处理工具箱

MATLAB 是一种用于科学计算的高性能编程语言,其典型应用包括数学计算、算法开发、数据获取、建模、模拟和原型设计、数据分析、可视化、科学和工程图形开发等等。MATLAB 的图像处理工具箱(image processing toolbox,IPT)是一个高度封装的 MATLAB 函数集合,包含了许多常用的图像处理算法,例如,图像的读取、空间变换、形态学操作、线性滤波等,是一个图像处理算法的集大成者。此外,MATLAB 还具有信号处理、神经网络、模糊逻辑和小波工具箱等,可作为 IPT 的补充。

### 7.4.3 深度学习框架 TensorFlow 与 PyTorch

近十年来,随着深度学习的发展,深度学习框架如雨后春笋般诞生于高校和公司中,并被广泛应用于计算机视觉等多个领域。其中,TensorFlow 和 PyTorch 是两个应用最为广泛的深度学习框架,关于它们的具体介绍请见 2.2 节。

## 7.5 计算机视觉的应用

### 7.5.1 车牌识别

交通是由人、车、环境等综合因素构成的,人工智能技术的加入,包括异常检测、图像识别、视频分析等技术,可以增强交通管理机构的监控能力和准确度,在一定程度上避免交通安全事故,并规范交通驾驶行为。目前,在智慧交通领域,车牌识别算法是应用最理想的人工智能技术,此外,人工智能在车辆颜色判别、车辆厂商标志识别、无牌车检测、非机动车检测与分类、车头车尾判断、车辆检索、人脸识别等方面的应用也比较成熟。下面以车牌识别为例进行具体介绍。

车牌识别,是指检测受监控路面的车辆并自动提取车辆牌照信息(含汉字字符、英文字母、阿拉伯数字及号牌颜色)的技术[23]。车牌识别以数字图像处理、模式识别、计算机视觉等技术为基础,通过对摄像机所拍摄的车辆图像或视频序列进行分析,得到每一辆汽车的唯一车牌号码,从而完成识别。通过后续处理手段可实现停车场收费管理、交通流量控制指标测量、车辆定位、汽车防盗、高速公路超速自动化监管、闯红灯电子警察、公路收费站等功能。车牌识别对于维护交通安全和城市治安、防止交通堵塞、实现交通自动化管理有着非常现实的意义。

如图 7-18 所示,为了进行车牌识别,需要完成以下基本步骤:首先,牌照定位,即确定图片中的牌照位置;其次,牌照字符分割,即把牌照中的字符分割出来;最后,牌照字符识别,对分割好的字符进行识别,最终形成牌照号码。

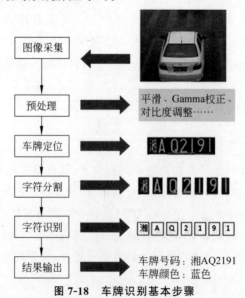

图 7-18 车牌识别基本步骤

### 7.5.2 人脸识别

作为计算机视觉领域的一项重要应用,人脸识别技术已经深入到日常生活的方方面面。人脸识别技术通过分析人类的面部特征实现快速准确的个体识别,广泛应用于企业安全、住宅管理、电子护照与身份证、智慧校园、智慧物业、智慧OA等多个领域。例如,在办公领域,人脸识别技术的应用提高了办公效率,简化了考勤打卡和访客管理流程;在智慧校园中,人脸识别系统能够提高校园安全,确保学生安全进出,同时方便家长了解孩子在校情况。

人脸识别技术也在公安司法、自助服务、信息安全等领域发挥着重要作用,如在全国范围内搜捕逃犯、在银行自动提款机进行身份验证、以及提高电子商务和电子政务系统的安全性等。随着技术的不断进步,人脸识别技术正变得更加精准和高效,为社会管理和个人生活带来便利。

### 7.5.3 质量缺陷检测

人工智能质量缺陷检测系统可以用于解决工业复杂缺陷分类、检测等问题,适用于各种工业复杂环境,可为过程控制、质量控制、过程管理与决策等提供支持,并进一步实现制造产品的质量控制和过程优化[24]。质量缺陷检测系统通常采用人工智能方式,利用机器视觉,基于传统图像处理技术及深度学习理论、CNN等来代替人工外观检测、产品组装错漏检查及产品分拣,从而在根本上帮助企业提高产品质量和生产效率。

## 7.6 习 题

1. 试分析图像直方图在图像分析中的作用。
2. 试给出Otsu算法,并思考Otsu算法如何实现类间方差最大化。
3. 试分析高斯滤波和中值滤波的异同。
4. 在边缘检测中,请分析Canny边缘检测中"根据像素梯度方向获取边缘位置"的作用和效果。
5. 试分析图像分类与目标检测的区别。
6. 分析SSD对小目标检测效果不好的原因。
7. 通过阅读DeepLabv$_1$～DeepLabv$_3$论文,总结DeepLab系列的改进及原因。
8. 在语义分割、目标检测等任务中,如何选择合适的分类网络作为骨干网络?
9. 试给出目标跟踪的基本方法,并与目标检测进行对比。
10. 要将现有的计算机视觉模型应用于实际场景中,有哪些挑战?

## 参 考 文 献

[1] Wikipedia contributors,Computer vision[EB/OL]. (2015-04-16)[2024-10-20]. https://en.wikipedia.org/wiki/Computer_vision.

[2] Krizhevsky A,Sutskever I,Hinton G E. Imagenet classification with deep convolutional neural

networks[J]. Communications of the ACM, 2017, 60(6): 84-90.

[3] Gonzales R C, Wintz P. Digital image processing[M]. 2nd ed. OS, Mass: Addison-Wesley Longman Publishing Co Inc, 1987.

[4] Otsu N. A threshold selection method from gray-level histograms[J]. Automatica, 1975, 11(285-296): 23-27.

[5] Roberts L G. Machine perception of three-dimensional solids[D]. Cambridge, Mass: Massachusetts Institute of Technology, 1963.

[6] Canny J. A computational approach to edge detection[J]. IEEE Transactions on pattern analysis and machine intelligence, 1986(6): 679-698.

[7] Deng J, Dong W, Socher R, et al. Imagenet: A large-scale hierarchical image database[C]//2009 IEEE conference on computer vision and pattern recognition. New York: IEEE, 2009: 248-255.

[8] He K, Zhang X, Ren S, et al. Deep residual learning for image recognition[C]//Proceedings of the IEEE conference on computer vision and pattern recognition. 2016: 770-778.

[9] Liu Z, Mao H, Wu C Y, et al. A convnet for the 2020s[C]//Proceedings of the IEEE/CVF Conference on Computer Vision and Pattern Recognition. 2022: 11976-11986.

[10] Girshick R, Donahue J, Darrell T, et al. Rich feature hierarchies for accurate object detection and semantic segmentation[C]//Proceedings of the IEEE conference on computer vision and pattern recognition. 2014: 580-587.

[11] He K, Zhang X, Ren S, et al. Spatial pyramid pooling in deep convolutional networks for visual recognition[J]. IEEE transactions on pattern analysis and machine intelligence, 2015, 37(9): 1904-1916.

[12] Girshick R. Fast r-cnn[C]//Proceedings of the IEEE international conference on computer vision. 2015: 1440-1448.

[13] Ren S, He K, Girshick R, et al. Faster R-CNN: Towards real-time object detection with region proposal networks[J]. IEEE transactions on pattern analysis and machine intelligence, 2016, 39(6): 1137-1149.

[14] Redmon J, Divvala S, Girshick R, et al. You only look once: Unified, real-time object detection [C]//Proceedings of the IEEE conference on computer vision and pattern recognition. 2016: 779-788.

[15] Liu W, Anguelov D, Erhan D, et al. Ssd: Single shot multibox detector[C]//Computer Vision-ECCV 2016: 14th European Conference. Amsterdam: Springer International Publishing, 2016: 21-37.

[16] Long J, Shelhamer E, Darrell T. Fully convolutional networks for semantic segmentation[C]//Proceedings of the IEEE conference on computer vision and pattern recognition, 2017.

[17] Ronneberger O, Fischer P, Brox T. U-net: Convolutional networks for biomedical image segmentation[C]//Medical Image Computing and Computer-Assisted Intervention-MICCAI 2015: 18th International Conference. Munich: Springer International Publishing, 2015: 234-241.

[18] Badrinarayanan V, Kendall A, Cipolla R. Segnet: A deep convolutional encoder-decoder architecture for image segmentation[J]. IEEE transactions on pattern analysis and machine intelligence, 2017, 39(12): 2481-2495.

[19] Lin G, Milan A, Shen C, et al. Refinenet: Multi-path refinement networks for high-resolution semantic segmentation[C]//Proceedings of the IEEE conference on computer vision and pattern recognition, 2016: 5168-5177.

[20] Chen L C. Semantic image segmentation with deep convolutional nets and fully connected CRFs[J]. arXiv preprint arXiv：1412.7062，2014.

[21] Yan B，Peng H，Fu J，et al. Learning spatio-temporal transformer for visual tracking[C]//Proceedings of the IEEE/CVF international conference on computer vision，2021：10448-10457.

[22] Guo D，Wang J，Cui Y，et al. SiamCAR：Siamese fully convolutional classification and regression for visual tracking[C]//Proceedings of the IEEE/CVF conference on computer vision and pattern recognition，2020：6268-6276.

[23] Li H，Wang P，Shen C. Toward end-to-end car license plate detection and recognition with deep neural networks[J]. IEEE Transactions on Intelligent Transportation Systems，2019，20（3）：1126-1136.

[24] Wang T，Chen Y，Qiao M，et al. A fast and robust convolutional neural network-based defect detection model in product quality control[J]. The International Journal of Advanced Manufacturing Technology，2018（94）：3465-3471.

# 第 8 章 自然语言处理

## 8.1 自然语言处理概论

自然语言处理是人工智能的重要研究领域之一,旨在使计算机具有认知和理解人类语言的能力[1-3]。人类的自然语言复杂多样,不仅包含数千个语种,且每种语言都有一套独特的语法规则、术语和俚语,以及口头和书面的表达方式,具有高度非结构化的特征。而计算机的底层逻辑使用的是机器语言,本质上是由大量的 0 和 1 产生各种逻辑动作来完成各种任务。自然语言与计算机语言之间,看似存在不可跨越的鸿沟,而自然语言处理技术就是为了解决这一问题而诞生的。特别是随着近十余年来人工智能和数据科学的飞速发展,让计算机理解人类语言,具备认知能力,实现更自然、更方便的人机交互成为可能。

自然语言处理致力于使计算机对人类自然语言进行理解、解释和生成。如今,自然语言处理已经在人们的生产生活中得到广泛应用,如情感分析、机器翻译和聊天机器人等。具体而言,通过自然语言处理技术,可以对文本的类别进行识别,例如对新闻文档进行类别检测来实现自动归类,对邮件内容进行分类,以便检测垃圾邮件,以及对文本内容中蕴含的情感极性(积极、消极、中立等)进行判别,用于分析社交媒体舆论、商品或服务的评价等。自然语言处理技术也可以用于机器翻译,即利用计算机将一种语言转化为另一种语言,大大降低人们理解不同语言的难度,实现跨语言的高效沟通。此外,通过自然语言处理技术,可以提取文本中的实体(人名、地名、时间、组织等),并分类为预定的类别,进一步,可抽取实体之间的关系,高效获取文本中有意义的信息。

### 8.1.1 自然语言处理的发展历史

早在 20 世纪 50 年代,艾伦·图灵提出"图灵测试"作为判断机器是否具有智能的依据[1],长期以来指导着自然语言处理乃至人工智能的发展。1957 年,语言学家诺姆·乔姆斯基创造了一种称为"短语结构文法"(phrase structure grammar)的语法风格,可以将自然语言句子翻译成计算机可以使用的格式,革新了语言的概念[4]。1958 年,人工智能研究先驱约翰·麦卡锡带领团队开发了表处理语言 LISP,成为早期人工智能编程的主流语言。1964 年,计算机科学家约瑟夫·维岑鲍姆用类似 LISP 的 MAD-SLIP 语言开发了世界上第一款聊天机器人 Eliza,仅有 200 行代码,通过基础的语法规则实现与人类的简单对话。遗憾的是,从这一阶段开始,由于高昂的成本和难以突破的技术瓶颈,自然语言处理的发展在之后相当长一段时间内陷入停滞。

1980年第一届国际机器学习研讨会的召开,标志着机器学习研究的重新兴起,也为自然语言处理研究带来了新的思路,统计机器学习方法逐渐取代手写的逻辑规则,如前馈神经网络、反向传播算法、决策树等,开始在自然语言处理领域得到应用。20世纪90年代互联网的兴起为自然语言处理的研究提供了大量的文本数据,n-gram语言模型成为主流统计学语言模型,其基本思想是在句子中通过前 $n-1$ 个词预测第 $n$ 个词出现的概率。n-gram模型在处理长文本时会受到数据稀疏的限制,而神经网络语言模型[5]可以缓解这一问题。2013年提出的词向量模型Word2Vec[6]用具有强大学习能力的神经网络为每个词学习一个低维稠密向量表示,称为词向量,标志着神经网络语言模型进入学界主流,启发了之后的基于神经网络的自然语言处理研究。

近年来,深度学习的发展开启了自然语言处理研究的又一热潮。深度学习方法具有数据驱动和自动特征提取等特点,在处理大量非结构化文本数据中存在显著优势。用于文本特征提取的深度学习模型主要包括CNN、RNN和LSTM等。研究人员还提出了让模型关注重点信息用于特征提取的注意力机制,并用于序列编码模型中,显著提升了序列到序列(sequence-to-sequence,Seq2Seq)模型的能力。2017年,谷歌提出的Transformer架构在深度学习和自然语言处理发展中具有里程碑意义,通过自注意力层的叠加大大加快了并行计算的效率,催生出基于该架构的预训练语言模型,如BERT、GPT等。预训练语言模型以自监督的方式在大规模语料库上进行预训练,仅需在下游任务上进行微调便可以获得巨大的性能提升,刷新了多个任务的性能指标。

## 8.1.2 自然语言处理面临的难点问题

自然语言处理是一项十分困难的任务,其根本原因在于语言是典型的非结构化数据,是极其复杂的符号系统,对自然语言的处理和理解难以用一套清晰的规则清楚表述。具体而言,其困难主要体现在以下方面。

首先,自然语言在词法、短语、句子层面均可能存在歧义。其中,词法方面的歧义问题在中文这类自然语言处理中尤为突出。由于中文文本由连续的字序列组成,处理之前需要进行第一道工序:分词,而不同的分词方式往往造成句子语义的截然不同,如"羽毛球拍/卖/完了"和"羽毛球/拍卖/完了"。在短语和句子层面,"学生家长"可以理解为并列关系或偏正关系,"开刀的是他父亲"可以理解为他父亲是主刀医生或者被做手术的患者。人类在阅读文字时往往需要结合上下文才能准确理解语义,而这为机器的自然语言理解造成了很大困难。

此外,自然语言的理解往往需要结合背景知识。如"今天的天气像火炉一样"这句话,人类很容易通过"火炉"的含义得出"天气很热"的结论,但对机器来说却是一种挑战。因此,仅靠数据驱动的自然语言处理难以真正理解语义,需要融合人类世界的各种知识,包括语言知识、常识知识、世界知识、领域知识等,进行知识驱动的自然语言处理。

自然语言是不断发展变化的,高度发达的互联网大大加速了自然语言更新变化的进程,不断衍生出新的词汇、术语、语义和语法,而且这个过程是难以预测的。因此自然语言处理的方法和应用需要及时发现并理解这些新的语言特点,以便具有快速适应发展变化的能力[7]。

## 8.2 词法分析

### 8.2.1 词法分析概述

词是自然语言中能够被独立运用,有意义的最小语言单位。词汇在语法的支配下构成有意义的句子,要对一句话进行理解,首先就要对句子中的词进行分析。词法分析就是理解词的基础,其任务是将输入句子的字符序列转换为词序列,并标记出各词的词性和类别等。词法分析是自然语言理解的第一层次,词法分析的结果会对后面句法分析和语义分析的效果产生直接的影响,是解决其他自然语言处理问题的技术基础。

词法分析主要包括分词、词性标注、实体识别 3 个方面的内容。图 8-1 给出了一个词法分析的例子。首先,将"我爱天安门"这个句子进行分词,即将一个文本切分成一个个单独的词语,确定每个词语的边界;接下来是词性标注,即为每个分好的词语赋予它所属的词性,如名词、动词、形容词等;最后是实体识别,即在文本中自动识别并分类具有特定意义的实体,如人名、地名、组织机构名等。通过以上这些操作,可以有效地帮助计算机理解自然语言的含义和结构,进而对文本进行分析和处理。

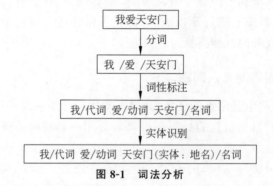

图 8-1 词法分析

尽管词法分析是自然语言处理中最基础和常见的任务,但在具体的词法分析过程中,要完成上述 3 个步骤仍要面临不少挑战。首先,一个给定的字符序列可能对应着多种可能的词串,一个词也可能对应着多个可能的词性,因此需要对上下文进行深入分析和理解来判断歧义问题。其次,实际应用中需要对大量数据进行高效处理,因此需要提高词法分析的运行速度和准确性。此外,不同语言有着各自独特的词汇结构、文法规则和习惯用语,因此所面临的问题也会有所不同,需要计算机对不同自然语言进行专门的处理。

下面具体介绍这 3 个步骤的内容。

### 8.2.2 分词

分词的目的在于将连续字序列中的词语逐个识别、切分出来。对于屈折语(如英语、德语等),词语之间天然有空格这样的显式边界,只是有时候因为一些固定搭配的表述,需要在理解时把多个单词作为一个整体,如 New York,因此屈折语的分词是比较容易的。相对而言,孤立语和黏着语(如中文、日语等)的词语之间没有明显的边界,而词语又是自然语言理解的基本语言单位,所以分词就成为解决很多孤立语和黏着语自然语言问题的基础性工作。

对于中文来说,以上所述的分词任务主要面临着三大问题。首先是分词标准的确定。汉语语言学界对中文的词和词类的理解还没有形成完成一致的观点,各种汉语词典收词的标准也不统一,有些不仅收录了词,还有固定词组、熟语、缩略语等。另外,目前还没有标志词类的汉语词典出现。比如,"马龙赢得总冠军"就有"马龙/赢得/总冠军"和"马龙/赢得/总/冠军"等多种划分标准。因此,需要根据具体的需求来制定合理的分词标准。其次是歧义词的切分问题。歧义现象在中文文本中普遍存在。对于一句话,不同的切分方式会表达出文本的多种含义,例如"我们/要/学习/文件""我们/要/学习文件"这两种不同的切分方式就表达出了截然不同的含义,想要得到正确的切分结果,还需要结合上下文语境等其他信息。最后,未登录词也会带来分词上的困难。未登录词(out-of-vocabulary words,OOV words)是指在自然语言处理任务中,模型在训练过程中没有遇到或学习到的词汇。这些词汇可能是新创造的词汇、拼写错误、特定领域术语或非标准词汇等。因为模型无法直接处理未登录词,因此它对于自然语言处理任务来说是一个挑战。当模型遇到未登录词时,通常会将其视为未知标记,忽略其语义和语法信息。

对于中文分词的问题,研究人员提出了很多解决方法,这些方法一般可以分为基于规则的分词方法、基于统计的分词方法、基于深度学习的分词方法。每类方法都有各自的缺陷,在实际应用中可以综合利用这几种方法,以充分发挥它们各自的优势。例如,可以先使用基于规则的方式进行分词,然后再用基于统计的方法辅助。下面具体介绍这3类方法。

**1. 基于规则的分词方法**

基于规则的分词方法,也可称为基于词典的方法,是一种机械的分词方法,其主要思想是在切分文本时按照一定策略将待切分的字符串与事先选择的词典中的词语进行匹配,若在词典中匹配成功,则切分出该字符串,否则不予切分。不同匹配策略的主要区别在于扫描文本的方向和匹配文本长度的优先级。按照扫描文本方向的不同,可分为正向匹配法、逆向匹配法以及双向匹配法。按照匹配文本长度优先级的不同,可分为最大匹配和最小匹配。本节重点介绍正向最大匹配法、逆向最大匹配法及双向最大匹配法这3种典型算法。

(1)正向最大匹配法。

正向最大匹配法(forward maximum matching)的主要做法是:假定词典中的最长词语包含 $m$ 个字符,对待切分文本从左到右取长度为 $m$ 的待匹配字符串,将该字符串与词典中的词逐一匹配,若匹配成功,则将该字符串作为一个词切分出来,若没有找到与该字符串相匹配的词,则舍去该字符串的最后一个字符,使用剩下的字符串重新查找字典进行匹配,重复上述过程,直至所有待切分文本完成切分。

(2)逆向最大匹配法。

逆向最大匹配法(reverse maximum matching)的基本做法与正向最大匹配法类似,主要区别在于开始扫描文本的方向与正向最大匹配法相反。具体来说,仍然假定词典中的最长词语包含 $m$ 个字符,对待切分文本从右到左取长度为 $m$ 的待匹配字符串,在词典中查找该匹配字符串。值得注意的是,这里使用的词典中的词皆为逆序,若在词典中成功找到,则将该字符串作为一个词切分出来,若没有找到,则舍去该字符串的最前面一个字符,使用剩下的字符串重新查找字典进行匹配。重复上述过程,直至所有待切分文本完成切分。统计结果表明,逆向最大匹配法切分的准确度要好于正向最大匹配法。

(3) 双向最大匹配法。

双向最大匹配法(bi-directional maximum matching)结合了正向最大匹配法和逆向最大匹配法这两个算法,并选择其中的最优结果。之前的研究表明[8],中文文本中绝大部分句子通过这两种不同方向的最大匹配方法都可以得到正确的结果,有少部分只有其中一种方法能得到正确结果;在极端情况下,这两种方法都无法得到正确结果。因此,双向最大匹配法在实际的中文处理中几乎能够胜任全部场景,因而得到了广泛应用。

双向最大匹配法的基本做法是比较正向最大匹配法和逆向最大匹配法的分词结果,若两者得到的结果相同,则认为分词正确直接给出结果;当两者结果不一致时,则按照一定的规则选择最优结果。

基于规则的分词方法具有逻辑简单、分词速度快的优点。然而,其结果的准确率与词典质量的好坏密切相关,并且随着信息时代的快速发展,新兴词语层出不穷,维护词典的工作也很烦琐。此外,基于规则的分词方法也难以解决歧义问题。

**2. 基于统计的分词方法**

统计语言模型就是用来描述词、词组、句子等语言基本单位的概率分布的模型,它可以衡量词序列或者某句话是否符合人们日常的表达方式。基于统计的分词方法的基本操作就是通过构建统计语言模型来进行分词,它通过统计语言模型计算不同切分结果的概率,然后选择其中概率最大的作为最终结果。这种方法的主要思路在于将词看作稳定的字的组合,那么相邻的字在不同文本中出现的次数越多,这些相邻的字就越有可能是一个词,因此可以利用统计出的语料中相邻出现各个字的频率来反映词的可信度。

目前,常用的基于统计的分词方法主要有 $n$-gram 语言模型和隐马尔可夫模型,以下分别介绍。

1) $n$-gram 语言

在 $n$-gram 语言模型中,假设存在一个词序列 $S=\{w_1,w_2,\cdots,w_T\}$,$M$ 为 $S$ 包含的词个数,$w_i$ 为 $S$ 的第 $i$ 个词,统计语言模型的实质是将词序列 $S$ 的概率分解为其中各个词的条件概率的乘积,表示为

$$P(S) = p(w_1,w_2,\cdots,w_T) = \prod_{i=1}^{T} P(w_i \mid w_1,w_2,\cdots,w_{i-1}) \qquad (8.1)$$

在式(8-1)中,$w_i$ 的条件概率是由它前面 $i-1$ 个词共同决定的,假设词典的大小为 $D$,想得到 $w_i$ 的条件概率,就需要遍历 $D^{i-1}$ 种不同的情况下 $w_i$ 出现的概率,当文本过长时,这种方式计算难度很大。为了解决这个问题,研究者利用马尔可夫假设,即假设当前词仅与前面几个有限的词相关,提出了 $n$-gram 模型来降低计算难度。$n$-gram 模型基于这个假设,在计算 $w_i$ 的条件概率时只考虑与当前词距离小于 $n$ 的上文词的影响,从而将计算简化为

$$P(w_i \mid w_1,w_2,\cdots,w_{i-1}) = P(w_i \mid w_{i-n+1},w_{i-n+2},\cdots,w_{i-1}) \qquad (8.2)$$

特别地,当 $n=1$ 时,称为一元模型(unigram model),此时式(8.1)可以表示为

$$P(S) = P(w_1)P(w_2)\cdots P(w_T) \qquad (8.3)$$

此时,$w_i$ 出现的概率完全独立于上文词,这种处理完全忽略了词序信息,并不适用于分词。

当 $n=2$ 时,称为二元模型(Bigram Model),此时式(8.1)可以表示为

$$P(S) = \prod_{i=1}^{T} P(w_i \mid w_{i-1}) \tag{8.4}$$

此时假设 $w_i$ 出现的概率仅与其上一个词 $w_{i-1}$ 有关。

当 $n=3$ 时,称为三元模型(trigram model),此时式(8.1)可以表示为

$$P(S) = \prod_{i=1}^{T} P(w_i \mid w_{i-2}, w_{i-1}) \tag{8.5}$$

此时假设 $w_i$ 出现的概率与其前两个词 $w_{i-2}, w_{i-1}$ 有关。显然,$n$ 越大,模型保留了越丰富的词序信息,但计算成本也会呈指数级增长,所以在实际应用中,一般取 $n \leqslant 3$。

2) 隐马尔可夫模型

马尔可夫链是状态空间中从一个状态转换到另一个状态的随机过程,对于这类过程,其下一状态的概率分布只取决于前面有限个状态。隐马尔可夫模型(HMM)是马尔可夫链的一种,它描述了一个不可观测的隐藏状态序列,但每个状态有一个可见的观测状态与之对应,且观测状态只与当前时刻的隐藏状态有关。HMM 由初始状态概率向量 $\pi$、状态转移概率矩阵 $A$、观测概率矩阵 $B$ 这三个要素组成,可表示为 $\lambda = (A, B, \pi)$。在这个过程中,隐马尔可夫模型作了两个基本假设,以简化后续处理。

(1) 齐次马尔可夫性假设:在任意时刻,系统的隐藏状态只与其前一时刻的隐藏状态有关。

(2) 观测独立性假设:任意时刻的观测状态只与当前时刻的隐藏状态有关。

应用隐马尔可夫模型来处理分词问题时,将分词看作一个序列标注任务。首先根据每个字在其组成词语中的不同位置定义了每个字符的 4 种状态:B(词首)、M(词中)、E(词尾)和 S(单个词)。当状态为 E 和 S 时,需要进行切分操作。对于 HMM,观测序列即为输入的待切分文本,而隐藏状态序列就是文本中根据上述定义的字的状态序列。例如"我/爱/天安门"的隐藏状态序列就是"SSBME"。分词问题就是 HMM 中的解码问题,即:给定一个观测序列 $O$ 和 HMM 模型 $\lambda = (A, B, \pi)$,找出最好的隐藏状态序列 $S$,其中模型 $\lambda = (A, B, \pi)$ 可通过语料库统计得出。求解 HMM 解码问题的常用算法是维特比(Viterbi)算法,它是一种动态规划算法,感兴趣的读者可以参考动态规划方面的书籍。

3. 基于深度学习的方法

基于深度学习的方法拥有着更强的自主提取特征的能力,通常需要更大规模的语料库,以便训练出一个基于神经网络的模型进行分词。分词模型的输入为一个待切分的句子,输出的是每个字符对应的标签,标签仍然是根据每个字符在句子中出现的位置来决定,有 4 种标签,即 B(词首)、M(词中)、E(词尾)和 S(单个词)。

经典的分词模型中通常需要 3 个部分,包括嵌入层、表示层以及输出层。由于神经网络不能直接处理自然语言中的字符,因此首先需要在嵌入层中将字符映射到向量空间得到对应的字向量。然后,再将字向量输入到之后的表示层中进行文本特征的抽取和表示,最后在输出层中得到预测的标签结果。下面分别介绍模型中的嵌入层、编码层和输出层。

嵌入层的作用是为每一个唯一的字符建立与其对应的唯一的向量表示,也就是建立一个词典库到字符表示特征空间的一个映射。常用的方法有独热(one-hot)表示、词频统计(count-based)表示、基于神经网络的预训练词向量表示等。

在表示层这一层中,主要是根据上下文信息来进行文本特征提取,进而获得每个字符的特征表示。常用的模型有 RNN、LSTM、GRU、CNN 等,这些模型都具有捕获上下文信息的能力。

最后的输出层是对表示层输出的结果进行归一化,可以使用 softmax 等分类算法,从而得到每个位置处的概率分布,并选择概率最大的标签作为最终结果。

### 8.2.3 词性标注

词性是词汇基本的语法属性,一般是指动词、名词、形容词等。词性标注就是判定句子中每个词的语法范畴,确定其词性,并用标签进行标记。例如"我爱天安门"的词性标注结果就是"我/代词 爱/动词 天安门/名词"。

词性标注需要一定的标注规范,目前比较主流的有北大词性标注集[9-10]和宾州词性标注集[11],可以根据具体需求选择合适的标注规范。早期的词性标注通常采用基于规则的方法,基本思想是结合词搭配关系和上下文语境构建语法规则进行词性标注。而目前较为主流的词性标注方法是基于统计机器学习的方法,与分词类似,将词性标注看作一个序列标注问题,典型的模型包括隐马尔可夫模型、最大熵模型、条件随机场等算法。

其中,条件随机场是给定一组待标记的观测序列,计算另一组对应的标记序列的条件概率分布模型。在词性标注任务中,为了降低计算复杂度,通常使用线性链条件随机场,利用该模型在可选的标注序列中找出最合理的结果。为此,通过定义一些规则和对应特征函数集,对可选标注序列的合理性进行评分,分值越高,意味着标注序列越合理,从而可以根据分数选出最优结果。相比于隐马尔可夫模型,条件随机场在提取特征中考虑了更多全局信息,它不仅适用于词性标注问题,还可用于解决前一节的分词任务。

### 8.2.4 命名实体识别

命名实体识别(NER)是指识别出文本中具有特定意义或者是指代性强的实体,包含识别出实体的边界以及类型。NER 是解决关系抽取、信息检索、问题回答、机器翻译等诸多自然语言处理问题的基础,因此,NER 一直是自然语言处理领域的研究热点,其主要技术方法可分为基于规则和词典的方法、基于统计的方法,以及基于深度学习的方法等。

**1. 基于规则和词典的方法**

基于规则和词典的方法是一种常见的命名实体识别方法,其基本思想是依赖语言学专家,根据数据集特征构建特定的规则或特殊的词典,并采用模式或字符串匹配的方式对文本进行实体识别。这种方法相对简单,但其可移植性差,依赖人工制定的规则和词典无法覆盖所有的语言现象,难以直接迁移应用到新领域。

**2. 基于机器学习统计的方法**

相比之下,基于统计的方法具有更好的灵活性。与分词类似,基于统计的方法同样将命名实体识别看作一个序列标注任务,应用领域知识设计复杂的特征来标注语料中的训练样本,并运用隐马尔可夫模型、条件随机场等机器学习算法训练一个模型来对数据的模式进行学习。

**3. 基于深度学习的方法**

随着深度学习的蓬勃发展,一些研究人员采用深度学习方法来解决命名实体识别问题,这类方法不需要特征工程和领域知识,而是自动去发现隐藏的特征。常采用 LSTM、CNN、Transformer 等神经网络架构对文本序列进行编码,同时使用 RNN、CRF、指针网络等进行标签的解码预测。

## 8.3 句法分析

### 8.3.1 句法分析概述

句法分析的基本任务是确定句子的句法结构或词汇之间的依存关系,从而更好地理解句子的语义信息。用于确定句法结构的分析方法称为成分句法(constituency parsing),用于确定句子各词汇间依存关系的分析方法称为依存句法(dependency parsing)。

在句法分析中,可以用树状数据结构表示句子结构或句法依存关系,称为句法分析树。成分句法将句子拆分成短语的形式,并组织起来,句法分析树的非终端节点表示短语的类型,终端节点表示句子中的每一个词,边没有标记;依存句法将词根据彼此之间的关系连接起来,每一个节点都是句子中的词,其中孩子节点是在关系上依赖于双亲节点的词,边表示二者的依赖关系。

一个句子往往存在多种句法分析的可能性,句法树不是唯一的,这就是句法歧义。因此在实际应用中,需要进行歧义消解(简称"句法消歧"),抑制不正确的分析,选择出正确的分析。句法消歧一直是句法分析的重点任务之一。

句法分析方法大致分为基于规则的方法和基于统计的方法。早期的句法分析方法大多是基于规则的,以语言学规则的形式编写关于句法结构的知识,并将这些规则应用于输入文段,以构建分析树。然而,这种方式需要专家及大量人力对规则进行编写和维护,在大文本场景下的语法覆盖度有限,难以移植到其他领域,对结构复杂的句子难以有效消歧,具有很大的局限性。

随着统计学方法在自然语言处理中的广泛应用,基于统计模型的句法分析方法得到了发展,其基本思想是利用统计方法从大量自然语言文本中获取信息,并在句法分析中应用。语言知识被表示为统计参数或概率,而不是以字典数据和语法规则的传统形式存储。统计句法分析方法在遇到歧义时,基于统计数据对多种分析结果进行排序和选择,快速找到最优解,这是一种有效的消歧方法。

### 8.3.2 句法分析树构建

构建句法树的思路包括自顶向下的分析、自底向上的分析,以及二者结合的分析。自顶向下的分析指对于一个输入的句子(符号串),从起始符号 S 开始,根据语法规则,逐步将起始符号转换为输入符号,从根节点向叶节点构造分析树,使树的叶节点符号串正好等于输入符号串。自底向上的分析则与之相反。本节以自顶向下的句法分析过程为例来构造句法树。

为了便于描述,以 S 表示起始节点,NP 代表名词性短语,VP 为动词性短语,N 为名词,V 为动词,AuxV 为助动词 DT 为限定词。自顶向下的分析是一种目标定向的搜索,它的目标是从起始符号开始重新推导出输入的句子,以模拟原始的句子生成过程,并自顶向下重建生成树。它可以看作一个展开过程,一般的搜索策略是从上到下、从左到右和回溯。搜索从标记为S的根节点开始,应用左边为S的规则构造子节点,如果子节点为非终结符,则应用左边为该节点的规则进一步扩展,直到生成叶节点(词性节点)为止。如果词性与输入字符串不匹配,则需要回溯到最近处理的节点,并应用下一条规则。

现在将句子Tom is playing football用自顶向下的方法表示为句法分析树。为此引入图8-2所示的一组语法规则,其中,"S→NP VP"表示"句子S可以改写为名词性短语NP和动词性短语VP","VP→V NP"表示"动词性短语VP可以改写为动词V和名词性短语NP",其他以此类推。

首先应用规则①和⑥,获得图8-3所示的部分语法树。

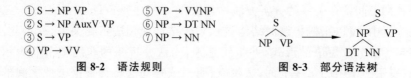

① S → NP VP　　　⑤ VP → VVNP
② S → NP AuxV VP　⑥ NP → DT NN
③ S → VP　　　　　⑦ NP → NN
④ VP → VV

图8-2　语法规则　　　　　图8-3　部分语法树

可以看到生成的部分叶节点的词性与输入的句子不匹配,需要回溯。删去规则⑥,应用规则①⑦⑤可以得到图8-4。

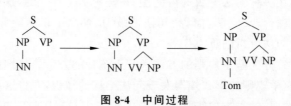

图8-4　中间过程

由于句子第二个词"is"的词性与叶节点"V"仍然不匹配,继续回溯。应用规则②⑦⑤⑦可以得到图8-5。

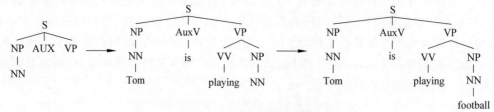

图8-5　分析完成的状态

至此,句子每一个词的词性均与叶节点匹配,分析完成。

自顶向下句法分析的优点是自始至终只需要存储一棵树的结构,节约了时间和空间。缺点是树的生成在对输入的检查之前,在对节点进行扩展时,难以确定选择哪一条规则是可以避免回溯的,只能逐一试探,有一定的盲目性。

此外,由于句法分析存在多种可能性,同一个句子往往可以解析出多棵句法树。需要一种方法,从多种可能的句法树中找出最优的一棵树,具体如何实现呢?对于这个问题,通常有两种常见的处理方法,第一种方法是用暴力搜索的方式找出所有可能的句法树,然后计算所有句法树的生成概率,并选出其中的最大值。然而,这种暴力方法的时间复杂度是呈指数级增长的,不适用于句子长、规则多的情况。第二种方法是利用动态规划的思想找出概率最大的句法树。最常用的动态规划算法之一是 Cocke-Younger-Kasami 算法,简称 CYK 算法。该算法自底向上地构造最优句法树,仅需多项式的时间复杂度,效率高于暴力方法。对于 CYK 算法的具体细节,本书不作具体介绍,感兴趣的读者可以查阅动态规划方面的专门书籍。

### 8.3.3 句子分割

**1. 句子分割概述**

句子分割是指将一段文本拆分成句子的任务。在大多数书面语中,句子是由标点符号界定的,可以将句子分割看作对标点符号的分类任务,如将句号、问号和感叹号等作为句子的边界。在大多数语言中,句子分割的问题可以归结为消除所有可能界定句子边界的标点符号产生的歧义问题。例如,在英语中,句点不仅可以表示句子的结尾,也可以表示小数点、缩写词甚至句子结尾的缩写词。省略号可以出现在句末和句中,感叹号和问号可以出现在句末,也可以出现在引号和括号内。在同一语言中的不同语料库中,标点符号消歧的难度也有所不同。

句子分割的方法可以大致分为基于规则的方法和基于训练的方法,以下分别介绍。

**2. 基于规则的方法**

在文本较为工整的语料库中,可以很快得到基于标点符号、空格和大小写的简单分割规则,而且性能良好。广泛使用的方法是正则表达式,这种算法的成功范例是 1995 年的 Alembic 信息提取系统,在预处理阶段,利用 75 个缩写列表和超过 100 个手工制定的规则,在大型华尔街日报语料库上取得了良好的效果。

遗憾的是,基于规则的句子分割系统通常是为单一语言的语料库开发的,如果要移植到其他语言,则需要大量工作来重新编写规则和特殊单词列表。同时,文本中也存在大小写不规范、拼写错误、标点符号误用等问题,而传统基于规则的方法难以满足系统对鲁棒性的需求,而可训练的方法能够较好地解决这一问题。

**3. 基于学习的方法**

与基于规则的方法相比较,基于学习的句子分割算法能够处理的文本范围更加广泛。对于每个需要消歧的标点符号,这种分割算法能够自动编码上下文,用人工标注了句子边界的训练数据来训练机器学习算法,以识别上下文中的显著特征,为此使用的机器学习算法包括神经网络、决策树和最大熵模型等。

1997 年的 Satz 系统是基于学习的方法的代表性句子分割系统之一。该系统使用机器学习算法来消除标点符号的歧义。采用标点符号的前 3 个词和后 3 个词定义上下文特征数组,用单词的词性构建特征,用词汇特征数组训练神经网络和决策树模型,并对标点符号进行消歧,从而达到了较高的准确率。该算法所需的训练数据少,训练速度快,移植到德语和法语中也能实现非常高的准确率。可训练的句子分割算法的出现,向实现对各种文本和语言兼容的鲁棒处理迈出了重要一步。

随着机器学习的发展,各种监督方法和无监督方法被广泛应用到句子分割任务中,也出现了较为成熟的句子分割工具。如 NLTK 工具包中的 Punkt Sentence Tokenizer 就是基于一种无监督多语言句子边界检测算法开发的分割工具,它是自然语言处理具体任务中最常用的工具之一。

在实际应用中,句子分割阶段的错误会影响后续的文本处理。因此,需要根据被处理的语言及语料库的特点设计句子分割系统,不能简单地将其视为预处理步骤,而需要和其他所有阶段紧密结合在一起。

## 8.4 语义分析

### 8.4.1 语义分析概述

语义分析旨在对文本进行深入理解和解释。它涉及识别和推断文本的语义结构、含义和关系,以便能够更准确地理解文本的含义[12-13]。语义分析的主要研究目的是让计算机能够理解和处理人类语言中蕴含的丰富语义信息。

在当今信息时代,海量的文本信息需要被快速处理和高效利用,而语义分析技术可以为此提供有力支持,具有广泛的现实意义。首先,语义分析可以帮助计算机更好地理解人类语言更深层次的含义。不同于对文本进行浅层次的分析处理,语义分析技术可以通过使用深度学习等先进的人工智能技术,对文本的语义信息进行提取和分析,为计算机实现更深入的下游自然语言处理任务奠定基础。其次,语义分析可以为人工智能应用提供更智能化的协助。语义分析技术可帮助机器更加准确地理解人类的意图和需求,进而提高人工智能应用的智能化程度。此外,语义分析还可以为文本分类、信息抽取、文本摘要等任务提供更加准确和高效的技术支撑。

语义分析具有非常广泛的实际应用场景。例如,问答系统可以利用语义分析技术理解问题并生成答案;机器翻译可以利用语义分析技术将源语言的语义信息转换为目标语言的语义信息,实现自然、准确、流畅的翻译;智能客服可以利用语义分析技术对用户提问进行分析和解答,以提供更加人性化和高效的服务。

接下来对语义分析中最核心的三项任务,即词义消歧、语义角色标注和文本语义表示,以下分别详细介绍。

### 8.4.2 词义消歧

自然语言文本中存在着大量的歧义词,若想正确理解文本的含义,就需要依靠上下文语境来理解这些歧义词。歧义与消歧是自然语言理解中的核心问题。词义消歧任务旨在确定歧义词在具体语境中的确切意义,是词汇级语义分析中的一项核心任务。目前,词义消歧的方法可概括为3类方法,即基于规则的方法、基于统计的方法和基于深度学习的方法。

基于规则的词义消歧方法是早期的研究重点。这种方法主要依赖于专家根据词义之间的关系制定的一系列规则,它通过对歧义词及其上下文语境进行分析,并按照合适的规则来选择满足条件的词义作为结果。基于规则的词义消歧方法简单快速,但是具有很大的局限性,无法覆盖所有的应用场景。

基于统计的词义消歧方法不需要人为制定规则,而是借助统计学的思想,利用已有的知识库获取所需知识来进行词义消歧,具有更好的灵活性。根据使用知识库的不同,基于统计的词义消歧方法又可分为基于词典的方法和基于语料库的方法。其中,基于词典的方法主要是利用词典来获取词义或者义类这样的知识。比较典型的一种方法是依据释义词典来计算歧义词的多种词义与上下文词义之间的覆盖度,并选择覆盖度最大的一种作为正确的词义。基于语料库的方法则是计算歧义词的多种词义在上下文中的概率权重,选择具有最大概率权重的词义作为结果。根据语料库是否需要人工标注,进一步可分为有监督方法和无监督方法。

近年来,基于深度学习的方法在词义消歧任务中取得了显著的进展。例如,使用神经网络模型,如 CNN、RNN 和注意力机制等方法,可以将上下文编码为向量,并通过训练模型来准确预测单词的含义。

### 8.4.3 语义角色标注

语义角色标注是一种句子级层次的语义分析技术,旨在识别句子中的谓词(通常是动词)以及与之相关的论元,并为它们分配语义角色标签,以表示它们在谓词所表达的动作或事件中扮演的角色。

语义角色标注方法具体可分为传统方法和基于深度学习的方法,这些方法的主要区别在于如何处理语言数据和表示语义角色。

传统语义角色标注方法可进一步分为基于规则的方法和基于统计的方法。基于规则的方法使用人工编写的规则和模板来进行语义角色标注,而这些规则和模板通常来源于语言学知识。这种方法的缺点在于需要大量的人工工作,并且难以处理复杂的句子结构和歧义性。基于统计的方法则尝试使用自然语言处理技术和机器学习方法来训练模型,以自动地从大规模的语料库中学习语言的结构和语义。这些方法通常使用特征工程和分类器来处理语义角色标注问题,如支持向量机、朴素贝叶斯分类器和条件随机场等。

总体而言,传统语义角色标注方法的流程可以看作是一个从原始文本到语义角色标签的转换过程。传统的语义角色标注方法存在一些缺陷,首先,它具有很多个步骤,中间过程冗长容易出错;其次,它通常需要手动设计特征,如词性、依存关系、句法规则等,这种依赖于人工设计的特征在应对不同语言和任务时不够灵活,而且需要领域专家参与,增加了工作量和时间成本;此外,传统方法通常基于局部特征进行标注,难以捕捉全局的语义信息和长距离的依赖关系,因此它们无法很好地处理句子中的语义复杂性和上下文依赖关系。

为了解决传统方法中存在的问题,近年来出现了基于深度学习的语义角色标注方法,它们可以通过端到端的学习从大规模未标注数据中自动学习语义角色信息,并在许多任务中显著提升了性能。具体而言,基于深度学习的方法使用 CNN、RNN 等神经网络来处理语言数据和表示语义角色。这些方法通过学习句子中的单词序列的嵌入表示和上下文信息,并将其应用于分类模型来预测每个单词的语义角色标签。

下面扼要介绍使用长短期记忆网络 LSTM 解决语义角色标注问题的过程。首先,将输入的句子中的每个单词转换为向量表示。常见的方法是使用预训练的词向量(如 Word2Vec)来表示每个单词,下一步用 LSTM 对输入句子进行序列编码,通过逐步更新隐藏状态来捕捉上下文信息,隐藏状态的更新公式如下:

$$h_t = \text{LSTM}(x_t, h_{t-1}) \tag{8.6}$$

其中,LSTM(·)表示 LSTM 单元的更新操作。然后,从 LSTM 的输出中提取特征表示,可以使用不同的方法,例如将 LSTM 最后一个时间步的隐藏状态作为特征表示,或者通过全局池化或注意力机制来获得整个句子的表示,等等。最后,通过全连接层将特征映射到标签空间,并使用 softmax 函数预测标签的概率:

$$y_t = \text{softmax}(\boldsymbol{W} \cdot f_t + b) \tag{8.7}$$

其中,$f_t$ 表示 LSTM 最后一个时间步的隐藏状态,将其作为特征表示,softmax(·)表示 softmax 函数,$\boldsymbol{W}$ 是全连接层的权重矩阵,$b$ 为偏置向量。

最近的一些研究提出了将各种不同方法有机结合的混合方法,如将基于规则的方法和基于统计的方法相结合,以及将基于统计的方法和基于深度学习的方法相结合,等等。例如,BiLSTM-CRF 模型[14]使用双向长短期记忆网络(BiLSTM)来编码输入序列,并引入条件随机场层对标签序列进行建模,它能够较好地考虑标签之间的依赖关系,并通过全局标注约束来提高模型的准确性;SpanBERT 模型是一种基于 Transformer 的语义角色标注模型[15],它可以对连续片段进行建模,并为每个片段生成对应的表示,提高了语义角色标注任务的性能。

值得指出的是,尽管语义角色标注研究已经取得了一定的进展,但仍然存在许多挑战。首先,语义角色标注需要面对语义复杂性问题,同一个单词可能在不同的语义中扮演不同的角色,而且同一个角色在不同句子中可能有不同的表达方式;其次是多语言处理问题,不同语言之间的语义角色的定义和表达方式大不相同,使得将语义角色标注方法应用于多语言时会遇到困难;此外,语义角色标注的训练通常需要大量的人工标注数据,且这些数据的获取成本非常高,因此对于缺乏大规模标注数据的语言,通常难以应用基于深度学习的语义角色标注方法。综上所述,语义角色标注问题目前仍然面临着许多技术难题,有待在未来进一步深入研究。

### 8.4.4 文本语义表示

文本语义表示是指将文本内容转化为机器可理解和处理的表示形式,以捕捉文本的语义信息。它的目标是将自然语言中的语义概念和关系映射到计算机可处理的结构或特征上,以便进行自然语言理解、文本情感分析和信息检索等下游任务。文本语义表示方法主要包括基于向量空间模型的方法和基于深度学习的方法。

基于向量空间模型的文本语义表示法是一种用于捕捉文本语义信息的传统方法。在这种方法中,文本被表示为在一个高维向量空间中的向量,其中每个维度对应于一个特定的语义属性或特征。这些特征可以基于词语、短语、句子或整个文档的出现频率、分布或其他统计信息来构建。基于向量空间模型的方法主要包括词袋模型和基于统计的方法。下面分别简要介绍。

词袋模型是将文本看作一组离散的单词或词汇表中的单词集合,并且不考虑它们的顺序和语法结构。具体来说,词袋模型将每个文档表示为一个向量,其中向量的维度等于整个文本集合中的单词数量。该向量的每个元素对应于一个特定单词的出现频率,表示该单词在文档中出现的次数。这个过程可以用以下几个步骤来实现:构建词汇表、构建文档向量、去除停用词和特征缩放。

TF-IDF(term frequency-inverse document frequency)是一种基于统计的文本语义表示

方法。该方法对词袋模型进行了改进，通过统计每个词在文档中的出现次数和在语料库中的出现次数来衡量该词对文档的重要性，词语的重要性与它在文档中出现的次数成正比，但同时与它在语料库中出现的频率成反比，最后将文本表示为一个向量。相比于词袋模型，TF-IDF 方法可以更好地反映单词在文本中的重要性。

近年来，基于深度学习的文本语义表示方法快速发展，它旨在通过神经网络模型来学习和表达文本的语义信息，以便计算机可以更好地理解和处理文本的含义。其中最常见的方法之一是词嵌入，代表性方法有 Word2Vec 和 GloVe[16]，这类方法将单词映射到低维度的连续向量空间。通过使用神经网络模型，词嵌入技术可以将单词的上下文信息编码为向量表示，使得相似含义的单词在向量空间中更加接近。还可以使用 RNN 或 LSTM 等模型将整段文本编码为向量表示，这样得到的文本语义表示能够捕捉到文本之间的语义关系和上下文信息。除此之外，还有一种方法是使用基于预训练的语言模型，例如 BERT，它通过在大规模文本语料上进行预训练，学习到了丰富的上下文相关的词嵌入表示。这些预训练模型可以用于多种任务，例如文本分类、命名实体识别和句子关系判断等，从而实现更高层次的语义理解和表达。下面具体介绍词向量模型 Word2Vec 和基于 Transformer 的模型 BERT。

Word2Vec 方法是一种基于神经网络的词嵌入技术，它将每个单词表示为一个向量，并使语义上相似的单词在向量空间中距离更近。具体来说，Word2Vec 是轻量级的神经网络，其模型仅仅包括输入层、隐藏层和输出层。模型框架根据输入输出的不同有两种实现方法，分别为 CBOW(continuous bag of words)和 skip-gram。其中，CBOW 模型是通过上下文的内容预测中间的目标词，而 skip-gram 则相反，通过目标词预测其上下文的词。通过最大化词出现的概率，训练模型从而得到各层之间的权重矩阵，而词嵌入向量可以由该权重矩阵得出。Word2Vec 可以捕捉单词之间的语义关联和上下文信息，适用于语义相似度计算、情感分析等文本语义分析任务。

BERT 是一种基于 Transformer 模型的预训练语言模型，它可以将整个句子或段落表示为一个向量。如图 8-6 所示，预训练过程遮蔽输入文本中的一部分单词，让模型预测被遮蔽的单词，从而学习到文本的上下文信息和语义表示。BERT 在文本分类、句子相似度计算等多个自然语言处理任务上都有极好的表现。

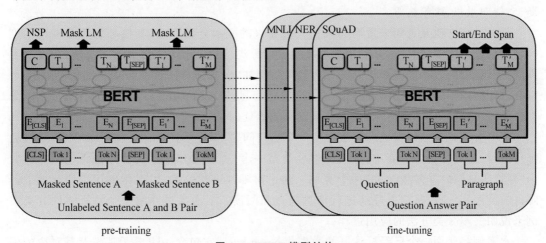

图 8-6  BERT 模型结构

以上这些方法都使用深度学习技术和大规模语料库来学习文本语义表示,并在语义分析任务中得到广泛应用。有时,还可以使用知识图谱和词汇表(如 WordNet)来进一步扩展文本语义表示,并结合语法和句法等其他信息来提高文本语义表示的准确性。

文本语义表示是语义分析技术中的核心问题,它在许多实际应用场景中发挥着重要作用。在信息检索和搜索引擎中,传统的关键词匹配方式往往只能依赖词汇的表面形式,而无法准确理解用户的意图。通过运用文本语义表示技术能够将用户的查询语句转化为语义向量,再与文档语义进行匹配,从而更准确地提供相关的搜索结果。此外,文本语义表示还可以在情感分析等领域应用。通过将文本转化为语义向量,机器能够理解文本中的情感倾向,从而进行情感分类、情感评估等任务,这对于社交媒体分析以及舆情监测等应用具有重要意义。总的来说,文本语义表示是语义分析的基础,通过它可以使文本内容得到有效表示,大大提高了文本理解和自然语言处理的准确性和效率。

## 8.5 自然语言处理的应用

### 8.5.1 文本分类

随着互联网技术的不断发展和普及,越来越多的文本数据被人们所关注和利用。文本分类是自然语言处理领域中的一项重要任务,其主要目标是将大量的文本数据自动归类到预先定义好的类别中。文本分类的应用领域非常广泛,包括情感分析、新闻分类、垃圾邮件识别等领域。近年来,随着深度学习技术的发展和应用,其在文本分类领域取得了一定的成果,成为了文本分类技术中的重要一支。

文本分类的方法可以分为传统机器学习方法和深度学习方法两类。传统机器学习方法通常包括特征提取和分类器训练两个步骤,其中特征提取的主要目的是从原始文本中提取有用的信息,如词袋模型、TF-IDF、主题模型等。词袋模型将文本看作一个词汇集合,将文本中出现过的各个单词都作为特征,形成一个高维的向量来表示文本。而 TF-IDF 则是一种统计方法,用以评估一个单词对于文本语料库中某个文档的重要程度。分类器训练的主要目的是学习如何将文本映射到不同的类别。常用的传统机器学习分类器包括朴素贝叶斯、支持向量机、决策树等。

深度学习方法是近年来发展起来的一种新兴的文本分类方法,其核心思想是通过深度神经网络学习文本的表示,并利用这些表示进行分类。相较于传统机器学习方法,深度学习方法具有更强的表达能力和更好的分类效果。例如,面对分类任务,CNN 通过卷积操作,可以高效地提取出文本中的关键特征,并实现分类。此外,Transformer 也经常应用于文本分类任务,由于它采用了自注意力机制,可以有效地处理长文本数据。

文本分类是自然语言处理领域中的一个热门问题,有许多经典的文本分类任务,如垃圾邮件分类、新闻分类等。其中,垃圾邮件分类是一个二元分类问题,其目标是将一组邮件分为"垃圾邮件"和"非垃圾邮件"两个类别。通过对邮件进行分类,可以帮助用户快速地了解邮件的类型和内容,从而更好地进行信息筛选和阅读。下面通过介绍一个垃圾邮件分类案例来说明文本分类方法的应用过程。

本案例将使用一个已经标注好的数据集 Spambase,它包含一组电子邮件及其对应的标签(垃圾邮件或非垃圾邮件)。该数据集来自 UCI 机器学习库,包含了 4601 封电子邮件,每个邮件被表示为一个 57 维的向量,其中的每一个维度代表着一个特定的特征,这些特征包括邮件中出现的单词频率、字符频率等。

使用机器学习方法训练模型之前,需要对数据进行一些预处理:例如,使用 Python 中的 Pandas 库读取数据集,然后将数据集分成训练集和测试集;还可使用 sklearn 库中的 TfidfVectorizer 类,将文本转换成 TF-IDF 特征表示,以便将数据作为模型的输入。然后,选取一个模型,例如支持向量机等,使用预处理好的训练数据对模型进行训练,并使用测试数据对模型的性能进行测试和评估。对 Spambase 数据集进行建模和训练,可以得到一个能够对垃圾邮件进行分类的模型。

最后,使用准确率和 F1 得分来评估机器学习模型的性能。通过模型评估,可以得到该模型在测试数据上的准确率和 F1 得分,以及在不同类别中的性能表现。在该案例中将以准确率为主要指标,同时观察模型在两个类别中的性能。

### 8.5.2 信息抽取

信息抽取的目标是将非结构化的自然语言文本转化为结构化的数据,以方便后续的处理和分析。信息抽取主要分为 3 个任务:命名实体识别、关系抽取以及事件抽取。其中,命名实体识别任务是从文本中识别出命名实体,例如人名、地名、机构名等;关系抽取任务是从文本中提取出实体之间的语义关系,例如"X 是 Y 的老师""X 给 Y 发邮件"等;事件抽取任务则是从文本中提取出事件和其中涉及的实体和关系。例如,对于"3 月 14 日 OpenAI 发布多模态模型 GPT-4"文本,信息抽取的过程及结果如图 8-7 所示。

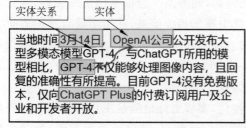

| 时间 | 3月14日 |
| --- | --- |
| 公司 | OpenAI |
| 产品 | GPT-4、ChatGPT |
| 实体关系 | OpenAI, 发布, GPT-4 |

图 8-7 信息抽取示例

信息抽取方法主要经历了基于规则、机器学习和深度学习 3 个阶段的方法。基于规则的方法易于理解和实现,但规则的设定需要大量的人工工作,且针对不同文本往往需要设置不同的规则。基于机器学习的方法可以自动学习模型,克服了基于规则方法的缺点,但需要大量的标注数据进行训练。随着深度学习技术的发展,基于深度学习的信息抽取方法也得到了广泛应用。深度学习方法通常是利用神经网络自动学习文本的特征表示,逐层抽象地提取文本特征,并进行分类或者序列标注。例如,利用 CNN 来实现命名实体识别任务,可以通过卷积操作对句子不同窗口大小的信息进行提取,再通过池化操作,将不同时间步上的特征合并起来,从而识别出命名实体。

信息抽取技术在各个领域都有着广泛的应用。谷歌公司基于信息抽取和知识表示技术建立了一个大规模结构化的知识图谱[17],它包含了大量的实体、属性和关系,例如人物、地点、事件、时间等,且这些实体和关系之间有着复杂的语义关系。知识图谱的构建流程具体包括非结构化数据获取、信息抽取、知识图谱建立3个步骤。

接下来以"巴黎圣日耳曼足球队主教练是谁"这个问题为例,说明如何利用知识图谱和信息抽取技术从网络上搜集并整合大量的相关信息,从而得出答案。具体步骤如下:首先,通过搜索引擎或者爬虫抓取和分析与巴黎圣日耳曼足球队相关的网页和文本,例如新闻、博客、社交媒体等非结构化数据,利用信息抽取技术,比如命名实体识别、关系抽取等,得到一系列实体和关系,例如足球队名、主教练名等。然后,针对所涉及的实体和关系构建知识图谱中相应的三元组,例如(巴黎圣日耳曼足球队,主教练,克里斯托夫·加尔捷)。通过信息抽取技术,知识图谱能够为用户提供全面准确的知识服务。

### 8.5.3 自动问答

自动问答是指在给定问题的情况下,系统自动地寻找合适的答案,并以人类可读的形式返回答案的过程。机器通过分析自然语言问题并利用相关的知识库或语料库,从中提取出与问题相关的信息,最终给出问题的答案。自动问答通常包括两个主要步骤:问题理解和答案生成。其中,问题理解的主要任务是将自然语言问题转化为机器可处理的形式;而答案生成的主要任务是根据对问题的理解和相关的知识库或语料库生成符合问题意图的答案。随着深度学习技术的发展,基于深度学习的自动问答得到了广泛关注。深度学习模型可以自动地学习输入和输出之间的映射关系,从而能够更好地理解自然语言问题和生成相应的答案。

使用自动问答的过程中,用户可以用自然语言与问答助手进行交互,而不需要受到程序语言的限制。用户在使用时可以提出自己的问题,问答助手会根据用户的提问,通过自然语言处理技术识别出问题的语义,然后在其系统中搜索相关信息,并给出最合适的答案。自动问答技术在很多领域得到了广泛应用。例如,自动问答技术可以用于搜索引擎中,让用户通过自然语言输入查询问题,并自动返回答案;也可以用于虚拟助手中,让用户通过语音或文字输入与虚拟助手交互,获取相应的答案和服务。

未来,自动问答系统将更加智能化和人性化,能够更好地满足用户的需求和提高用户体验。在教育领域,自动问答系统也被广泛应用于在线学习、智能辅导等方面,为学生提供更加便捷、高效的学习体验。在医疗领域,自动问答系统也有着广阔的应用前景。例如,患者可以通过语音问答系统向医生咨询健康问题,医生也可以通过自动问答系统获取相关的医疗知识和信息,提高诊断和治疗的准确率和效率。

### 8.5.4 自动文本摘要

随着互联网的快速发展,信息量的增长已经远远超出人类对信息处理和利用的能力,从而导致了信息过载现象。因此如何快速有效地提取文本信息就成为了一个亟待解决的问题。自动文本摘要正是解决这一问题的一种有效方法,文本摘要技术可以对篇幅较长的文字信息进行简化,帮助人们快速获取和理解新的信息。本节首先介绍文本摘要的基本概念,在此基础上将介绍抽取式文本摘要方法和生成式文本摘要方法,以及文本摘要的经典算法。

自动文本摘要技术经历了长远的发展,从早期基于规则和统计的方法,到如今以数据为驱动的机器学习和深度学习方法,研究人员致力于构造能够输出更加接近人工效果的自动摘要算法。自动文本摘要方法主要可以分为两类:抽取式文本摘要和生成式文本摘要。

抽取式文本摘要是一种从原始文本中提取出关键信息,然后以简洁的方式呈现给用户的方法。抽取式文本摘要不涉及生成新的句子或段落,即所提取的内容一般不会进行修改,而是直接从原始文本中提取出最相关的信息,从而减少了不必要的信息冗余,提高了文本阅读的效率。抽取式文本摘要的优点在于生成的内容准确性较高,还可以处理大量文本数据,从而使得对文本信息的理解更加深入全面,但它无法生成新的摘要内容,容易受到句子选择和排序的限制等,例如难以捕捉文本的情感色彩和人类特有的文化背景。

生成式文本摘要则是利用自然语言生成技术,根据原始文本的语义生成一段新的文本,使其与原文意义相近但不同于原文的摘要。与抽取式文本摘要不同,生成式文本摘要可以生成全新的文本内容,而不仅是从原始文本中提取信息,这种技术可以通过分析文本的语义和上下文生成具有逻辑性和连贯性的文本摘要,从而提高文本理解和阅读效率。生成式文本摘要可以生成全新的文本内容,生成的摘要更连贯,更具有可读性,可以适应各种文本的要求,但它需要更多的计算资源和时间,且生成结果可能会出现不符合原文的错误信息。

自动文本摘要在很多领域都有广泛的应用,例如,自动从新闻文章中提取最重要的信息,并生成简洁的摘要,便于读者快速了解新闻事件的核心内容,而无须浏览篇幅较长的文章内容。自动新闻摘要的整体流程大致如下:首先,获取原始的新闻信息,获取的数据包括新闻标题、正文以及发布时间等。然后,对这些文本进行数据预处理,将原始文本转化为机器可以理解的形式。最后,自动文本摘要算法会利用相关的模型和技术,将处理后的文本进行自动摘要。通过自动文本摘要技术,用户可以快速浏览新闻,了解最新的事件和趋势。

自动文本摘要未来发展前景十分广阔。除了新闻摘要之外,该技术还可以广泛应用于其他领域,如搜索、社交网络、智能客服等,成为机器学习和自然语言处理技术在商业领域应用的一项典范。

## 8.6 习　　题

1. 给定句子:"他喜欢研究生物",以及一个词典:{他,喜欢,研究,研究生,生物},请结合词典,用正向最大匹配法和逆向最大匹配法对这句话进行分词。

2. 给定一个观测序列"他/期待/奖励",假设词性集合为:PN(代词)、NN(名词)、VV(动词),给出初始状态转移概率,转移矩阵和发射矩阵如图 8-8～图 8-10 所示。

| PN | NN | VV |
| --- | --- | --- |
| 0.6 | 0.3 | 0.1 |

图 8-8　初始状态转移概率

|  | PN | NN | VV |
|---|---|---|---|
| PN | 0 | 0.3 | 0.7 |
| NN | 0 | 0.2 | 0.8 |
| VV | 0.3 | 0.5 | 0.2 |

图 8-9　转移矩阵 $A$

|  | 他 | 期待 | 奖励 |
|---|---|---|---|
| PN | 1.0 | 0 | 0 |
| NN | 0 | 0.3 | 0.7 |
| VV | 0 | 0.6 | 0.4 |

图 8-10　发射矩阵 $B$

请利用 HMM 对该观测序列进行词性标注，并计算出概率最大的词性序列。

3. 给定句子 Time flies like an arrow 和以下规则，计算哪一棵句法树是最优句法树。

| S→NP VP | 1.0 |
|---|---|
| VP→VV | 0.4 |
| VP→VVPP | 0.2 |
| VP→VVPP | 0.4 |
| NP→NN | 0.4 |
| NP→NN NN | 0.1 |
| NP→DT NN | 0.5 |
| PP→IN NP | 1.0 |

| V→like | 0.6 |
|---|---|
| V→files | 0.4 |
| NN→time | 0.45 |
| NN→arrow | 0.45 |
| NN→flies | 0.1 |
| DT→an | 1.0 |
| IN→like | 1.0 |

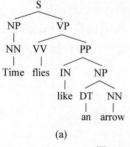
(a)

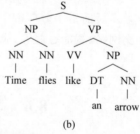
(b)

图 8-11　规则示意图

4. 假设你负责开发一个语义角色标注系统，用于分析金融新闻事件。请说明如何应用语义角色标注技术来提取金融事件中的重要信息，并列举至少 3 个语义角色标签及其对应的语义角色。

5. 在基于深度学习的文本语义表示中，Transformer 模型已经成为一种广泛应用的方法。请解释 Transformer 模型在文本语义表示中的主要原理，并说明其相比于传统循环神经网络 RNN 的优势。

## 参 考 文 献

[1] Turing A M. Computing machinery and intelligence[J]. Mind，1950，59(236)：433-460.
[2] Chomsky N. Syntactic structures[M]. Berlin, Boston：Mouton de Gruyter，1957.
[3] McCarthy J. History of programming languages [M]. New York：Association for Computing Machinery，1978：173-185.
[4] Weizenbaum J. ELIZA—a computer program for the study of natural language communication between man and machine[J]. Communications of the ACM，1966，9(1)：36-45.
[5] Bengio Y, Ducharme R, Vincent P. A neural probabilistic language model[J]. Journal of Machine Learning Research，2003.
[6] Mikolov T，Chen K，Corrado G，et al. Efficient estimation of word representations in vector space[J]. arXiv preprint arXiv：1301.3781，2013.
[7] RADFORD A. Improving language understanding by generative pre-training[EB/OL]. (2018-06-10)［2024-10-10］. https：//cdn. openai. com/research-covers/language-unsupervised/language_understanding_paper.pdf.
[8] Sun M，Tsou B K. Ambiguity resolution in Chinese word segmentation[C]. Proceedings of the 10th Pacific Asia Conference on Language，Information and Computation，1995：121-126.
[9] 俞士汶，朱学锋，段慧明. 大规模现代汉语标注语料库的加工规范[J]. 中文信息学报，2000(6)：58-64.
[10] 俞士汶，段慧明，朱学锋，等. 北京大学现代汉语语料库基本加工规范[J]. 中文信息学报，2002(05)：49-64.
[11] Xue N, Xia F, Chiou F D, et al. The penn chinese treebank：Phrase structure annotation of a large corpus[J]. Natural language engineering，2005，11(2)：207-238.
[12] 黄河燕. 人工智能：语言智能处理[M]. 北京：电子工业出版社，2020.
[13] 宗成庆. 统计自然语言处理[M]. 北京：清华大学出版社，2008.
[14] Huang Z, Xu W, Yu K. Bidirectional LSTM-CRF models for sequence tagging[J]. arXiv preprint arXiv：1508.01991，2015.
[15] Joshi M, Chen D, Liu Y, et al. SpanBERT：Improving Pre-training by Representing and Predicting Spans[J]. Transactions of the Association for Computational Linguistics，2020(8)：64-77.
[16] Pennington J, Socher R, Manning C D. GloVe：Global vectors for word representation[C]. Doha：Proceedings of the 2014 conference on empirical methods in natural language processing（EMNLP），2014：1532-1543.
[17] https：//en.wikipedia.org/wiki/Google_Knowledge_Graph.

# 第 9 章 智能博弈

## 9.1 智能博弈概论

博弈论,又称为对策论(game theory)、赛局理论等。博弈论考虑对局中的个体预测行为和实际行为,研究博弈行为中最优的对抗策略及其稳定局势,协助人们在一定规则范围内寻求最合理的行为方式。

中华文化历史悠久,以《司马法》《孙子兵法》《孙膑兵法》为代表,诸多与"博弈"思想相关的军事著作流传至今。围棋、中国象棋等对弈游戏在民间也备受欢迎,体现了人类深入探究博弈智慧的浓厚兴趣。

到了现代,1928 年,冯·诺依曼证明了博弈论的基本原理(极小极大值定理),从而宣告了博弈论的正式诞生。1944 年,《博弈论与经济行为》[1]一书中对博弈概念进行了公理化描述,将二人博弈推广到 $n$ 人博弈结构,并将博弈论系统地应用于经济领域,从而奠定了这一学科的基础和理论体系,冯·诺依曼也被后人称为"博弈论之父"。

经典的博弈方法难以解决具有高复杂度的博弈问题,随着人工智能的快速发展,智能博弈应运而生。智能博弈,又称为计算机博弈、机器博弈,它利用人工智能领域的搜索和学习技术替代传统数值优化计算,以求解具有高复杂度的博弈问题。智能博弈的热潮由棋类游戏掀起,逐步扩展到竞技类游戏以及兵棋推演等各类应用中。

### 9.1.1 博弈的基本概念

博弈包含以下一些基本要素:局中人、策略、得失、次序和均衡。

**局中人(players)**:有决策权的参与者,也叫作参与人或玩家。在一场博弈中,根据参与人数的不同,可分为单人、二人和多人博弈。其中单人、二人和多人博弈分别是指博弈参与者只有一人、两人及多人。

在单人博弈中,博弈参与人在指定规则下在各种博弈行动中进行选择,并承担博弈结果,常见场景为一些小型益智游戏,如华容道、俄罗斯方块等;在二人博弈中,博弈双方通过对博弈行为进行选择,以实现自我利益最大化或损失最小化,常见场景如五子棋、围棋等棋类问题;在多人博弈中,由于博弈参与者较多,博弈各方在对博弈局势进行判断,进而选择博弈行为时,需综合考虑各方的博弈行为及利益均衡,以实现自我利益最大化,常见场景如桥牌、多人跳棋等。

**策略(strategies)**:参与者可以采取的行动方案。博弈参与者可以选择的全部策略组合叫作策略空间(策略集)。如博弈参与者只能在策略空间中选择某个特定策略,则称为纯策略;如博弈参与者在给定信息下以一定的概率值来选择策略,则称为混合策略。纯策略可以理解为一种特殊的混合策略,即在众多策略中选择该特定纯策略的概率为1,而其他纯策略的概率为0。

**得失**：博弈结束时的对局结果。每个博弈参与者在一局博弈结束后的得失,不仅与该参与人自身策略有关,而且与全部参与人所选定的一组策略有关。在不同局势下,一个特定的策略组合中参与人获得的利益(收益、效用水平或期望效用水平)通常称为支付或效用函数。

**次序**：博弈各方决策的先后顺序。

**均衡**：均衡即平衡,为稳定的博弈结果。在博弈均衡下,各方参与人都不轻易改变自己的策略,从而达到一种平衡稳定的状态。

### 9.1.2 博弈的分类

在博弈中,根据不同的基准会有不同的分类方式,通常可以根据博弈的特征进行分类,有如下几种分类方法。

1. 根据博弈参与人利益变化的不同,博弈可分为合作与和非合作博弈。

**合作博弈**：强调团队理性,参与者在博弈过程中可以达成一个具有约束力的协议,在保障部分博弈参与方的利益不受损的情况下,部分博弈方利益增加或博弈各方的收益都在增加。合作博弈研究人们达成合作时如何分配合作得到的收益,即收益分配问题。

**非合作博弈**：强调个人理性,博弈各方利益交错,各参与方都在探究一种使己方博弈收益最大的策略。

2. 根据信息完备性的不同,博弈可分为完全信息博弈和不完全信息博弈。

**完全信息博弈**：博弈过程中,所有博弈参与方对其他博弈参与者的信息(特征、策略集、收益等)均完全了解。

**不完全信息博弈**：并非各博弈参与方均掌握了所有信息。

3. 根据博弈参与人的行动顺序不同,博弈可分为静态博弈和动态博弈。

**静态博弈**：所有博弈参与方同时做出博弈行为,或者是不同时但后博弈方不知道先博弈方的博弈行为(参与方互相不知道对方的决策)。

**动态博弈**：博弈参与方的博弈行为有先后之分,后博弈方知道先博弈方所采取的博弈行为,并可根据该行为做出己方的博弈选择。

4. 根据博弈方的收益情况,博弈可分为零和博弈与非零和博弈,常和博弈与变和博弈。

**零和博弈**：参与博弈的一方的收益必然意味着另一方的损失,即各参与方的收益总和永远为"零"。

**非零和博弈**：博弈各参与方的收益总和不为"零"。

**常和博弈**：博弈各参与方的收益总和为一个常数。

**变和博弈**：博弈各参与方的收益总和不是一个常数,随着博弈参与者选择的策略不同,各方的收益总和也不同。

5. 根据博弈各参与方的策略数量,可分为有限博弈与无限博弈。

**有限博弈**：一个博弈中各参与方的策略数量都是有限的。

**无限博弈**：一个博弈中至少一方的策略是无限多的。

此外，还有传统博弈与演化博弈等多种分类方式。

### 9.1.3 纳什均衡及典型案例

纳什均衡(Nash equilibrium)为一种博弈的稳定局势[2]，指的是博弈参与人做出的这样一种策略组合。在该策略组合上，任何参与人单独改变策略都不会提高自身收益。也就是说，如果在一个策略组合上，当其他人不改变策略时，没有人会改变自己的策略，则该策略组合就是一个纳什均衡。

接下来介绍一个著名案例——由数学家塔克给出的"囚徒困境"博弈模型[3]。该模型为1950年塔克在给一些心理学家作讲演时，讲到的两个囚犯的故事。假设有两个小偷A和B联合犯罪而被警察抓住。由于警方没有足够的证据定罪，将两人分别置于不同的两个房间内进行单独审讯，对每一个犯罪嫌疑人，警方给出的政策是："如果两个犯罪嫌疑人都认罪，坦白罪行，于是证据确凿，两人被判有罪，各被判刑8年；如果一个犯罪嫌疑人坦白了罪行，而另一个犯罪嫌人没有坦白而是抵赖，则再加刑2年，而坦白者会因坦白有功被减刑8年，立即释放；如果两人都抵赖，则警方将两人各判入狱1年"。"囚徒困境"博弈模型如表9.1所示。

表 9.1 "囚徒困境"博弈模型

| A/B | 坦 白 | 抵 赖 |
| --- | --- | --- |
| 坦白 | 8, 8 | 0, 10 |
| 抵赖 | 10, 0 | 1, 1 |

显而易见，此案例最好的策略是双方都抵赖，结果是两人都只被判1年。然而，由于两人分别置于不同的房间，没有合作关系，因此都会从利己的目的出发。对A而言，尽管他不知道B作何选择，但无论B选择什么，A选择"坦白"策略总是刑期最短的（若B选择抵赖，则A可以获释；若B选择坦白，则A刑期更短）。对应地，B也会选择"坦白"，结果是两人都被判刑8年。在此案例中，最优解为两人同时抵赖，但是两人会倾向于选择同时坦白，即纳什均衡。

类似案例还有智猪博弈、硬币正反等，在经济学、社会学等领域都可以找到很多类似囚徒困境的例子。

## 9.2 博弈的复杂度

博弈问题的状态复杂度和博弈树复杂度是衡量其复杂程度的两个重要指标[4]。对常见博弈问题的状态复杂度及博弈树复杂度进行研究，并估算该博弈问题的复杂度，有助于对博弈问题具有更深入的认识，以进一步寻找相应的求解策略。

### 9.2.1 博弈问题的状态复杂度和博弈树复杂度

博弈理论中常用状态复杂度和博弈树复杂度来表示博弈问题的复杂程度,以下分别进行介绍。

状态复杂度是指从博弈的初始状态开始所能达到的、所有不同的合法博弈状态的个数。通常情况下,很难得到状态复杂度的精确数值。以棋类问题为例,通过对棋盘上所有状态,包括不合法和不可能出现的博弈状态进行统计,可以得到一个上限值,并用此状态上限值表示状态空间复杂度的上限。从本质上说,状态空间复杂度描述了通过枚举方法所能解决博弈问题的复杂度范围。

博弈树复杂度是指从博弈的初始状态开始,能解决该博弈问题的最小完整博弈树中的叶子节点的个数。其中,整个决策树包含树中所有深度的节点。在棋类博弈中,博弈树复杂度与各种棋类博弈的博弈规则、棋盘大小等有关。对于不同棋类博弈问题,它们的复杂度相差很大。

### 9.2.2 状态复杂度及博弈树复杂度的估算方法

以井字棋(三子连珠棋,tic-tac-toe)为例,估算此博弈问题的状态复杂度和博弈树复杂度。如图 9-1 所示,共有 9 个位置可落子,能够形成的局面较少,复杂度的估算相对容易,具体估算过程如下[4]。

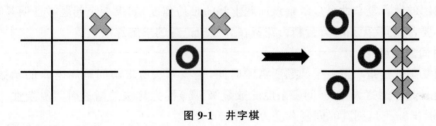

**图 9-1 井字棋**

**1. 走棋规则**

井字棋,英文名叫 tic-tac-toe,是一种在 3×3 格子上进行的连珠游戏。和五子棋类似,由于棋盘一般不画边框,格线排成"井"字,故得名。由分别代表"○"和"×"的两个游戏者轮流在格子里留下标记(一般来说先手者为×),三个同一记号形成一条直线,即是胜者。

**2. 状态复杂度**

对于状态复杂度,由于棋盘上每个位置有 3 种状态(双方的棋子和空白),$3^9 = 19683 \approx 2 \times 10^4$,因此状态复杂度可估算为 $10^4$。然而,这个计数中包括许多不合法的状态。例如,出现 5 个"○"但没有"×"的局面,或者出现两个以上的连 3 的局面(根据走棋规则,在棋盘上形成连 3 则游戏结束),这些均属于非法局面。除去这些非法局面,状态数为 5478。而旋转和对称的多个局面应当只计算一次,实际上只有 765 个完全不同的状态[5]。

**3. 博弈树复杂度**

第一步有 9 个位置可选,第二步有 8 个位置可选,以此类推。因此,对于其博弈树复杂度,可粗略估算为 9!,复杂度为 $10^5$。当然,这其中包括一方获胜后继续进行的非法场景,而去掉旋转对称等局面后更精确的数目为 26830。

文献[6]中还列出了一些常见的棋类博弈问题的状态复杂度和博弈树复杂度,如表9.2所示。从中可以看出,相对于其他棋类,围棋的复杂度要高得多,因此它也自然成为人工智能攻克的最后一个棋类游戏。实际上,直到2016年,人工智能算法AlphaGo才战胜人类的顶级棋手,关于这方面的具体情况,本章9.4.2节将具体介绍。

表9.2 一些棋类博弈问题的状态复杂度和博弈树复杂度

| 棋 种 | 状态空间复杂度 | 博弈树复杂度 |
| --- | --- | --- |
| 西洋跳棋 | $10^{21}$ | $10^{31}$ |
| 国际象棋 | $10^{46}$ | $10^{123}$ |
| 中国象棋 | $10^{48}$ | $10^{150}$ |
| 围棋 | $10^{172}$ | $10^{360}$ |
| 五子棋 | $10^{105}$ | $10^{70}$ |
| 日本将棋 | $10^{71}$ | $10^{226}$ |

### 9.2.3 博弈问题的计算复杂性

计算复杂性是计算理论的一个分支,可用于衡量求解博弈所需的时间和空间资源。研究博弈问题的计算复杂性可以了解该问题求解的难易程度,如果一个问题被证明是难解的,除确有必要,人们就无须将大量精力花费在寻找理论解的求解算法上。

**1. 时间复杂度**

时间复杂度是指求解一个问题所需的时间,是该算法所求解问题规模 $n$ 的函数。当问题的规模 $n$ 趋于无穷大时,时间复杂度的数量级(阶)称为算法的渐进时间复杂性。如函数 $f(n)=5n^3+3n+1$,则其时间复杂度为 $O(n^3)$。

**2. 空间复杂度**

空间复杂度是指求解一个问题所需的存储空间,代表了算法在运行过程中临时占用存储空间大小的量度。通过分析一个问题的空间复杂性,可以从另一个角度估算该问题求解的困难程度。

为了明确求解某一博弈问题的难易程度,可对博弈问题的计算复杂性进行分类,具体包括P、NP、NP-complete、EXPTIME、PSPACE、PSPACE-complete、EXPTIME-complete 等,以完成对博弈问题计算复杂度的证明。这些类别的具体含义如下。

(1) P:确定型多项式时间复杂度。

(2) NP:非确定型多项式时间复杂度。

(3) NP-complete:NP 的完全问题。

(4) EXPTIME:指数时间复杂度。

(5) PSPACE:确定型多项式空间复杂度。

(6) NPSPACE:非确定型多项式空间复杂度。

例如,要证明一个问题属于 PSPACE-complete 问题,即确定型多项式空间复杂度的完全问题,则依据 PSPACE-complete 的定义[7],需要论证其满足以下两个条件。

(1) 该问题属于 PSPACE 问题。
(2) 所有属于 PSPACE 类的问题都能够在多项式时间内归约到此问题。

若满足以上两个条件,则说明该问题属于 PSPACE-complete 问题。其中对于第(2)点,需要构建或设计一个合理的归约模型,并选择一个合适的已被证明属于 PSPACE-complete 计算复杂性类别的问题[4]。

国内外很多学者对智能博弈问题的计算复杂性展开了研究,并已经证明了一些博弈问题的计算复杂性类别,表 9.3 给出了一些常见的棋类博弈问题的计算复杂性。

表 9.3 一些棋类博弈问题的计算复杂性分类

| 棋　　种 | 计算复杂性分类 |
| --- | --- |
| 西洋跳棋 | EXPTIME-complete |
| 国际象棋 | EXPTIME-complete |
| 五子棋 | PSPACE-complete |
| 六子棋 | PSPACE-complete |

H. Jaap 等人针对不同复杂度的博弈问题,对相应的求解方法进行了归纳分类[6]。将博弈空间定义为一个二维空间,其中一个维度是状态空间复杂度,另一个维度则是博弈树复杂度。根据博弈问题的状态空间复杂度高低以及博弈树复杂度高低,可以将整个二维空间大致划分为 4 个类别,具体如图 9-2 所示。

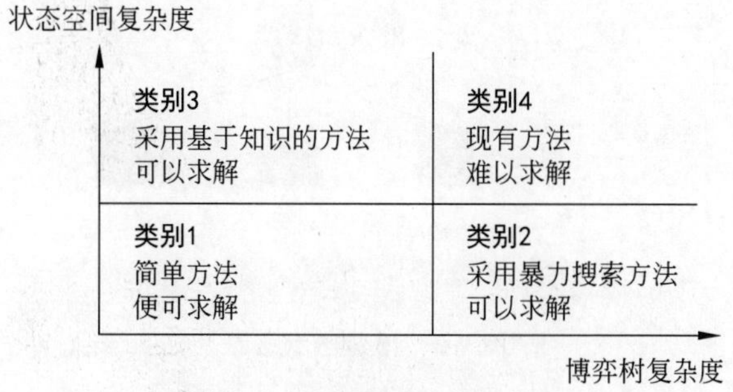

图 9-2 博弈空间的双重二分法

从图 9-2 可以看出,随着状态空间复杂度和博弈树复杂度的提升,求解难度逐渐提升,所能采取的求解策略逐渐减少。属于类别 1 的博弈问题最容易被解决;属于类别 2 和类别 3 的博弈问题是目前可能被求解的,其中类别 2 可采用暴力搜索方法,类别 3 可采用基于知识的方法;第 4 类的博弈问题被认为在实践中难以解决,这催生了以 AlphaGo 为代表的基于深度强化学习的智能博弈方法的诞生。

## 9.3 智能博弈策略求解技术

随着研究的逐渐深入以及计算能力的持续提升,智能博弈策略求解方法也在不断发展,针对不同复杂度、不同分类情况下的博弈问题产生了对应的求解算法。例如,一些中小规模博弈问题可以采用极大极小值算法[8]、α-β 剪枝[9]以及各种变种方法来解决；对于一些大规模博弈问题，单纯使用传统搜索树等方法难以求解，则可以采用蒙特卡洛树搜索（Monte Carlo tree search，MCTS）[10]、深度学习等方法来解决；对于一些更为复杂的多智能体博弈问题，如星际争霸等游戏，由于状态空间与动作空间巨大，并具有很强的不确定性，求解非常困难，可以尝试通过深度神经网络结合强化学习方法来解决[11]。

### 9.3.1 博弈树搜索

对于一些棋牌类游戏，采用博弈树来刻画双方的博弈过程会更加直观形象，因此对于一些中小规模的博弈问题，可以采用博弈树搜索算法求解。

在博弈过程中，依次将参与者的行动展开，可以形成一个树状图形，这种描述博弈过程的图形就是博弈树。博弈树从初始博弈状态开始，按照每个博弈参与人能够选择的所有合法行动对博弈树进行扩展，直至博弈过程结束。

在博弈树中，博弈的初始局面是初始节点。"或"节点和"与"节点逐层交替出现，自己一方扩展的节点之间为"或"关系，对方扩展的节点之间是"与"关系，双方轮流地扩展节点。对于自己一方获胜的终局，其相应的节点是可解节点；类似地，使对方获胜的终局，节点都是不可解节点。以棋类博弈为例，通过构建博弈树，并不断延伸至博弈结束，可以模拟出棋盘上的所有着法，并从中选出最佳落子序列。

图 9-3 为一棵博弈树的示意图，其中，方形和圆形代表进行博弈的两个参与方，每个形状代表一个节点，两种节点交替出现。

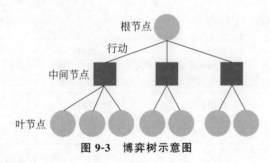

图 9-3 博弈树示意图

### 9.3.2 极大极小值算法

对于棋类博弈问题，针对博弈树搜索的常见方法是极大极小值算法（max-min 算法）。

在博弈过程中，双方总是希望能够挑选对己方最为有利且对对方最为不利的行动方案。用 max 和 min 代表博弈双方，函数 $f(\cdot)$ 作为效用评估函数。因此，当轮到己方参与人动时，需要在所有可能的行为中搜索，找到在当前博弈局面下使己方利益最大的一种行为，即 max 方应该考虑最好的情况；相对应，当轮到 min 方行动时，max 应该考虑最坏的情况（即 min 方会牵制对手，会选择最不利于 max 方的行为）。

该算法的主要思想为：对于一个待求解的博弈状态，将该博弈局面下所有合法的可能子局面一层一层展开，直到能到达一个终止状态。然后，通过极大极小值原理向上回溯，将终止状态的效用评估函数 $f(\cdot)$ 逐层返回，直至待求解的博弈状态最终搜索出最优行为。

简而言之,在己方进行博弈的层选择评估值最大的分支;在对方进行博弈的层选择评估值最小的分支,最终在根节点选择最优的解法。

以图 9-4 所示的搜索树为例进一步说明极大极小值算法。树的最下层是在当前搜索深度下可以评估到的各博弈情况产生的价值。第一层轮到圆方行动,圆方将选择博弈局面评估中对己方最有利的一种,之后圆方将模拟方形方行为,并选择对圆方评估最小的行为。此例子中的搜索深度为 3,即根据 3 步之后的各种情况来选择行动方案,以获取最大利益。

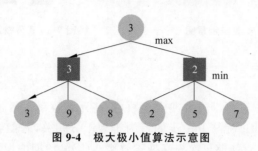

图 9-4　极大极小值算法示意图

### 9.3.3　裁枝搜索($\alpha$-$\beta$ 剪枝)

对于极大极小值搜索方法,如果将整个博弈树完全展开,其所占用的空间及搜索时间都是难以接受的。因此,对于大部分博弈问题而言,为了减少计算量,提高搜索效率,需要对博弈树作一些特殊处理。在实际应用时,可以通过去掉搜索树中对结果没有影响的分支来降低时间复杂度,这种方法称为 $\alpha$-$\beta$ 剪枝算法。

随着搜索深度的增加,极大极小值算法的时间与空间消耗巨大,其实其中有很多冗余无用的搜索过程,包括极大值冗余和极小值冗余两种计算。与这两种冗余计算相对应,$\alpha$-$\beta$ 剪枝算法中 $\alpha$ 剪枝用来解决极大值冗余问题,$\beta$ 剪枝用以解决极小值冗余问题。接下来分别介绍两部分过程。

图 9-5 所示为博弈树的一部分,节点 A 为选择最大值的 max 节点,节点 B、C 为选择最小值的 min 节点。假定节点 B 已经全部搜索完毕,评估值为 20。开始评估 C 节点,根据极大极小值原理,节点 C 的评估值应为其全部子节点中的最小值,由于节点 D 的评估值为 15,因此节点 C 的评估值 $f(C) \leqslant 15$。此时,对于节点 A 而言,要选择节点 B 和节点 C 中值大的一个动作,而 B 的评估值一定比 C 的评估值大,因此,节点 A 只可能取到 B 的值,也就是不需要再搜索 C 的其他子节点 E 和 F 的值(原因在于 C 节点余下子节点的评估值对 A 的评估没有任何贡献),这样的剪枝方法称为 $\alpha$ 剪枝。

与 $\alpha$ 剪枝对应的为 $\beta$ 剪枝,主要处理极小值冗余问题。如图 9-6 所示,与上一部分相反,此时,节点 A 为选择最小值的 min 节点,节点 B、C 为选择最大值的 max 节点。节点 B 已经全部搜索完毕,评估值为 10。开始评估 C 节点,根据极大极小值原理,节点 C 的评估值应为其全部子节点中的最大值,由于节点 D 的评估值为 15,因此,节点 C 的评估值 $f(C) \geqslant 15$。此时,对于节点 A 而言,要选择节点 B 和节点 C 中值更小的一个动作,而 B 的评估值一定比 C 的评估值小,因此,节点 A 只可能取到 B 的值为 10,也就是不需要再搜索 D 后节点 E 和 F 的值,这样的剪枝方法叫作 $\beta$ 剪枝。

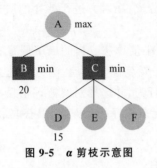
图 9-5 α 剪枝示意图

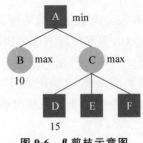
图 9-6 β 剪枝示意图

### 9.3.4 剪枝优化方法

通过使用 α-β 剪枝方法可以减少搜索次数，提高计算效率。然而，通过对 α-β 剪枝过程的分析不难发现：剪枝的过程与下一步的行为排列十分相关，若能够对当前局面下所有可能行为的优劣有所判断，就能够再次提高搜索效率。此外，前期的搜索中会出现很多重复状态，若能记录下搜索行为，后续遇到同样的状态时就能够有效降低评估的时间开销。为了进一步提高博弈树搜索的效率，研究人员陆续提出了针对上述问题的一些剪枝优化方法。

历史启发[12]即为一种剪枝优化方法。在 α-β 剪枝过程中，剪枝的效果和行为排序密切相关，通过启发性的知识和信息，将好的行为排在前面优先扩展和搜索，可以有效提高搜索效率。历史启发就是基于这种考虑提出的，其基本思想是：在搜索过程中，搜索树某个节点上的最佳行为，在其他相差不大的博弈状态下也有很大可能是最优的。这种最佳行动是指可以引发或产生剪枝的节点，或是虽未引发剪枝但其本身为兄弟节点中最佳的行动，历史启发就是要记录这些行为。在搜索过程中，每当遇到这样的行动，就给该行动相对应的历史得分一个增量。一个多次被搜索并确认为最佳的行为，其历史记录就会较高。当搜索中间节点时，根据历史得分对行为进行排序，好的（能够引发剪枝数量更多的）行为就会排在前面以优先搜索。这样的方法比通过专业领域知识（比如围棋规则知识）等对节点排序的方法更为有效，并且由于历史得分表会随搜索进程而不断更新，对节点顺序的排列也会随之动态变化。

除历史启发外，还可以通过置换表、杀手启发表等实现对行为的排序。此外，结合迭代加深搜索等算法，可以使搜索更加高效。

### 9.3.5 蒙特卡洛树搜索

上面几节介绍了一些博弈搜索算法，它们可以使参与者在博弈过程中找到最优策略。然而对于围棋等一些大规模博弈问题，很难通过穷举方法实现完全搜索，蒙特卡洛树搜索（Monte Carlo tree search，MCTS）这种基于采样的方法可以较好地解决这个问题[10]。

如图 9-7 所示，蒙特卡洛树搜索算法的一次迭代过程可分成 4 步：选择、拓展、模拟、反向传播。

**1. 选择**

选择是指从搜索树的根节点 R 开始，根据节点选择算法向下递归选择子节点，直至到达一个最值得扩展的节点 L，该节点表示非博弈终止状态，且具有还未被扩展过的子节点。向

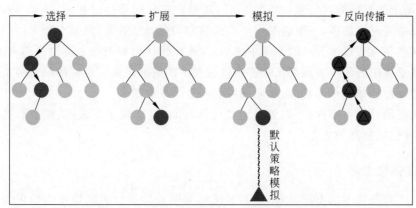

图 9-7　MCTS 方法的一次迭代过程(4 个步骤)[13]

下递归的节点选择方法可由上限置信区间算法(upper confidence bounds，UCB)来实现，最简单的 UCB 策略 UCB1[14]是 2002 年提出的，主要用于解决多臂赌博机问题，该算法为每个动作计算一个估值范围，以代替原来的期望回报值，并优先选择估值范围上限较高的动作。该策略具体设计如下：

$$\text{UCB1} = \overline{X}_j + \sqrt{\frac{2\ln n}{n_j}} \tag{9.1}$$

其中，$\overline{X}_j$ 表示动作 $j$ 的平均收益，$n_j$ 是动作 $j$ 被选择的次数，$n$ 是迄今为止的总次数。$\overline{X}_j$ 项鼓励"利用"更高奖励值的动作，而 $\sqrt{\frac{2\ln n}{n_j}}$ 项则鼓励"探索"访问次数较少的动作。通过这样的方式来兼顾"探索"和"利用"两方面的要求。

**2. 扩展**

如果节点 L 不是一个终止节点(即不是博弈对抗的终结节点)，则根据目前可选动作扩展一个(或多个)子节点以展开树。

**3. 模拟**

从新节点出发，根据默认策略运行模拟输出，即通过算法模拟玩家的决策和对手的应对，使用一定的策略走子，直至博弈过程结束。在模拟的最后，通过评估游戏的终止状态可以得到这次模拟的结果，可能是胜利、平局或失败。模拟过程中所使用的策略和节点选择策略不同，也可以叫作快速走子策略。在快速走子过程中，算法根据简化的规则或启发式方法进行决策，以加速博弈的进行，而无须深入分析所有可能的动作。这种策略可以在短时间内获取对当前局面的合理评估，从而为搜索树的节点提供初步的统计信息，以鼓励蒙特卡洛树搜索算法在大规模搜索空间中更高效地寻找优质的决策。对于五子棋这样较为复杂的游戏，上万次模拟可能会带来更准确的结果；而井字棋相对较为简单，上千次的模拟已经足够在井字棋中取得不错的性能。

**4. 反向传播**

使用模拟得到的结果对所选节点及其父节点递归地进行统计更新。在模拟过程结束时，会获得一个具体的得分或评估结果，以反向传播方式将这个模拟结果传回到起始节点(通常是博弈树的根节点)，并沿着模拟期间遍历的路径向上更新。对于路径上的每一个节点,会更新两个关键的统计信息:收益与访问次数。在反向传播过程中,每个节点的收益值会根据模拟结果进行调整,一般通过累计求和的方式更新总收益,且每个节点的访问次数值会增加。这些信息在每个节点的回溯中更新,并逐级传递至根节点。通过递归向上的方式,可以确保搜索树中的每个节点都反映了搜索过程中的最新经验。这样的信息传播机制有助于算法更准确地评估动作的价值,从而指导下一次的节点选择。

在能接受的计算范围内(可设置给定的计算时间)终止搜索算法,从根节点选择最佳返回动作,即评估值最高的节点。

### 9.3.6 深度强化学习

随着人工智能技术的不断发展,博弈对抗从早期需要进行大规模搜索的棋类游戏扩展到非完全信息博弈的网络对战游戏,现在正不断向真实世界场景靠拢。

智能博弈技术的发展也得益于博弈论和强化学习这两种范式的结合。其中,博弈论提供了有效的解概念来描述多智能体系统的学习结果,但主要是在理论上不断发展,可实际求解的问题范围仍然较窄;深度强化学习算法为智能体的训练提供了可收敛的学习算法,可以在序列决策过程中达到稳定和理性的均衡[15]。

深度学习方法可以通过神经网络直接从图像等输入中学习到知识,而不需要提取专业领域的手工特征。例如,在围棋问题上,使用深度学习方法可以对专家经验即落子方法进行学习,以便在后续搜索中提高效率。此外,强化学习就是一个智能体不断与环境交互,并根据环境的反馈信息学习的过程,这个过程与人类的学习方式一脉相承,有望应用于求解博弈问题。深度强化学习则集成了深度学习方法在图像视觉等感知问题上强大的表示和理解能力,以及强化学习的智能决策能力。2015年,DeepMind提出的深度Q网络DQN就是此优点的体现,这个工作使用端对端的强化学习技术,可以直接从高维空间输入中学习有效的策略。算法在雅达利游戏上进行了测试验证,如图9-8所示,仅需像素和游戏分数作为输入的深度Q网络能够超越之前所有算法的性能,并且在一组49个游戏中达到了与专业人类游戏测试员相当的水平,表明深度强化学习在某些方面可以实现与人类相当的水平。

基于规则和环境反馈,单个智能体可以学习到动作策略并且表现优异。然而,对于一些具有大规模环境背景和复杂学习任务的问题,如《星际争霸》《德州扑克》等即时策略游戏,仅凭一个智能体的智能远远不够,还需要多个智能体共同做出明智的决策。由于状态空间与动作空间巨大,且有着很强的不确定性,因此,需要在存在多个智能体的情况下为每一个智能体制定有效的强化学习策略。在这类问题中,考虑智能体之间的互相影响,研究人员提出了多智能体强化学习的概念,并得到了广泛的关注和探索。

考虑智能体之间相互交互的复杂情况,在多智能体强化学习中,结合传统的博弈论和现代深度强化学习的方法得到了广泛关注。在多智能体强化学习中,每一个智能体会有自身的效用函数,并以最大化其效用价值为目标,基于对环境的观察和交互自主地学习,并制定策略。多智能体强化学习方法有助于在较大规模复杂环境中学习次最优或近平衡的智能体策略,使得每个智能体都能获得相对较高和较稳定的效用函数。

近年来,在智能博弈对抗场景中,AlphaGo、Libratus、AlphaStar等一大批智能AI在多种验证平台中均取得了超越专业玩家的结果,展现出在智能博弈问题上的强大能力。可以预见,这些方法未来将有望应用于解决更加复杂和更具挑战性的问题。

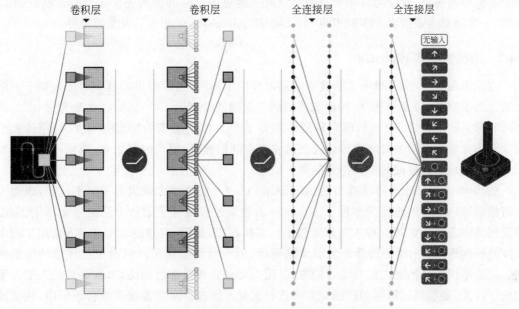

图 9-8　应用深度强化学习方法控制 Atari 游戏[11]

## 9.4　智能博弈的典型应用

随着人工智能技术的快速发展,智能博弈领域涌现出众多标志性成果。在棋牌类博弈方面,1997 年,IBM 公司的深蓝(Deep Blue)击败国际象棋大师卡斯帕罗夫[16-17];2016 年,DeepMind 团队的 AlphaGo[18]击败围棋世界冠军李世石。在游戏领域,2019 年,Dota 2 智能体 OpenAI Five 在电竞游戏中击败世界冠军[19];2021 年,快手斗地主智能体 DouZero[20]取得了新突破,击败了人类冠军选手。

### 9.4.1　国际象棋智能体"深蓝"

20 世纪 40 年代末出现的电子计算机激发了人们对国际象棋程序的研究兴趣,早期的程序强调模仿人类下棋的思维过程。20 世纪 70 年代末的研究表明,强调硬件速度的工程方法比模拟人类思维过程的方法可能更有成效。

许峰雄团队开发出了采用特殊芯片加速搜索过程的深思(Deep Thought)系统,在世界国际象棋项目中名列前茅。此后该团队加入 IBM,成为深蓝(Deep Blue)的核心研究团队。"深蓝"能够利用历史棋局不断对博弈树进行搜索,从而找到最优博弈方案。得益于专用芯片的强大运算能力,"深蓝"每秒钟可搜索 $2×10^8$ 次,相当于约 2 亿个棋局,在搜索的深度上,它可以搜索及估计随后的 12 步棋。1997 年 5 月,"深蓝"以 3.5∶2.5 的比分击败国际象棋世界冠军卡斯帕罗夫,成为历史上第一个在标准比赛时限内战胜人类顶级国际象棋大师的计算机系统。

从如今的角度来看,"深蓝"或许还算不上足够智能,它的算法核心是暴力搜索。当时的研究者们不禁畅想,智能博弈系统是否可以有其他更多更强的应用呢?在"深蓝"获胜的20年后,一个能够击败世界冠军的围棋AI,即围棋AlphaGo,也进入了人类的视野。

### 9.4.2 围棋智能体 AlphaGo

攻克国际象棋之后,研究人员将目光逐渐转向了围棋,然而围棋的复杂程度远高于国际象棋。如本章第9.2.2节所述,国际象棋的状态空间复杂度为$10^{46}$,博弈树复杂度为$10^{123}$;围棋的状态空间复杂度为$10^{172}$,博弈树复杂度为$10^{360}$。由于围棋的搜索空间太大,用传统的搜索算法在较为有限的时间内难以完成对整个空间的搜索,很长时间以来,围棋一直被视为人工智能领域最具挑战的经典博弈问题。

2016年,DeepMind团队推出的AlphaGo以4∶1的战绩大败世界冠军李世石,成为人工智能领域一个新的里程碑事件。AlphaGo的决策过程融合了蒙特卡洛树搜索算法、深度神经网络以及强化学习3种人工智能技术。具体而言,如图9-9所示,AlphaGo使用了两个深度神经网络:一个用于选择走法的策略网络,另一个则是输出对棋盘位置评估的价值网络。该策略网络最初通过监督学习的方式,用人类经验数据进行训练,以准确预测人类专家的落子位置,随后通过策略梯度强化学习进行优化。通过自对弈数据训练价值网络,用来预测策略网络与自身博弈的赢家。训练完成后,网络将和蒙特卡洛树搜索相结合,以提供前瞻性的搜索,使用策略网络将搜索范围缩小至概率较高的落子位置,并通过价值网络对搜索树中的位置进行评估。使用这种搜索算法,AlphaGo系统对其他围棋程序的胜率可以达到99.8%。

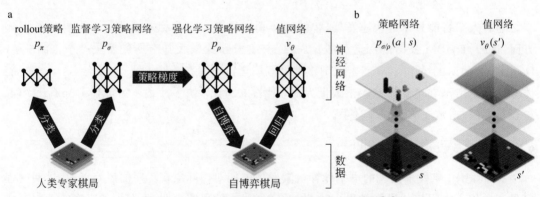

图 9-9 AlphaGo 中使用的神经网络架构示意图[18]

2017年,DeepMind后续提出的AlphaZero可以从零开始,在不需要人类经验的帮助下自学围棋、国际象棋和将棋,经过短时间的训练就轻松击败了AlphaGo。AlphaZero的成功代表着以围棋为代表的完全信息博弈问题已基本被攻克,接下来的一段时间内,智能博弈的应用领域逐渐转向不完全信息博弈问题。

### 9.4.3 Dota 2 智能体 OpenAI Five

在基本解决围棋问题之后,智能博弈的研究开始转向更加复杂的实时竞技问题。2019年

4月13日,人工智能系统 OpenAI Five 在电子竞技比赛 Dota 2 中挑战世界冠军 OG 战队,在三局两胜制比赛中以2:0获胜,成为第一个在 Dota 2 电子竞技比赛中击败世界冠军的人工智能系统。作为一款多人实时战略类游戏,相较于之前的国际象棋、围棋等问题,Dota 2 具有更高的复杂性,具体体现在如下几个方面。

(1) 长时间范围,决策序列长:Dota 2 游戏以每秒30帧的速度运行约45分钟,OpenAI Five 每4帧做一个动作,因此每一局要做2万次以上的决策,而国际象棋大概是80步,围棋大概是150步,都远低于 Dota 2。

(2) 状态部分可观:游戏中每方都只能看见自己单位和建筑附近的区域状态,地图的其余部分是隐藏的,具有战争迷雾,属于非完全信息博弈。

(3) 高维的动作空间和观测空间:Dota 2 的游戏环境较为复杂,OpenAI Five 每步观测大约16000个不同的变量来描述环境。对于动作空间,在将动作离散化后,每步可供选择的动作从8000种到80000种不等,也远远超过国际象棋、围棋等问题。

图9-10为 OpenAI Five 的模型架构,首先将复杂的观测空间处理成单个向量,然后输入4096个单元的长短期记忆网络 LSTM,以获得策略输出(动作和价值函数)。团队中的5个玩家角色使用相同的网络结构进行控制,它们具有几乎相同的输入和自己的隐藏状态,并且共享参数。依据图中"英雄信息嵌入"来识别不同的玩家角色,输出各自动作。

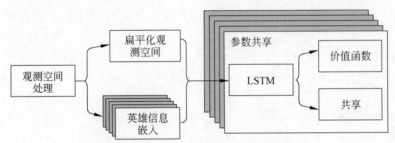

图 9-10 简化版 OpenAI Five 模型架构[19]

OpenAI Five 利用现有的强化学习技术,可以每2秒从大约200万帧的批次中学习,并且开发了一个分布式训练系统用于持续训练。经过10个月的训练,OpenAI Five 成功击败 Dota 2 世界冠军,证明了自我博弈强化学习可以在较为困难的任务中实现超越人类的表现。

### 9.4.4 斗地主智能体 DouZero

与此同时,国内也有一系列的经典应用案例。2019年,腾讯人工智能实验室的"绝悟"AI可以在完整的1v1游戏中击败顶尖的《王者荣耀》职业人类玩家;2021年,快手又在《斗地主》游戏中取得了新突破,其 DouZero[20]击败了人类冠军选手;近年来,国内在智能兵棋对战研究方面也取得了长足的进步。

2021年前,尽管人工智能方法在很多游戏中都取得了重大成就,但三人纸牌游戏《斗地主》仍然悬而未决。斗地主是一个极具挑战性的领域,其具有竞争与协作并存、信息不完整、状态空间大等难点,特别是巨大的动作空间带来了空前的挑战,并且每一步合法的牌型差异很大。

Zha D 等人构建了一个斗地主智能体(DouZero),它通过深度神经网络、动作编码和并行参与者(parallel actors)增强了传统的蒙特卡洛方法。通过在一台有 4 个 GPU 的服务器上开始训练，DouZero 在几天的时间内即超过了所有现有的人工智能程序，在 Botzone 排行榜中排在 344 名 AI 智能体中的第 1 位。这个结果展示出深度强化学习方法在多人博弈游戏中非常卓越的性能，也为智能博弈的发展提供了新的方向，预示着在未来，智能博弈方法将在更多领域中发挥重要作用。

## 9.5 习　　题

1. 请分析"智猪博弈"案例的纳什均衡策略。

"智猪博弈"(pigs' payoffs)案例：假设猪圈里有一头大猪、一头小猪。猪圈的一头有猪食槽，另一头安装着控制猪食供应的按钮，按一下按钮，会有 10 个单位的猪食进槽，但是谁按按钮就会首先付出 2 个单位的成本，并且丧失了先到槽边进食的机会。若小猪先到槽边进食，因为缺乏竞争，进食的速度一般，最终大小猪吃到食物的比率是 6∶4；若同时到槽边进食，大猪进食的速度加快，最终大小猪的收益比是 7∶3；若大猪先到槽边进食，大猪会霸占剩余所有猪食，最终大小猪的收益比 9∶1。

2. 粗略估算围棋的状态复杂度。

3. 图 9-11 为一棵初始博弈树，最后一行的数字为评估值，请用 $\alpha\text{-}\beta$ 剪枝剪去不必要的分支。

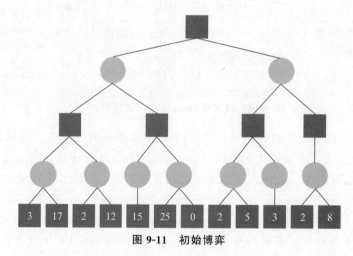

图 9-11　初始博弈

## 参 考 文 献

[1] John von Neumann, Oskar Morgenstern. Theory of games and economic behavior[M]. The United Kingdom: Journal of the Royal Statistical Society, 1944.

[2] Nash Jr J F. Equilibrium points in n-person games[J]. Proceedings of the National Academy of Sciences, 1950, 36(1): 48-49.

[3] Rapoport A, Chammah A M. Prisoner's dilemma: a study in conflict and cooperation[M]. United

States: University of Michigan Press, 1970.

[4] 高强. 计算机博弈问题的复杂性、理论解及相关搜索算法研究[D]. 沈阳: 东北大学, 2016.

[5] http://en.wikipedia.org/wiki/Game_complexity.

[6] Van Den Herik H J, Uiterwijk J W H M, Van Rijswijck J. Games solved: Now and in the future[J]. Artificial Intelligence, 2002, 134(1): 277-311.

[7] Michael Sipser. Introduction to the theory of computation (second edition)[M]. China: China Machine Press, 2006.

[8] Shannon C E. XXII. Programming a computer for playing chess[C]. New York: Springer New York, 1988: 2-13.

[9] Knuth D E, Moore R W. An analysis of alpha-beta pruning[J]. Artificial Intelligence, 1975, 6(4): 293-326.

[10] Coulom R. Efficient selectivity and backup operators in Monte-Carlo Tree Search[C]. Berlin: International Conference on Computers and Games. Springer Berlin Heidelberg, 2006: 72-83.

[11] Mnih V, Kavukcuoglu K, Silver D, et al. Human-level control through deep reinforcement learning [J]. Nature, 2015, 518(7540): 529-533.

[12] Schaeffer J. The history heuristic and Alpha-Beta search enhancements in practice[J]. IEEE Transactions on Pattern Analysis and Machine Intelligence, 1989, 11(11): 1203-1212.

[13] Browne C B, Powley E, Whitehouse D, et al. A survey of Monte Carlo Tree Search methods[J]. IEEE Transactions on Computational Intelligence and AI in Games, 2012, 4(1): 1-43.

[14] Auer P. Using Confidence Bounds for exploitation-exploration trade-offs[J]. Journal of Machine Learning Research, 2002(3), 397-422.

[15] 袁唯淋, 罗俊仁, 陆丽娜. 智能博弈对抗方法: 博弈论与强化学习综合视角对比分析[J]. 计算机科学, 2022, 49(8): 191-204.

[16] Hsu F. IBM's Deep Blue Chess grandmaster chips[J]. IEEE Micro, 1999, 19(2): 70-81.

[17] 薛永红, 王洪鹏. 机器下棋的历史与启示: 从"深蓝"到 AlphaZero[J]. 科技导报, 2019, 37(19): 87-96.

[18] Silver D, Huang A, Maddison C J, et al. Mastering the game of Go with deep neural networks and tree search[J]. Nature, 2016(529): 484-489.

[19] Berner C, Brockman G, Chan B, et al. Dota 2 with large scale deep reinforcement learning[J]. arXiv preprint arXiv: 1912.06680, 2019.

[20] Zha D, Xie J, Ma W, et al. DouZero: Mastering DouDizhu with self-play deep reinforcement learning [C]//International Conference on Machine Learning, 2021: 12333-12344.

# 第 10 章 智能机器人

## 10.1 智能机器人概论

### 10.1.1 初识机器人

机器人(robot),意为像人一样的机器。那么,何谓"像人一样"呢?像人主要体现在具有一定的智能,是说其推理与决策的本领像人,而不是外形像人。换言之,对于机器人而言,其"人"的本质在于智能,而不是外形。因此,机器人不一定像人;反之,像人的不一定是真正意义上的机器人。例如,在装配线上常用的工业机器人,充其量只能在一定程度上和人的手臂相类似,而各种地面移动机器人、空中无人机等,则在外形上和人类相去甚远。另一方面,一些机器人爱好者自制的各类机械系统,尽管其在外观上和人类更为接近,但是由于缺乏智能,从严格意义上讲,它们并不属于真正的机器人系统。

机器人是现代机械、电子、自动化等技术高度发展的产物,也是各类智能技术的最佳载体。长期以来,研究人员期待机器人可以协助或代替人类完成各种危险和重复单调的工作,或者在人类难以到达的空间完成预定的任务,从而在执行高强度、高风险任务方面充分展示出无可比拟的优势。另一方面,随着机器人功能的不断增强,也进一步增加了人类的担忧:机器人是否会成为小说《弗兰肯斯坦》中的怪物一样,虽然是被人类制造出来的,却最终成为人类的巨大威胁呢?其实,对于机器人或人工智能的行为约束等伦理问题,研究人员一直在深入思考。早在 1940 年,美国科幻小说家阿西莫夫就提出了著名的"机器人三定律"。

第一定律:机器人不得伤害人类,或目睹人类个体遭受危险而袖手旁观。

第二定律:在满足第一定律要求的前提下,机器人必须服从人类的命令。

第三定律:在不违反第一、第二定律的前提下,机器人尽可能保护自己。

随后,阿西莫夫又补充了"第零定律":机器人必须保护人类的整体利益不受伤害,其他三条定律都是在这一前提下才能成立。机器人三定律主要用于约束机器人的行为,使它们不得伤害人类,并且机器人三大定律之间也互相约束,对未来发展机器人起到了一定的指导意义。

近年来,随着智能感知与决策、快速存取与先进计算、人工智能等技术的快速发展,特别是深度学习、强化学习等方法的广泛应用,机器人的智能化程度和作业能力大幅提升,使其在各国工业、农业、军事国防等领域大显身手,发挥着越来越关键的作用。它们可以代替人类上天入地、登月入海,大幅度扩展了人类的活动范围。早在 1997 年,美国研制的"探路者号"即胜利登上火星,并完成了火星表面的实地探测任务[1]。这项工作被我国科学院和工程院两院院士,曾任国务委员兼国家科委主任的宋健院士评价为"20世纪自动化技术最高成就之一"。图10-1所示即为美国研制的"探路者号"在火星上着陆以及在火星上行走的照片。之后,美国又于2003年6月发射了图10-2所示的"勇气号"火星车,历经6个多月的太空旅行,于2004年1月在火星着陆[2]。经过深入分析可以得知:这些火星车实质上是具有极强机动性和作业能力的智能机器人系统,它具有较好的自主判断和决策能力。火星车上携带了多类科学探测仪器及设备,并安装了相应的高性能机械臂,因此整个系统具有非常强的感知和作业能力,可以勘探火星表面的相关信息,以确定火星是否具有支持生命存在的环境。

(a) "探路者号"在火星上着陆

(b) "探路者号"在火星上行走

图 10-1　美国研制的"探路者号"火星车

图 10-2　美国的"勇气号"火星车

近几十年来,我国通过"863"计划、国家重点研究发展计划等对机器人技术进行了重点支持,并助推我国机器人研究取得了突破性进展,研制出各类高水平机器人系统,并在不同领域得到了实际应用。为了开展深水探测,中国船舶重工集团公司、中国科学院沈阳自动化研究所、北京长城电子装备有限责任公司等单位联合研制了"蛟龙"号水下机器人(图10-3)。该机器人是我国首台自主设计、自主集成研制的作业型深海载人潜水器,也是当时全世界下潜能力最强的作业型载人潜水器,其成功应用为我国载人深潜器的快速发展奠定了基础[3]。2012年,"蛟龙"号在马里亚纳海沟成功下潜至7062m,标志着我国海底资源勘探能力达到国际领先水平。

为了安全高效地探测矿井等地下空间,许多国家研制了机动性强且感知能力突出的井

图 10-3　我国的"蛟龙"号水下机器人

下机器人系统,以实现矿井等地下空间的安全探测。图 10-4 是我国第一台用于煤矿救援的 CUMT-I 机器人,它于 2006 年 6 月由中国矿业大学研制成功。该机器人采用履带式机构,因此在地下空间中具有较强的移动能力。同时,它装备有低照度摄像机、气体传感器和温度传感器等设备,能够对灾害环境进行实时探测,并传送回矿井中的瓦斯、一氧化碳、粉尘浓度、温度以及现场图像等信息。为了更好地适应井下的复杂地形,研究人员又进一步优化了机器人的结构,设计了图 10-5 所示的多驱动履带机器人。这些机器人机动性非常强,可穿越地下矿井中的导轨、枕木、颠簸路面、斜坡、水坑等地形。

图 10-4　我国第一台煤矿救援机器人 CUMT-I

图 10-5　多驱动履带机器人 CUMT-V

### 10.1.2　智能机器人技术的发展

进入 21 世纪以来,各项技术飞速发展,其中,机器人技术和人工智能、物联网、虚拟现实和增强现实、4D打印、区块链、新能源、脑机接口、基因测序、量子技术等一起,被列为21世纪可改变世界的十项颠覆性技术。此外,作为一种辐射性非常强的前沿性技术,机器人对于各个领域都具有很好的推动作用。由于其应用前景广阔,机器人技术得到了世界各国的广泛关注。当前世界各国加紧布局,抢占机器人发展的战略制高点。例如,美国提出了机器人发展路线图,引导美国制造业大规模使用机器人;欧盟于2021年提出了Robotics4EU战略计划,力争通过该技术将机器人与医疗保健、基础设施维护等4个主要领域相结合,以全面推动欧盟各国机器人技术的发展;日本于2015年制定了新机器人战略,力求大力发展机器人技术,以提高工业生产力。据估计,2025年后,全球机器人市场的影响力将达到每年1.7万亿~4.5万亿美元。众所周知,制造业事关国家的经济命脉和安全保障,而机器人在先进制造等领域具有非常关键的作用,将在很大程度上影响全球制造业格局,因此利用机器人技术来提升本国先进制造业的竞争能力得到了各国的高度重视。

作为现代机械、电子、计算机等先进技术的综合体,近年来,机器人在我国工业、农业、国防等领域大显身手,发挥着越来越关键的作用。正是由于机器人在先进制造等领域强大的辐射能力,习近平总书记在中国科学院第十七次院士大会、中国工程院第十二次院士大会上的讲话中强调,不仅要把我国机器人水平提高上去,而且要尽可能多地占领市场。我国对于机器人技术进行了长期布局,通过"863"计划、智能机器人重点研发计划项目等大力推动机器人技术的研究,并助推其应用于我国国民经济建设的各个方面。

尽管在世界范围内得到了广泛重视,但是,目前机器人的发展水平与人类长期以来的期望仍然有很大的差距,其主要原因在于现有的机器人在灵活性、适应性、推理能力等方面严重不足,难以实现在未知环境下自主作业。迄今为止,常见的机器人只能用于完成相对简单或重复程度较高的任务,例如工业生产线上的零件抓取与装配等。要使机器人真正实现其历史使命,即代替人类在复杂危险或者人类不可达的区域作业,完成上天入地、太空探测等任务,还面临非常多的挑战,研究人员还需要在机器人的结构设计、感知、控制、执行等各个方面取得突破。

近年来,针对复杂环境作业的要求,为了提高机器人的机动性和运动效率,一些研究人员提出了变构型的设计方法,因此而设计的机器人系统可在陆地、空中等多种环境中自如地运动。图10-6给出了由美国研制的3类代表性陆空两栖机器人。其中,图10-6(a)为飞马陆空两栖机器人,它于2019年11月由美国机器人研究公司研制,可使用激光雷达等多种传感器完成三维地图生成等任务[4];图10-6(b)为美国国家航空航天局喷气推进实验室和加州理工大学等合作研制的地面/空中运动平台[5],拟将其应用于未知环境中的自主作业,但其性能尚需实际测试;图10-6(c)则是一种空中/地面混合概念车辆[6],它由加州理工大学和喷气推进实验室等单位联合研制,这种两栖平台具有较好的机动性,但其重量较大。

最近几年,我国也尝试开展多栖机器人方面的研究。例如,清华大学研制了旋翼式陆空两栖智能飞行"猛狮"系统[7],它主要以飞行为主,相对而言,其对不同地形的适应能力仍不够强。

仿生机器人是指模仿生物的特点而研制的各类机器人系统,它在作业能力方面具有独特的优势。仿生机器人是当前的发展趋势,不少研究人员陆续研制了蛇形机器人、机器壁虎、大狗机器人等仿生机器人系统,并以其来完成特定的操作。例如,仿生蛇形机器人可以

(a) 飞马陆空机器人　　　　　　(b) 地面/空中运动平台　　　　　(c) 空中/地面混合概念车辆

图10-6　美国研制的3类典型的陆空两栖机器人系统

在平地、沙漠、海洋、管道、窄缝等多种极限环境中运动,因此可以应用于地震救灾、管道维护、海洋探测等领域,应用前景广阔。图10-7所示是南开大学研制的四代仿生蛇形机器人[8]。其中,图10-7(a)中的第一代蛇形机器人系统具有多种步态,可蜿蜒行进,但以遥控为主;图10-7(b)中的第二代机器人可以爬越台阶,便于在障碍物较多的环境中作业;图10-7(c)中的第三代是模块化蛇形机器人,它可以自动拆分为若干独立模块,并构成通信网络,也可以根据需要自主组装在一起,形成一条"长蛇",其主要应用场景是灾后场景搜索;图10-7(d)是第四代高机动蛇形机器人,它可以准确识别所处环境,并选择合适的运动方式,在沙地、泥地、山地等环境下自如运动。

 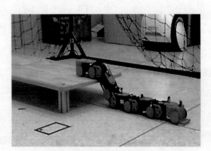

(a) 第一代蛇形机器人　　　　　　　　　　　(b) 第二代蛇形机器人

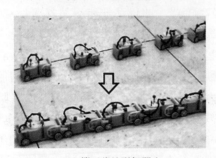 

(c) 第三代蛇形机器人　　　　　　　　　　　(d) 第四代蛇形机器人

图10-7　南开大学研制的四代仿生蛇形机器人

总之,机器人是机械电子、计算机、人工智能、自动化等专业的综合交叉领域,是现代各类高技术协同发展的产物,是人工智能等技术的集大成者,也是各类人工智能方法的最佳载体。人工智能技术赋予机器人以智能,使其成为真正的"机器人",而不是简单的机器。因此,人工智能技术的发展推动着机器人不断进步,推动其更好地应用于国民经济生产的各个领域。为了进一步提升机器人的智能,使其具备在复杂环境下自主决策和自主作业的本领,

第 10 章　智能机器人

必须加快人工智能技术和机器人技术的协同发展,推动各类人工智能算法,包括机器视觉、自然语言理解等,更好地应用于机器人系统上,使机器人能在未知动态环境下自主作业。近年来,机器人与人工智能技术的共同发展成为国际上的研究热点。例如,2015 年,英国发布了《机器人及人工智能发展图景》,力求从数据获取、人才培养、科技研发和产业应用等方面来推定机器人和人工智能技术的协同发展。我国先后出台《"互联网+"人工智能三年行动实施方案》《新一代人工智能发展规划》等重要文件,为人工智能与智能机器人技术的发展指明了方向。

### 10.1.3　机器人的分类

机器人的尺寸不同,形态各异,其作业环境和任务目标也有所差别,因此机器人可以分为不同的类别。通常而言,可以按照大小尺寸对机器人进行分类,也可以按照功能用途等进行分类。

按照本身尺寸或其操作物体的大小,机器人可分为一般型机器人和微纳型机器人;按照机动能力和运动场景分,则可分为机械臂、地面移动机器人、空中飞行机器人、水中机器人等。此外,若将机器人按照其功能用途分,可以分为工业机器人、特种机器人、医疗康复机器人等。

## 10.2　机器人的基本结构与工作原理

如前所述,机器人是机械、电子、自动化、计算机、人工智能等技术高度发展的产物,也是这些技术的综合体。一个典型的机器人系统包括:机器人本体(含末端作业单元)、传感单元、计算与决策中枢、执行机构。其中,机器人本体主要由若干机械元件构成,常见的工业机器人一般包括若干关节,通过控制各关节的角度改变末端执行器的位置,以便后续作业。机器人本体上的末端作业单元是指需要完成实际操作的部分,如机械手末端的抓取机构等。在机器人系统中,传感单元的主要作用是使机器人感知自身及外部环境信息,并通过相应处理来提高机器人的机动性、适应能力和智能化水平。传感单元可细分为内部传感器和外部传感器两类。其中,内部传感器主要检测关节位置、速度等信息,并将其作为反馈来实现闭环控制;而外部传感器则用来采集机器人所处环境的信息,主要包括视觉、声呐、激光等感知单元,它们采集的信息可以使机器人更好地理解外部环境,并为其进行作业奠定基础。计算与决策中枢在硬件上主要是指机载的计算单元。对于不同类型的机器人而言,其计算与决策中枢亦有所差别。大多数机器人采用小型机载计算机作为计算与决策中枢,而在无人机等系统上则通常采用一些高性能计算单元。对软件而言,计算与决策中枢则是指用来进行信息处理、反馈控制与智能决策的各类算法。其中,智能决策主要依赖各类人工智能方法,对于采集得到的各类数据,机器人通过人工智能算法进行综合分析,在此基础上,机器人根据任务要求进行下一步决策,以便更好地完成任务。简而言之,通过传感器获得的内部/外部信息会传送至计算与决策中枢,系统中的各类智能算法会对这些信息进行综合处理,并根据预定的作业任务进行下一步的决策。

执行机构的主要作用是使机器人的本体实现相应的动作,常见的机器人执行机构主要是指各类电力驱动装置,如步进电动机、伺服电动机等,在一些特殊情况下,也可采用液压、气动等驱动装置。对于运动空间较小但定位精度要求高的微纳机器人,还可采用压电陶瓷、形状记忆合金等作为执行单元。

图 10-8 所示为一个空中带臂飞行机器人系统[9],整个系统由一个六旋翼无人机和一个德尔塔(delta)机械臂组成。无人机作为机械臂的基座,可以将系统运送到作业区域,而机械臂作为执行机构,可以实现目标作业的具体操作。该机器人系统的驱动单元包括无刷电动机和伺服电动机。无刷电动机通过驱动螺旋桨转动,给无人机提供升力。伺服电动机驱动机械臂的运动,使末端执行器运动到目标位置。传感单元包括力传感器以及集成在 Pixracer 飞控系统中的惯性测量单元(IMU)、磁力计、气压计等。力传感器可以为机械臂操作物体时提供接触力的反馈,而集成在飞控系统里的传感器则可为无人机的状态估计算法提供数据。Pixracer 飞控和机载计算机 Intel NUC 构成了计算与决策中枢。在飞控系统中运行着状态反馈和驱动无人机的控制等底层算法,而机载计算机负责任务层面的规划与决策等高层算法。

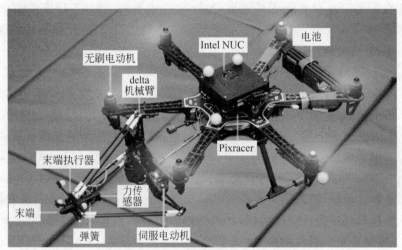

图 10-8 空中带臂飞行机器人系统[9]

通过软硬件单元的配合,这个空中带臂飞行机器人系统可以完成不少操作。例如,它可以将笔放置于末端执行器上,然后借助规划与控制算法,在高空物体表面书写。

## 10.3 机器人感知单元

### 10.3.1 常见的机器人传感器

传感单元主要是使机器人能了解周围的世界,以便决定下一步的动作,这是机器人理解周围环境和进行智能决策的基础。一个常见的机器人系统具有多种传感单元,对应于不同的任务,机器人上配置的传感器种类也有所差别。例如,当机器人在作业过程中观测周围环境时,可以用于环境信息感知的传感器种类非常多,包括惯性测量单元(IMU,主要包含陀螺仪、加速度计等)、摄像机、激光测距仪、超声测距仪、触觉传感器、红外线传感器及声觉与嗅觉传感器等。这些传感器具有不同的测量范围以及不同的误差曲线。

常见的机器人感知单元和人类的感官之间具有一定的对应关系。和人类相类似,机器人具有眼睛——视觉,而对应的计算机视觉是人工智能技术的一个重要分支。此外,还具有激光传感器和红外视觉传感器,这就相当于具有比人类适应能力更强的"眼睛"。机器人也具有"鼻子"——嗅觉,通过嗅觉可以感知气味源等,从而找到危化物品。例如,在海关,配备高性能"电子鼻"的机器人可识别有毒有害的挥发性物体,检测效率大大优于人工抽检,并且可以不知疲倦地长时间工作,为提升口岸作业效率提供了很好的技术支撑。人类通过耳朵可以听到各种声音,而机器人也具有类似的声音传感器,即声呐。声呐的工作原理和蝙蝠较为接近,即利用声源发出声波,声波照射到物体之后会反射回来,通过检测反射信号并对数据处理就可以获取物体距离远近等信息。在水下机器人平台上,通过配备声呐可以对水下目标进行探测和定位。当然,地面移动机器人也可以利用声呐进行初步的障碍物检测。人类可以通过触摸来感知物体的表面特性,包括其粗糙程度等。与之相类似,机器人也具有对应的触觉传感器,它可以利用触摸、力或压力等敏感元件判断机器人是否与物体相接触。除上述传感器之外,机器人通常还配备码盘、里程计、全球定位系统(GPS)、惯性测量单元等传感器件,无人机等飞行机器人上一般还配备高度传感器等。

## 10.3.2 机器人视觉

在各类传感器中,视觉是一种信息丰富、功能强大、应用方便、价格低廉的传感单元,近年来在机器人领域得到了非常广泛的应用。机器人视觉技术可以使机器人感知和理解周围世界,在此基础上进行智能决策,从而具有自主适应环境的能力,以提高其智能化水平。因此,机器人视觉成为机器人和自动控制领域的一个热门研究方向,也是一项集计算机、自动控制、模式识别、机器人等领域于一体的交叉性研究。由于视觉感知单元缺乏深度信息,而机器人本身具有复杂的非线性特性,根据机器人的特点来实现视觉定位与控制是一个非常具有挑战性的研究难题。现有的各种机器人视觉感知与控制方法普遍存在对于外界光照条件依赖性强、对视觉传感器的标定精度要求过高、伺服速度慢、控制精度低等缺点,因此不少研究人员基于各类人工智能方法,针对机器人视觉感知问题展开深入研究,设计出高性能视觉特征提取与跟踪等方法,使机器人在运动过程中可提取到稳定可靠的图像特征。此外,考虑到视觉传感器处理速度慢、受外界环境影响大等缺点,还有不少研究将视觉信息与码盘、声呐、GPS、IMU 等其他传感器组合,并通过卡尔曼滤波等方法来实现这些传感器数据的融合。

通常的视觉传感及信息处理方法存在对光照条件依赖性高、数据量大、处理复杂、受天气等因素影响大、可靠性不高等问题,当其应用于移动机器人等系统时,这些局限性限制了其进一步应用。因此,近年来,不少研究人员开始采用其他成像方式来获得更为可靠的信息。其中,红外热成像技术可以全天候工作,在黑暗、烟雾等低光照条件下仍然能获得较为清晰的图像。因此,研究人员将其应用于机器人本体上,并为之设计相应的定位算法[10-11],使机器人完成智能安防、地下黑暗场景探索等任务。但是这种红外热成像技术仍然存在稳定性不足、价格昂贵等问题,其性能仍需进一步提升。

由于采样速率方面的限制,普通的视觉传感器拍摄高速运动目标时图像易模糊,此外,光线不足或过强也是经常遇到的问题。为了有效处理这些问题,研究人员设计了事件相机。和普通摄像机不同,事件相机主要检测场景中的运动目标,具有高时间分辨率、低时延、低功耗、高动态范围等优势,在高速和高动态范围场景中应用前景广阔,近年来得到了研究人员的重点关注。例如,使用事件相机可以解决无人机对于动态物体的避障问题,以实现基于事件的目标检测和较为精确的无人机运动补偿[12]。然而,事件相机的发展仍处于起步阶段,存在数据异步不易处理、单一事件有效信息少、数据稀疏不完整等问题,这些缺陷限制了事件相机的应用范围。

激光传感器,即利用激光技术进行测量的传感方式。它的主要优势是可实现无接触远距离测量,且测量速度快,数据可靠性高,对于光照等条件依赖性低,因此被广泛应用于机器人平台上来探测地下空间等环境[13]。当应用于机器人平台时,最常见的就是激光测距传感器,它通过记录光脉冲发出—返回—接收的时间来计算机器人和目标物体之间的距离,完成障碍物感知、对未知环境建立地图(简称为建图)等任务。例如,谷歌等无人车上就配备专门的激光传感器来检测车体周围的环境,并判断附近其他车辆或行人的状态,以进行随后的决策。另一方面,相对于视觉传感器,激光传感器的体积和重量较大,在安装和机器人承载能力方面面临一定困难。近年来,对于一些轻巧型机器人,更倾向于采用尺寸小而重量轻的固态激光。例如,利用3D固态激光数据,设计性能优良的里程计算法[14],可以以较高频率获得对于机器人位姿的估计。当然,与机械式激光雷达相比较,固态激光雷达仍然存在加工难度高、信噪比低等问题,其研究和使用仍然处于比较初级的阶段。

如前所述,为了更好地感知与理解周围环境,机器人必须采用各种传感器来检测环境信息。目前,应用于机器人上的传感单元种类非常多,且各类传感器具有不同的测量范围及误差特性。然而,由于不同的检测条件以及环境中存在的各种噪声干扰,单一传感器均存在感知退化问题,因此机器人若仅仅携带单一传感器进行探测,其鲁棒性与精度均难以达到要求,特别是在各种实际应用中,当环境条件变化时,难以保证稳定可靠的检测输出。基于这种原因,更多的研究工作采用多传感器融合方法,即将多种传感单元集成到机器人平台上,在机器人运动过程中,充分发挥各类传感单元的优势,通过对测量数据进行融合来提升探测精度。

无人驾驶汽车,实质上是一种典型的地面移动机器人系统。为了使无人车能进行智能决策,必须通过各类传感器获取车身状态、路面状况、周围行人/汽车等的运动情况等信息,并根据这些信息正确高效决策,以实现自动驾驶。考虑到高速驾驶时对于实时性等的要求,为确保行驶的安全性,必须综合应用多种传感器,并充分发挥各自的优势,通过数据融合等技术来使无人车快速准确地获取周围信息和自身的运动状态。具体而言,无人驾驶汽车上通常有如下主要传感单元:为了测量无人车自身的状态,系统配备了GPS/惯性测量单元,以确定无人车的位置;同时,车轮上配备了角度编码器,可以较为准确地估计无人车的行驶速度。为了实现安全行驶,避免出现碰撞,无人车通过照相机、雷达感应器和激光测距单元等来"察看"周围的交通状况,包括:在挡风玻璃上装载摄像头,可以通过分析路面和边界线的差别来识别车道标记,并通过相关控制单元防止无人车偏离车道;和人类的两只眼睛相似,无人车通过车顶的两个摄像头形成立体视觉系统,检测路面状况并生成三维图像,必要时可对周围的动态物体进行状态估计;此外,为了便于夜间行驶,无人车上配备了红外摄像头,以实现夜视辅助功能。无人车的车顶还配备了激光测距系统,感知周围车辆和自身的距离,避免发生碰撞。

## 10.4 机器人的规划、控制与决策

机器人为了完成预定的任务,通常需要将其末端运动到合适的位置,并保持相应的姿态。为了达到这个目标,除了硬件执行单元之外,很重要的两个环节就是机器人的轨迹规划与控制/决策。

轨迹规划与控制/决策都是机器人实现智能的关键。良好的规划与控制等环节可以使机器人具备在复杂环境中完成预定任务的本领,并使其对于环境变化等具有较强的适应能力。其中,轨迹规划是指通过一定的算法来构造一条使机器人末端(或移动机器人本身)从初始位姿运动到期望位姿的运行轨迹,它需要满足避障等条件,一般还需考虑运行时间最短或机器人运动距离最优等约束条件。此外,为了保证规划出的轨迹确实符合机器人的运动特点,还必须保证该轨迹对应的物理参数满足机器人实际的物理约束。由物理学可知,机器人运动轨迹切线的斜率即为实际速度,而对于实际的机器人系统,速度存在一定的上限,这给运动轨迹带来了其关于切线斜率的约束。同理,实际系统中关于加速度方面的物理限制也给机器人的轨迹带来了一定约束。因此,进行轨迹规划时,必须考虑初始值和目标值的要求,在满足以上约束的条件下构造相应的轨迹,通过将问题转化为一个优化问题来求解。

当前,一般通过"路径规划—轨迹构建"两个步骤来获得机器人的轨迹。具体而言,机器人路径规划是指根据机器人当前位姿和目标位姿之间的情况,设计一条从当前点到目标点之间的运动路线,这个步骤主要考虑机器人的运动距离长短,以及需要经过或避免的中间节点等空间约束。对于路径规划而言,整个过程不考虑时间因素,因此不涉及机器人的运动速度、加速度等物理量。根据路径规划的结果,机器人需要在设计的路线中融入时间因素,即进一步考虑到达目标点以及主要中间节点的时间,并根据机器人的实际物理约束(例如允许的最大速度、最大加速度等)来设计机器人运行路线上每个点的运动信息(主要是速度和加速度),从而规划出包含时间约束的机器人运动轨迹。在后续的控制和执行环节,其目标即为使机器人沿着这条轨迹运动,即让机器人的实际运动在时间和空间上和该轨迹尽可能保持一致。

轨迹规划是为机器人构造合适的包含时间约束的曲线,该曲线实际为机器人希望实现的目标路线,但是要使机器人能沿着规划好的轨迹运行,则需要通过高性能的控制方法来保障。控制系统的主要任务是使机器人(或其末端)运动至目标位置。为此,需要预先根据作业任务要求设定机器人的目标位姿(或目标轨迹),在运动过程中,机器人将对其内部/外部传感器反馈回来的信息进行处理,并将实际位姿(或运动轨迹)与目标位姿(或目标轨迹)进行比较,根据两者的偏差来生成控制量。其中,如何根据偏差来生成恰当的控制量依赖于控制算法,而这个控制算法需要综合分析机器人系统的特性来设计,这也是决定机器人作业精度的一个关键环节。对于机器人系统而言,若对其控制性能要求不高,可以采用通常的线性控制方法,如最为常见的比例积分微分控制(proportional-integral-derivative control,PID)方法。实际上,机器人是一类非常复杂的机电系统,它具有典型的非线性特性,并且系统中

具有各种不确定因素,包括各类摩擦力、系统中参数的变化、操作对象的不确定性等。因此,为了进一步提升控制系统的精度,当前的研究通常采用各类非线性控制方法,使机器人较好地实现控制目标。值得指出的是,这些非线性控制方法通常依赖于数学模型,大多属于构造性设计,整个过程设计和分析的难度很高。

近年来,如强化学习等各类智能学习方法,功能不断强大,因此一些研究人员尝试将其引入机器人系统中,将其作为设计控制器的主要工具,并通过实验结果验证方法的良好性能。例如,对于常见的地面移动机器人或空中无人机,它们属于典型的非线性对象,存在欠驱动、非完整约束等困难,通过将强化学习等人工智能方法与非线性控制相结合,则可以设计出各种具有学习能力的控制方法,以兼顾系统的稳态和暂态性能两方面的要求。图10-9为一种基于强化学习的四旋翼无人机控制系统[15],在控制过程中,强化学习策略根据无人机的状态,通过和环境的交互生成合适的动作,施加于旋翼无人机系统,并改变无人机的状态,更新后的状态会反馈至控制系统,并进行下一步的决策。通过这种持续的动作与状态交互,学习适应环境的最优控制策略。该算法的学习过程如图10-10所示。具体而言,强化学习网络采用演员-评论家(actor-critic)结构,并引入目标网络和经验池(图中的缓冲区)技术来保证学习过程的稳定性,减少数据之间的相关性。其中,演员(actor)通过调整策略参数生成最优动作,而评论家(critic)则在线估计演员动作的价值来评价其策略优劣。通过训练生成的最优策略可实现在线学习,从而主动适应各种外部环境和模型不确定性,提高旋翼无人机的鲁棒性和定位精度。

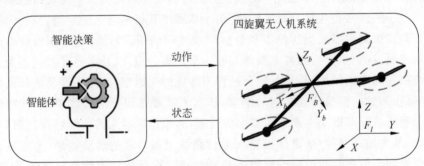

图10-9　基于强化学习的四旋翼无人机控制系统[15]

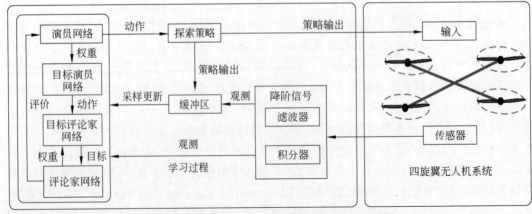

图10-10　四旋翼无人机控制策略学习过程示意图

## 10.5 机器人在我国的实际应用

智能机器人和人工智能是交叉性非常强的应用型学科,是当前世界科技的发展趋势,更是世界各国争夺的焦点。我国党和国家领导人高度重视智能机器人和人工智能,将其作为建设世界科技强国的核心技术。

作为一门辐射性非常强的学科,智能机器人可以广泛应用于各个领域,形成"＋机器人"的交叉性成果,因此在世界范围内得到了广泛关注和推广应用。近年来,全国各地都将机器人等智能产业作为经济发展的支柱型产业,并从各方面给予支持,为机器人技术的快速发展创造了很好的机会,推动了机器人技术在感知、控制、执行等层面不断取得突破;同时,它也为应用机器人技术服务社会经济发展提供了非常好的便利条件。面向典型行业,解决实际问题,是智能机器人等学科的发展趋势。不少研究人员应用机器人技术服务国家社会经济建设,坚持以国家重大需求作为研究起点和最终应用点,将智能机器人技术应用于工程实际对象,并和生命科学、智能制造、医疗等领域开展交叉研究,在应用层面取得了令人瞩目的成绩。

### 10.5.1 南极长航程科考机器人

极地作为地球的冷源,是全球气候变化的关键性因素。同时,极地具有铁山和煤田,以及非常丰富的海洋生物和油气资源。因此,对极地进行科学考察,对于合理利用极地资源和进行环境保护具有重要意义。然而,极地恶劣的气候和自然条件给科学考察带来了巨大挑战,通过机器人携带相关仪器代替人完成考察作业是未来极地科学考察的发展趋势,我国在该领域开展了探索性研究。

针对南极科考任务,我国研究人员研制了图 10-11 所示的南极长航程科考机器人,并将其多次应用于南极科考,开创了我国"机器人科考"的新领域。南极长航程科考机器人的外形酷似一辆橘红色的履带式越野车,其 4 个车轮均为三角履带,具有良好的冰雪面移动能力,可非常自如地通过冰裂缝,并可进行大范围漫游。此外,该机器人具有定位导航和自动驾驶等功能,在极地－40℃的低温环境下可以自主移动到指定科考区域,并利用搭载的各种科学仪器完成气象探测、冰架厚度测量等工作。

图 10-11　我国的南极长航程科考机器人

## 10.5.2 适用于有色金属浇铸生产线的修锭机器人

有色金属浇铸各工序严重依赖人工操作,且工作环境恶劣,因此,研制与生产线匹配的机器人系统,对于实现有色金属的智能化生产具有重要意义。图 10-12 所示是应用于有色金属浇铸生产线的修锭机器人系统。其中,图 10-12(a)是机器人的系统组成,图 10-12(b)则是机器人工作时的场景。在工作过程中,修锭机器人可取代人工,精准去除生产线上金属铸锭表面存在的毛刺,提高产品质量。修锭机器人由连接的上位计算机控制,所有信息处理和算法执行均在上位计算机中完成。生产线开始运行后,修锭机器人首先通过工业相机获取图像信息,经视觉检测算法处理后获得金属铸锭的位置信息。机器人利用人工智能算法规划出时间短、耗能低的运动轨迹。随后,在控制算法作用下,机器人末端按照规划的轨迹精准运动。最后,基于力传感器的反馈信息,修锭机器人在力/位混合控制作用下完成去毛刺操作。

(a) 修锭机器人的系统组成　　　　　　(b) 修锭机器人工作场景

图 10-12　应用于有色金属浇铸生产线的修锭机器人系统

## 10.5.3 微操作克隆机器人系统

克隆操作需要在显微镜下操作,对于操作经验等要求很高,且由于整个过程为细胞级操作,对于细胞内遗传物质的抽取/注射量很小,要实现精准控制非常困难。整体而言,克隆手工操作成功率不高,且操作的重复性较差。考虑到生命科学发展的迫切需求,研究人员研制了图 10-13 所示的微操作克隆机器人,实现了全流程自动化体细胞核移植克隆操作。微操作克隆机器人的结构如图 10-13(a)所示,利用这个机器人完成了猪的克隆操作,于 2017 年 4 月获得世界首批机器人操作的克隆猪(图 10-13(b))。克隆机器人可以将操作者从繁重的手工细胞操作中解放出来,为克隆技术推广应用提供了一定的技术储备,对于实现动物优良品种培育有积极意义。

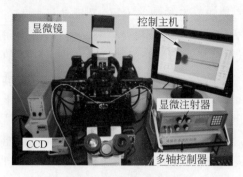
(a) 微操作克隆机器人系统结构

(b) 世界首批机器人操作克隆猪

图 10-13　微操作克隆机器人及应用

## 10.6　机器人的发展方向:技能学习与智能发育

如前所述,在国家各类科研计划,包括 863 计划、国家重点研发计划等支持下,我国机器人技术近年来发展很快,并在诸多领域获得了成功应用,可上天入地,可登月下海,很好地扩展了人类的活动空间。然而,现在的机器人应用离人类的设想还有很大差距,当前的机器人仍然只能在特定环境中完成相对单一的任务,在复杂的非结构化环境中,机器人还难以自主作业,面向复杂作业任务仍然依赖固定的人工编程,缺乏自主学习技能的能力。由分析应用场景的实际需求可知,机器人的核心是智能,唯有具备了足够的智能和自我学习的本领,才能在人类不可达的区域进行自主作业,并成功应对环境复杂多变、任务要求不一等实际挑战。

遗憾的是,现有的机器人系统大多采用示教等方式获得技能,这种方式完全依赖人类知识,机器人自身并不具备主动学习技能和自主发育智能的能力,严重限制了机器人的广泛应用。另一方面,由于安全性等方面的要求,现在的机器人通常被局限在与人隔绝的空间,即通过"人"与"机"之间的物理隔离确保人类的安全,这在很大程度上影响了机器人的工作效率,使其优势难以充分发挥,更限制了大量机器人进入千家万户。近年来,随着实际作业要求的不断提升,"人机共融"成为机器人的发展趋势。此时,"人"与"机"在共享环境中互相配合,共同完成预定的任务。在这个过程中,为了提高人机协作的效率,机器人需要学习人类的技能,并同时实现其自身的智能发育,这是人机高效协作的关键。

另一方面,近年来,以深度学习、大数据等为主体的人工智能技术快速发展,并在多个领域得到了实际应用。考虑机器人对于智能推理与决策方面的迫切需求,一个非常自然的想法就是:通过大数据与深度学习等人工智能技术,是否能轻松解决机器人的技能学习与智能发育问题?答案是否定的!众所周知,进行复杂作业时,机器人通常面对的是非结构化、不可预知的动态环境,其对应的行为规则很难进行精确描述。此外,在极地科考、灾后搜救等作业任务中,机器人面对的只有"小数据"。遗憾的是,现有的人工智能算法面对以上问题时难以找到行之有效的方法。换言之,要使机器人实现智能发育,必须解决好增量式长期学习、小样本、非特定场景、与人工智能融合等挑战,但是,深度学习等现有方法面对这些问题时仍然无能为力。

将人工智能与机器人技术深度融合,是推进新一代机器人向智能化发展的必然趋势,而如何设计相应的人工智能方法来实现机器人的技能学习与智能发育,是推动机器人在复杂环境下实现全自主作业的关键。遗憾的是,这方面的研究目前仅处于起步阶段,不少问题亟待解决。因此,在人机共融环境下,实现机器人技能学习与智能发育成为机器人领域的前沿热点,在理论与应用两方面都具有很好的意义。在方法层面上,机器人智能发育技术既依赖对机器人自身特性的研究,又对各类人工智能方法提出了很高的要求,是新一代人工智能算法与智能机器人系统的有机结合。对其展开研究,有望在智能机器人与人工智能算法等方面均取得突破性成果。在实际应用层面,通过深入研究使机器人具备自主学习技能的本领,进而实现智能发育,可以很好地提升机器人的智能,使其具备在未知复杂环境下自主作业的能力,这对于机器人独立完成太空探索、军事战争等方面的任务具有很好的应用前景。

### 10.6.1 机器人的技能学习

机器人的技能学习,是指在人机共融或人机协作过程中,机器人识别出人类的动作序列,并进行复现。在一定程度上,它类似于人类幼儿观察并学习和掌握成年人技能的过程。机器人技能学习的目标是在无须对机器人和环境进行精准建模的情况下,让机器人快速学习人类操作技能,可望为机器人在不同环境下完成要求各异的任务创建通用的解决方案,因此在机器人领域得到了广泛关注。从机器人角度来看,技能学习不是简单模仿人类点对点的运动轨迹,而是使机器人具有学习推理的能力,能够对所学技能进行泛化,包括具有目标拓展、运动识别、安全避障等本领,以满足不同作业任务的要求。

作为机器人领域的前沿性研究,尽管技能学习问题得到了不少研究人员的重视,但目前的方法在学习效率、泛化能力、执行精度等方面难以令人满意。在未来的研究中,深入探索更高效、更安全的技能学习和泛化技术,使机器人能快速学习和精准执行人类技能,并能实现自主探索学习和技能累积泛化,是突破机器人智能技术发展的关键。

图10-14所示是机器人机械臂对抓握技能的学习过程,可主要分解为示教与数据获取、技能学习、技能再现与泛化、技能执行4个步骤。其中,在示教与数据获取这一步,机器人利用视觉等传感器,由人类老师或人类操纵机器人进行抓握示教,记录好示教数据,并处理获取的数据;第二步为技能学习,即利用处理之后的数据进行建模,并通过学习得到模型参数,这个参数和模型表征了人类传递给机器人的技能信息;第三步是技能再现与泛化,即机器人根据学习得到的模型和参数信息,在不同环境或操作条件下复现人类的抓握技能,并依据环境等信息进行泛化(如改变抓握的物体大小等);最后一步为技能执行,即利用机器人控制器,根据实时采集的信息来计算控制量,并将其应用于机器人机械臂系统,使其实现抓握等动作。

### 10.6.2 机器人的智能发育

在机器人系统具有智能感知和控制能力的基础上,更重要的是使其具有自主发育智能的能力。为了解决好机器人的智能发育问题,需要将人工智能方法与机器人系统有机结合,并借鉴人类智能发育机理建立机器人智能发育模型,实现机器人的智能发育。

近年来,一些研究人员借鉴脑科学等领域的研究成果综合强化学习、深度学习等算法,

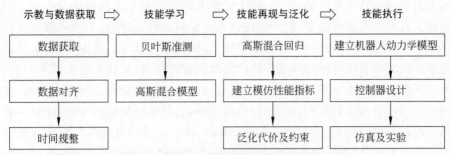

图 10-14　机器人机械臂系统抓握技能学习过程

探索机器人智能发育机理。他们模拟从"小孩"到"成人"的感知与环境交互过程,尝试建立小样本监督与长期学习相结合的发育框架,并探索如何实现知识的遗忘、更新以及增量式累积。具体而言,借鉴人类的智能发育过程,我们可以得知:"渐进发育"是机器人获取智能的有效方式,它需要在与物理环境交互的过程中逐渐累积智能,整个过程具有自主学习和增量式等特点,并可在学习过程中不断融入人的经验与智能。在此基础上,可望实现机器人智能的自主发育。事实上,早在 2001 年,美国密歇根州立大学的 Juyang Weng 教授就在《科学》上撰文提出了机器人智能发育的想法[16],使机器人可以模仿人类的思维方式,并综合运用各种能力处理信息,以实现智能发育。遗憾的是,迄今为止,这项研究仍然处于探索阶段,至今尚未找到一种真正有效的"基因程序"帮助机器人实现智能发育。

使机器人具有类人的认知能力,能自主实现对陌生场景的准确识别,近年来逐渐发展成为国内外机器人领域的一个研究热点。目前大多数工作采用深度学习算法进行识别。然而,这些方法存在需手工标记、网络训练时间长、模型泛化能力弱等问题。为了处理好这些问题,针对场景识别任务,研究人员设计了图 10-15 所示的改进型机器人自主发育网络[17],并通过该网络使机器人具备学习和存储"知识"等方面的能力,并使其具有类人思维,并可以自主执行任务。为此,如图 10-15(a)所示,通过引入负向学习、基于连续性样本的加强型学习等步骤实现对场景的快速识别,并使该方法具有很好的适应能力,整个自主发育网络的模型如图 10-15(b)所示。

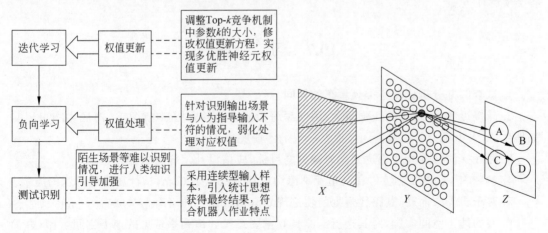

(a) 机器人自主发育网络框架　　　　(b) 自主发育神经网络模型

图 10-15　改进型机器人自主发育网络

机器人只有具备自主学习的能力,才有可能实现真正意义上的智能化。图 10-16 所示为一个机器人自主学习系统框架,它旨在模仿人类大脑的学习过程,基于机器人内在发育算法实现自主学习,具体包括知识学习、知识检索、知识更新等部分。其中,知识学习是指机器人系统使用内在发育算法对外部环境中的样本数据进行学习,并保存到机器人的知识库中;机器人面对外部环境的未知样本数据时,可启动该自主学习框架的知识检索功能,即从机器人系统的知识库中检索出最匹配(最相似)的决策输出;如果决策输出是无效的(一般通过人类经验辅助判断),则启动此框架的知识更新步骤,通过增量学习机制对新样本数据进行在线更新。随着与外部环境的不断交互,机器人系统中的知识库随着新样本的不断加入变得越来越丰富和准确。

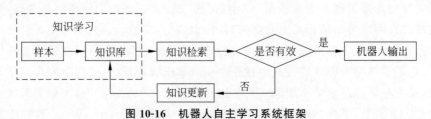

图 10-16 机器人自主学习系统框架

实际上,对于机器人的技能学习与智能发育而言,当前的大多数研究都停留于简单的技能累积与处理"灾难性遗忘"问题,缺乏对复杂环境的适应能力,限制了其在不同场景下的推广应用和跨领域泛化能力。在复杂多变的动态环境中,如何构建机器人技能学习和智能发育的基本框架和共性方法,依然存在巨大挑战。在后期研究中,急需基于人工智能方法建立机器人技能学习与智能发育技术体系,提升机器人智能的自我发育能力,以推动机器人技术进一步走向实用化、工程化,提高其自主作业能力。为此,可以考虑以人工智能与发育心理学等研究成果为基础,通过分析人类与高等哺乳动物在感知与动作方面的生长发育机制并进行借鉴,建立多通道融合感知模型。进一步地,通过注意力转移机制、跨模态迁移、模仿学习等关键技术实现基于多模态融合感知的机器人技能学习与智能发育方法,并应用其完成各类实际任务。

## 10.7 习 题

1. 试查阅并分析比较各类火星车的异同。
2. 越接近海底,水中的压强越大,因此深海探测必须考虑压强的影响。海底生物可以自如地生活,人类是否可以深潜入海底?一般的潜艇呢?
3. 海底探测机器人要想达到深海探测的目标,应该设计怎样的机器人系统?
4. 2012 年,我国"蛟龙"号在马里亚纳海沟成功下潜至 7062m,试计算此处海水的压强。
5. 对于机器人而言,其路径规划与轨迹规划有何区别?两者有何关联?
6. 我国地下空间广阔,对其进行探测具有重要意义。请列举常见的地下空间类型,并简述若要让机器人实现对这些未知地下空间的探测,其在运动和感知方面需要具备哪些方面的特点。

# 第10章 智能机器人

7. 请解释运动规划、路径规划、轨迹规划、全局规划、局部规划、速度规划的含义以及它们之间的联系与区别。

8. 扩展题：移动机器人传统的两层规划框架包括全局规划和局部规划。全局规划经典算法有 A*、RRT，局部规划经典算法有 DWA（动态窗口法）、TEB（timed elastic band），请根据兴趣使用 MATLAB 或者 ROS 实现至少一种经典算法。本题目可选用仿真环境 MRPB1.0（https://github.com/NKU-MobFly-Robotics/local-planning-benchmark），只需要写入对应算法代码即可，其他参考的代码库包括 ROS（http://wiki.ros.org/）、DWA（http://wiki.ros.org/dwa_local_planner）以及 TEB（http://wiki.ros.org/teb_local_planner/）。

9. 机器人技能学习和智能发育分别有何意义？为了使机器人实现技能学习和智能发育，其对应的人工智能算法需要具有哪些功能？

# 参 考 文 献

[1] 秦德岐．"探路者"造访火星[J]．航天，1997(5)：4-7.

[2] 孙梦婕．美国探测号"孪生火星车"解析：NASA 火星探测器"机遇"号和"勇气"号[R]．中国：航天员，2012(1)：68-69.

[3] 崔维成，刘峰，胡震，等．蛟龙号载人潜水器的 7000 米级海上试验[J]．船舶力学，2012，16(10)：1131-1143.

[4] 袁成，宋刚，许佳，等．2019 年国外先进军用无人机研究进展[J]．飞航导弹，2020(1)：21-29.

[5] Fan D D, Thakker R, Bartlett T, et al. Autonomous hybrid ground/aerial mobility in unknown environments[C]. Macan：IEEE/RSJ International Conference on Intelligent Robots and Systems (IROS)，2019.

[6] Kalantari A, Touma T, Kim L, et al. Drivocopter：A concept hybrid aerial/ground vehicle for long-endurance mobility[C]. Montana：IEEE Aerospace Conference，2020.

[7] Tan Q, Zhang X Y, Liu H P, et al. Multimodal dynamics analysis and control for amphibious fly-drive vehicle[J]. IEEE/ASME Transactions on Mechatronics，2021，26(2)：621-632.

[8] Zhu W, Guo X, Fang Y C, et al. A path-integral-based reinforcement learning algorithm for path following of an auto-assembly mobile robot[J]. IEEE Transactions on Neural Networks and Learning Systems，2020，31(11)：4487-4499.

[9] Tzoumanikas D, Graule F, Yan Q Y, et al. Aerial manipulation using hybrid force and position NMPC applied to aerial writing[C]. Robotics：Science and Systems，2020.

[10] 王新赛，周丰俊，郑磊，等．红外成像技术在城市地下空间防灾监测与应急搜救中的应用发展对策[J]．中国工程科学，2017，19(6)：92-99.

[11] Borges P V K, Vidas S. Practical infrared visual odometry[J]. IEEE Transactions on Intelligent Transportation Systems，2016，17(8)：2205-2213.

[12] He B T, Li H J, Wu S Y, et al. Fast-dynamic-vision：Detection and tracking dynamic objects with event and depth sensing[C]. IEEE/RSJ International Conference on Intelligent Robots and Systems (IROS)，2021.

[13] 吴献文，史合印．基于 3D SLAM 移动式激光扫描技术的地上地下空间一体化测绘[J]．地矿测绘，

2021,37(3):6-11.

[14] Lin J R, Zhang F. Loam livox: A fast, robust, high-precision LiDAR odometry and mapping package for LiDARs of small FoV[C]. Paris: IEEE International Conference on Robotics and Automation (ICRA),2020.

[15] 华和安,方勇纯,钱辰,等.基于线性滤波器的四旋翼无人机强化学习控制策略[J].电子与信息学报,2021,43(12):3407-3417.

[16] Weng J Y, McClelland J, Pentland A, et al. Autonomous mental development by robots and animals[J]. Science,2001,291(5504):599-600.

[17] 余慧瑾,方勇纯.基于改进型自主发育网络的机器人场景识别方法[J].自动化学报,2021,47(7):1530-1538.

# 附录：重要术语中英文对照表

**B**

BERT（bidirectional encoder representation from transformers）
比例—积分—微分（proportional-integral-derivative，PID）

**C**

策略梯度算法（policy gradient，PG）
词袋模型（bag-of-words model）
词义消歧（word sense disambiguation，WSD）
词嵌入（word embedding）
长短期记忆网络（long short term memory，LSTM）
成分句法（constituency parsing）

**D**

大语言模型（large language model，LLM）
戴维斯—邦丁指数（Davies-Bouldin Index）
动量法（momentum method）
短语结构文法（phrase structure grammar）

**F**

非负矩阵分解（non-negative matrix factorization）
分类（classification）

**G**

概率上下文无关文法（probabilistic context-free grammar，PCFG）
感知机（perceptron）

**H**

回归（regression）
汇聚层（pooling layer）

高斯混合模型(Gaussian mixture model,GMM)

**J**

基础设施即服务(infrastructure as a service,IaaS)
机器学习(machine learning,ML)
计算机视觉(computer vision,CV)
监督学习(supervised learning)
降维(dimension reduction)
交叉验证(cross validation)
交叉熵损失函数(cross entropy loss)
近端策略优化(proximal policy optimization,PPO)
局部线性嵌入(locally linear embedding,LLE)
聚类(clustering)
卷积核(convolutional kernel)
卷积神经网络(convolutional neural networks,CNN)
决策树(decision tree)
均方差损失(mean squared loss)

**K**

$K$ 近邻算法($K$-nearest neighbor,KNN)
$K$ 均值算法($K$-means)
可编程逻辑门阵列(field programmable gate array,FPGA)

**L**

岭回归(ridge regression)
轮廓系数(silhouette coefficient)
滤波器(filter)

**M**

马尔可夫决策过程(Markov decision process,MDP)
脉冲神经网络(spiking neural network,SNN)
麦卡洛克—皮特斯模型(McCulloch-Pitts,MP)
门控机制(gating mechanism)
门控循环单元网络(gated recurrent unit,GRU)
面向特定需要的集成电路(application-specific integrated circuit,ASIC)
蒙特卡洛树搜索(monte carlo tree search,MCTS)
命名实体识别(named entity recognition,NER)
目标定向(goal-directed)

## N

逆向最大匹配法(reverse maximum matching)

## P

片上系统(system on chip, SoC)
平均汇聚(average pooling)
平台即服务(platform as a service, PaaS)
朴素贝叶斯分类器(naive Bayes classifier)

## Q

奇异值分解(singular value decomposition, SVD)
乔姆斯基范式(Chomsky normal form, CNF)
强化学习(reinforcement learning, RL)

## R

人工智能(artificial intelligence, AI)
软件即服务(software as a service, SaaS)

## S

上下文无关文法(context-free grammar, CFG)
上限置信区间算法(upper confidence bounds, UCB)
深度 Q 网络(deep Q-network, DQN)
深度确定性策略梯度(deep deterministic policy gradient, DDPG)
深度神经网络(deep neural network, DNN)
深度学习(deep learning, DL)
生成式预训练变换器(generative pre-trained transformer, GPT)
双向长短期记忆网络(bidirectional long short term memory, Bi-LSTM)
双向最大匹配法(bi-direction maximum matching)
随机森林(random forest)
随机梯度下降(stochastic gradient descent, SGD)

## T

TF-IDF(term frequency-inverse document frequency)
特征选择(feature selection)
特征映射(feature map)
梯度下降法(gradient descent, GD)
条件随机场(conditional random fields, CRF)

通用图形处理器（general propose computing on GPU，GP-GPU）
图像处理（image processing，IP）
图形处理单元（graphics processing unit，GPU）

**W**

网格搜索（grid search）
未登录词（out-of-vocabulary words，OOV words）
维特比算法（Viterbi algorithm）
无监督学习（unsupervised learning）
误差反向传播算法（back propagation，BP）

**X**

修正线性单元（rectified linear unit，ReLU）
序列到序列（sequence-to-sequence，Seq2Seq）
学习率（learning rate）
循环神经网络（recurrent neural network，RNN）

**Y**

依存句法（dependency parsing）
隐马尔可夫模型（hidden Markov model，HMM）
隐状态（hidden state）
语义角色标注（semantic role labeling，SRL）
预训练语言模型（pre-trained language models，PLM）

**Z**

正向最大匹配法（forward maximum matching）
支持向量机（support vector machine，SVM）
主成分分析（principle component analysis，PCA，或称主元分析）
子采样层（subsampling layer）
自底向上（bottom-up）
自顶向下（top-down）
自然语言处理（natural language processing，NLP）
自适应动量法（adaptive momentum estimation，Adam）
自注意力网络（self-attention network）
最大化后验策略优化算法（maximum a posteriori policy optimization，MPO）
最大汇聚（max pooling）
最大期望法（expectation-maximization，EM）
最近邻（nearest neighbors）

# 图书资源支持

感谢您一直以来对清华版图书的支持和爱护。为了配合本书的使用,本书提供配套的资源,有需求的读者请扫描下方的"书圈"微信公众号二维码,在图书专区下载,也可以拨打电话或发送电子邮件咨询。

如果您在使用本书的过程中遇到了什么问题,或者有相关图书出版计划,也请您发邮件告诉我们,以便我们更好地为您服务。

**我们的联系方式:**

清华大学出版社计算机与信息分社网站:https://www.shuimushuhui.com/

地　　址:北京市海淀区双清路学研大厦 A 座 714

邮　　编:100084

电　　话:010-83470236　010-83470237

客服邮箱:2301891038@qq.com

QQ:2301891038(请写明您的单位和姓名)

**资源下载**:关注公众号"书圈"下载配套资源。

资源下载、样书申请

书圈

图书案例

清华计算机学堂

观看课程直播